国家出版基金资助项目

现代数学中的著名定理纵横谈丛书

丛书主编　王梓坤

ERDÖS-GINZBURG-ZIV THEOREM

Erdös-Ginzburg-Ziv定理

刘培杰数学工作室　编译

哈尔滨工业大学出版社

HITP　HARBIN INSTITUTE OF TECHNOLOGY PRESS

内 容 简 介

本书共分四篇,从一道联邦德国奥林匹克试题谈起,详细介绍了 Erdös-Ginzburg-Ziv 定理的相关知识及研究背景,同时还介绍解该定理在图论中的应用与推广等内容.

本书适合数学专业学生、教师,以及数学竞赛选手参考使用.

图书在版编目(CIP)数据

Erdös-Ginzburg-Ziv 定理/刘培杰数学工作室编译. —哈尔滨:哈尔滨工业大学出版社,2024.3
(现代数学中的著名定理纵横谈丛书)
ISBN 978—7—5767—0597—3

Ⅰ.①E… Ⅱ.①刘… Ⅲ.①数论—研究
Ⅳ.①O15

中国国家版本馆 CIP 数据核字(2023)第 027130 号

ERDÖS-GINZBURG-ZIV DINGLI

策划编辑	刘培杰 张永芹	
责任编辑	刘春雷	
封面设计	孙茵艾	
出版发行	哈尔滨工业大学出版社	
社　　址	哈尔滨市南岗区复华四道街 10 号　邮编 150006	
传　　真	0451—86414749	
网　　址	http://hitpress.hit.edu.cn	
印　　刷	辽宁新华印务有限公司	
开　　本	787 mm×960 mm　1/16　印张 20.5　字数 220 千字	
版　　次	2024 年 3 月第 1 版　2024 年 3 月第 1 次印刷	
书　　号	ISBN 978—7—5767—0597—3	
定　　价	198.00 元	

代序

读书的乐趣

你最喜爱什么——书籍.

你经常去哪里——书店.

你最大的乐趣是什么——读书.

这是友人提出的问题和我的回答.真的,我这一辈子算是和书籍,特别是好书结下了不解之缘.有人说,读书要费那么大的劲,又发不了财,读它做什么？我却至今不悔,不仅不悔,反而情趣越来越浓.想当年,我也曾爱打球,也曾爱下棋,对操琴也有兴趣,还登台伴奏过.但后来却都一一断交,"终身不复鼓琴".那原因便是怕花费时间,玩物丧志,误了我的大事——求学.这当然过激了一些.剩下来唯有读书一事,自幼至今,无日少废,谓之书痴也可,谓之书橱也可,管它呢,人各有志,不可相强.我的一生大志,便是教书,而当教师,不多读书是不行的.

读好书是一种乐趣,一种情操;一种向全世界古往今来的伟人和名人求

1

教的方法,一种和他们展开讨论的方式;一封出席各种活动、体验各种生活、结识各种人物的邀请信;一张迈进科学宫殿和未知世界的入场券;一股改造自己、丰富自己的强大力量.书籍是全人类有史以来共同创造的财富,是永不枯竭的智慧的源泉.失意时读书,可以使人重整旗鼓;得意时读书,可以使人头脑清醒;疑难时读书,可以得到解答或启示;年轻人读书,可明奋进之道;年老人读书,能知健神之理.浩浩乎! 洋洋乎! 如临大海,或波涛汹涌,或清风微拂,取之不尽,用之不竭.吾于读书,无疑义矣,三日不读,则头脑麻木,心摇摇无主.

潜能需要激发

我和书籍结缘,开始于一次非常偶然的机会.大概是八九岁吧,家里穷得揭不开锅,我每天从早到晚都要去田园里帮工.一天,偶然从旧木柜阴湿的角落里,找到一本蜡光纸的小书,自然很破了.屋内光线暗淡,又是黄昏时分,只好拿到大门外去看.封面已经脱落,扉页上写的是《薛仁贵征东》.管它呢,且往下看.第一回的标题已忘记,只是那首开卷诗不知为什么至今仍记忆犹新:

日出遥遥一点红,飘飘四海影无踪.

三岁孩童千两价,保主跨海去征东.

第一句指山东,二、三两句分别点出薛仁贵(雪、人贵).那时识字很少,半看半猜,居然引起了我极大的兴趣,同时也教我认识了许多生字.这是我有生以来独立看的第一本书.尝到甜头以后,我便千方百计去找书,向小朋友借,到亲友家找,居然断断续续看了《薛丁山征西》《彭公案》《二度梅》等,樊梨花便成了我心中的女英雄. 我真入迷了. 从此, 放牛也罢, 车水也罢, 我总要带一本书, 还练出了边走田间小路边读书的本领, 读得津津有味, 不知人间别有他事.

当我们安静下来回想往事时, 往往会发现一些偶然的小事却影响了自己的一生. 如果不是找到那本《薛仁贵征东》, 我的好学心也许激发不起来. 我这一生, 也许会走另一条路. 人的潜能, 好比一座汽油库, 星星之火, 可以使它雷声隆隆、光照天地; 但若少了这粒火星, 它便会成为一潭死水, 永归沉寂.

抄, 总抄得起

好不容易上了中学, 做完功课还有点时间, 便常光顾图书馆. 好书借了实在舍不得还, 但买不到也买不起, 便下决心动手抄书. 抄, 总抄得起. 我抄过林语堂写的《高级英文法》, 抄过英文的《英文典大全》, 还抄过《孙子兵法》, 这本书实在爱得狠了, 竟一口气抄了两份. 人们虽知抄书之苦, 未知抄书之益, 抄完毫末俱见, 一览无余, 胜读十遍.

始于精于一, 返于精于博

关于康有为的教学法, 他的弟子梁启超说: "康先生之教, 专标专精、涉猎二条, 无专精则不能成, 无涉猎则不能通也." 可见康有为强烈要求学生把专精和广博(即"涉猎")相结合.

在先后次序上, 我认为要从精于一开始. 首先应集中精力学好专业, 并在专业的科研中做出成绩, 然后逐步扩大领域, 力求多方面的精. 年轻时, 我曾精读杜布(J. L. Doob)的《随机过程论》, 哈尔莫斯(P. R. Halmos)的《测度论》等世界数学名著, 使我终身受益. 简言之, 即"始于精于一, 返于精于博". 正如中国革命一样,必须先有一块根据地,站稳后再开创几块,最后连成一片.

丰富我文采,澡雪我精神

辛苦了一周,人相当疲劳了,每到星期六,我便到旧书店走走,这已成为生活中的一部分,多年如此.一次,偶然看到一套《纲鉴易知录》,编者之一便是选编《古文观止》的吴楚材.这部书提纲挈领地讲中国历史,上自盘古氏,直到明末,记事简明,文字古雅,又富于故事性,便把这部书从头到尾读了一遍.从此启发了我读史书的兴趣.

我爱读中国的古典小说,例如《三国演义》和《东周列国志》.我常对人说,这两部书简直是世界上政治阴谋诡计大全.即以近年来极时髦的人质问题(伊朗人质、劫机人质等),这些书中早就有了,秦始皇的父亲便是受害者,堪称"人质之父".

《庄子》超尘绝俗,不屑于名利.其中"秋水""解牛"诸篇,诚绝唱也.《论语》束身严谨,勇于面世,"己所不欲,勿施于人",有长者之风.司马迁的《报任少卿书》,读之我心两伤,既伤少卿,又伤司马;我不知道少卿是否收到这封信,希望有人做点研究.我也爱读鲁迅的杂文,果戈理、梅里美的小说.我非常敬重文天祥、秋瑾的人品,常记他们的诗句:"人生自古谁无死,留取丹心照汗青""休言女子非英物,夜夜龙泉壁上鸣".唐诗、宋词、《西厢记》《牡丹亭》,丰富我文采,澡雪我精神,其中精粹,实是人间神品.

读了邓拓的《燕山夜话》,既叹服其广博,也使我动了写《科学发现纵横谈》的心.不料这本小册子竟给我招来了上千封鼓励信.以后人们便写出了许许多多

4

的"纵横谈".

从学生时代起,我就喜读方法论方面的论著.我想,做什么事情都要讲究方法,追求效率、效果和效益,方法好能事半而功倍.我很留心一些著名科学家、文学家写的心得体会和经验.我曾惊讶为什么巴尔扎克在51年短短的一生中能写出上百本书,并从他的传记中去寻找答案.文史哲和科学的海洋无边无际,先哲们的明智之光沐浴着人们的心灵,我衷心感谢他们的恩惠.

读书的另一面

以上我谈了读书的好处,现在要回过头来说说事情的另一面.

读书要选择.世上有各种各样的书:有的不值一看,有的只值看20分钟,有的可看5年,有的可保存一辈子,有的将永远不朽.即使是不朽的超级名著,由于我们的精力与时间有限,也必须加以选择.决不要看坏书,对一般书,要学会速读.

读书要多思考.应该想想,作者说得对吗? 完全吗? 适合今天的情况吗? 从书本中迅速获得效果的好办法是有的放矢地读书,带着问题去读,或偏重某一方面去读.这时我们的思维处于主动寻找的地位,就像猎人追找猎物一样主动,很快就能找到答案,或者发现书中的问题.

有的书浏览即止,有的要读出声来,有的要心头记住,有的要笔头记录.对重要的专业书或名著,要勤做笔记,"不动笔墨不读书".动脑加动手,手脑并用,既可加深理解,又可避忘备查,特别是自己的灵感,更要及时抓住.清代章学诚在《文史通义》中说:"札记之功必不可少,如不札记,则无穷妙绪如雨珠落大海矣."

许多大事业、大作品,都是长期积累和短期突击相结合的产物.涓涓不息,将成江河;无此涓涓,何来江河?

爱好读书是许多伟人的共同特性,不仅学者专家如此,一些大政治家、大军事家也如此.曹操、康熙、拿破仑、毛泽东都是手不释卷,嗜书如命的人.他们的巨大成就与毕生刻苦自学密切相关.

王梓坤

1

2

第 一 篇

从一道联邦德国
奥林匹克试题谈起

一道试题及其证明

第

1

章

§1　一道联邦德国数学竞赛试题

科学哲学大师 Lakatos（拉卡托斯）有一句名言："没有科学史的科学哲学是跛脚的，没有科学哲学的科学史是短视的."

对于数学定理来说，类似的结论也是成立的，那就是：

没有初等特例的高等定理是很难普及的，没有高等背景的初等题目是走不远的.

本书讲述的是由一道具有高深背景的初等数学竞赛试题所引发的一系列著名结论及其证明.

德国是世界数学大国，一度曾为世界数学中心.诞生于此的著名数学家不胜枚举，如 Hilbert（希尔伯特），Riemann（黎曼），Gauss(高斯)，Kummer(库默尔)，Leibniz(莱布尼茨)，Klein(克莱因)，Minkowski(闵可夫斯基)等.

德国也是数学奥林匹克强国,特别引人瞩目的是德国数学竞赛元老 Arhur Engel 教授. Arhur Engel 曾在"第二次世界大战"中失去右臂,他 1952 年毕业于斯图加特大学,此后担任中学教师 18 年之久.他非常热爱中学数学教学,以致在 1970 年路德维希学院请他出任副教授时,他还带着几分勉强.1972 年以后,他被法兰克福大学数学系聘为教授.

联邦德国是 1977 年第一次参加 IMO 的,从那时候起到 1984 年,Arhur Engel 一直是联邦德国出席 IMO 的代表队的教练或领队.1988 年他又担任了联邦德国队的领队,并且于 1989 年在德国布伦瑞克举行的第 30 届 IMO 上出任主试委员会主席.在命题中他强调背景,即一道好的竞赛试题应该有深刻的背景.

下面我们以一道 1981 年联邦德国奥林匹克试题来说明这一点.

上海出版界的顾可敬老先生在 20 世纪 80 年代出版过好几本竞赛集,其笔法颇似俄罗斯数学著作的写法,细致入微,初学者阅读很方便.

试题 1 已知 k 是一个自然数,$n=2^{k-1}$,求证:从 $2n-1$ 个自然数中总可选出 n 个数,使其和可被 n 除尽.

（1981 年联邦德国数学竞赛题(第二试)）

证法 1 $k=1$ 是无意义的,所以我们只需从 $k=2$

4

开始讨论,也就是说在 $n=2^{2-1}=2^1=2$ 时,我们总可以从 $2n-1=2\times2-1=3$ 个自然数中选出 2 个自然数,使其和可被 2 除尽.我们现在先来证明这一点.我们先将这 3 个数以 2 为模,考察其所属的剩余类(亦即区分其是偶数还是奇数),因为这 3 个数中至少有 2 个同是奇数或者同是偶数.设这 2 个数为 x_1,x_2.如果 x_1,x_2 皆为偶数,那么

$$x_1\equiv0(\bmod 2),x_2\equiv0(\bmod 2)$$

当然有 $x_1+x_2\equiv0(\bmod 2)$,亦即 x_1+x_2 可被 2 除尽.如果 x_1,x_2 皆为奇数,那么

$$x_1\equiv1(\bmod 2),x_2\equiv1(\bmod 2)$$

因此有 $x_1+x_2\equiv1+1\equiv0(\bmod 2)$,亦即 x_1+x_2 可被 2 除尽.所以这就证明了 $k=2$ 的情况.为了证明 $k=4$ 的情况,我们需要在 $k=2$ 的基础上建立一个引理.

引理 1　如果有 5 个奇数或是 5 个偶数,那么一定可以从这 5 个数中选出 4 个,使其和可被 4 除尽.

证明　若这 5 个数是偶数,我们设这 5 个数为 $x_i(1\leqslant i\leqslant5)$,则有

$$x_i=2y_i\quad(1\leqslant i\leqslant5)$$

其中 y_i 是自然数.从 $y_1,\cdots,y_5$ 中任选 3 个数,其中必有 2 个数,其和可被 2 除尽.不失一般性,可设这 2 个数为 y_1,y_2.再从 y_3,y_4,y_5 这 3 个数中一定可以选出 2 个数,不失一般性,可设为 y_3,y_4,其和亦可被 2 除尽.这样

$$y_1+y_2\equiv0(\bmod 2),y_3+y_4\equiv0(\bmod 2)$$

所以

$$y_1 + y_2 + y_3 + y_4 \equiv 0 (\bmod 2)$$

从而

$$x_1 + x_2 + x_3 + x_4 = 2(y_1 + y_2 + y_3 + y_4)$$
$$\equiv 0 (\bmod 4)$$

亦即 x_1, x_2, x_3, x_4 这 4 个数,其和可被 4 除尽.

当这 5 个数都是奇数时,我们有

$$x_i = 2y_i - 1 \quad (1 \leqslant i \leqslant 5)$$

其中 y_i 是自然数,相仿于前述的方法,可得

$$y_1 + y_2 + y_3 + y_4 \equiv 0 (\bmod 2)$$

这样

$$x_1 + x_2 + x_3 + x_4 = 2(y_1 + y_2 + y_3 + y_4) - 4$$
$$\equiv 0 (\bmod 4)$$

亦即 x_1, x_2, x_3, x_4 这 4 个数,其和可被 4 除尽.

现在来证明 $k = 3$ 的情况,此时

$$n = 2^{3-1} = 4, 2n - 1 = 7$$

我们将对原来的 7 个数考察其奇偶性.因为这 7 个数中至少有 2 个数,可设为 x_1, x_2,其奇偶性是相同的,这样

$$x_1 + x_2 \equiv 0 (\bmod 2)$$

再在 $x_3, x_4, \cdots, x_7$ 中,也至少有 2 个数,可设为 x_3, x_4,其奇偶性是相同的,这样

$$x_3 + x_4 \equiv 0 (\bmod 2)$$

而在 x_5, x_6, x_7 这 3 个数中,我们总可选择 2 个数,可设为 x_5, x_6,使 $x_5 + x_6$ 可被 2 除尽,亦即

$$x_5 + x_6 \equiv 0 (\bmod 2)$$

因为在 $\bmod 2$ 之下为 0 的剩余类,在 $\bmod 4$ 之下只可

能为 0 或 2,所以有

$$x_1 + x_2 \equiv \begin{cases} 0 \\ 2 \end{cases} (\bmod 4)$$

$$x_3 + x_4 \equiv \begin{cases} 0 \\ 2 \end{cases} (\bmod 4)$$

$$x_5 + x_6 \equiv \begin{cases} 0 \\ 2 \end{cases} (\bmod 4)$$

若 $x_1 + x_2$ 与 $x_3 + x_4$ 在 mod 4 之下同为 0 或 2,这样就有

$$x_1 + x_2 + x_3 + x_4 \equiv 0 + 0 \equiv 0 (\bmod 4)$$

或

$$x_1 + x_2 + x_3 + x_4 \equiv 2 + 2 \equiv 0 (\bmod 4)$$

这时就取 x_1, x_2, x_3, x_4 为所要求的数.

若 $x_1 + x_2$ 与 $x_3 + x_4$ 在 mod 4 之下一为 0,另一为 2,不失一般性,可设

$$x_1 + x_2 \equiv 0 (\bmod 4), x_3 + x_4 \equiv 2 (\bmod 4)$$

而若

$$x_5 + x_6 \equiv 0 (\bmod 4)$$

则

$$x_1 + x_2 + x_5 + x_6 \equiv 0 (\bmod 4)$$

这时取 x_1, x_2, x_5, x_6 为所求的数;而若

$$x_5 + x_6 \equiv 2 (\bmod 4)$$

则

$$x_3 + x_4 + x_5 + x_6 \equiv 2 + 2 \equiv 0 (\bmod 4)$$

这时取 x_3, x_4, x_5, x_6 为所求的数,这样就证明了 $k = 3$ 的情况.

利用 $k=3$ 的情形以及前面所建立的引理 1,我们可以证明 $k=4$ 的情形,注意在 $k=4$ 时

$$n = 2^{4-1} = 8, 2n-1 = 15$$

我们将对原来的 15 个数考察其奇偶性.因为至少有 5 个数,其奇偶性是相同的,据引理 1 可知必定可从这 5 个数中选出 4 个数,其和可被 4 除尽,不失一般性,可设此 4 个数是 x_1, x_2, x_3, x_4.这样

$$x_1 + x_2 + x_3 + x_4 \equiv 0 (\bmod 4)$$

又因为在 $x_5, \cdots, x_{15}$ 这 11 个数中,也至少有 5 个数,其奇偶性是相同的,因此再据引理 1 可知,必定可从这 5 个数中选出 4 个数,其和可被 4 除尽.设这 4 个数为 x_5, x_6, x_7, x_8.这样

$$x_5 + x_6 + x_7 + x_8 \equiv 0 (\bmod 4)$$

而从剩下的 $x_9, x_{10}, \cdots, x_{15}$ 这 7 个数中,利用 $k=3$ 的情况,必定可选出 4 个数,不失一般性,可设为 $x_9, x_{10}, x_{11}, x_{12}$,使

$$x_9 + x_{10} + x_{11} + x_{12} \equiv 0 (\bmod 4)$$

所以,若 $x_1+x_2+x_3+x_4$ 与 $x_5+x_6+x_7+x_8$ 在 $\bmod 8$ 之下同是 0 或 4,则有

$$\sum_{i=1}^{8} x_i \equiv 0 (\bmod 8)$$

若一为 0,另一为 4,则可设

$$x_1 + x_2 + x_3 + x_4 \equiv 0 (\bmod 8)$$

$$x_5 + x_6 + x_7 + x_8 \equiv 4 (\bmod 8)$$

而若

$$x_9 + x_{10} + x_{11} + x_{12} \equiv 0 (\bmod 8)$$

8

则取 $x_1, \cdots, x_4, x_9, x_{10}, x_{11}, x_{12}$ 为所求之数；若

$$x_9 + x_{10} + x_{11} + x_{12} \equiv 4 \pmod 8$$

则取 $x_5, \cdots, x_8, x_9, x_{10}, x_{11}, x_{12}$ 为所求之数. 这样就证得了 $k = 4$ 的情形.

现在我们来证明一般的情况.

设命题在小于或等于 $k + 1(k \geqslant 2)$ 时都成立. 因此命题在 k 时当然也成立, 在此基础上我们来证明引理 2.

引理 2　在 $2^k - 1 + 2^{k-1}$ 个奇数或 $2^{k-1} + 2^k - 1$ 个偶数中, 总可选出 2^k 个数, 使其和可被 2^k 除尽, 其中 k 为自然数.

证法 1　记这 $2^{k-1} + 2^k - 1$ 个数为 $x_i, 1 \leqslant i \leqslant 2^{k-1} + 2^k - 1$. 若这些数都是偶数, 则

$$x_i = 2y_i \quad (1 \leqslant i \leqslant 2^{k-1} + 2^k - 1)$$

在这些 y_i 中取 $2^k - 1$ 个数, 那么, 因为本题的命题在 k 时成立, 所以一定可以从这 $2^k - 1$ 个数中选出 2^{k-1} 个, 使其和可被 2^{k-1} 除尽. 设这 2^{k-1} 个数是前 2^{k-1} 个, 这样

$$\sum_{i=1}^{2^{k-1}} y_i \equiv 0 \pmod{2^{k-1}}$$

因而

$$\sum_{i=1}^{2^{k-1}} x_i = 2 \sum_{i=1}^{2^{k-1}} y_i \equiv 0 \pmod{2^k}$$

而在剩下的 $y_{2^{k-1}+1}, \cdots, y_{2^{k-1}+2^k-1}$ 这 $2^k - 1$ 个数中, 再一次使用本题的原命题在 k 时的情形, 从而可从其中选出 2^{k-1} 个数, 不妨设为 $y_{2^{k-1}+1}, \cdots, y_{2^k}$, 使

$$\sum_{i=2^{k-1}+1}^{2^k} y_i \equiv 0 \pmod{2^{k-1}}$$

从而

$$\sum_{i=2^{k-1}+1}^{2^k} x_i = 2 \sum_{i=2^{k-1}+1}^{2^k} y_i \equiv 0 (\bmod\ 2^k)$$

这样合起来便有

$$\sum_{i=1}^{2^k} x_i \equiv 0 (\bmod\ 2^k)$$

在原来的 x_i 都为奇数时,方法类似,只需注意

$$x_i = 2y_i - 1 \quad (1 \leqslant i \leqslant 2^k + 2^{k-1} - 1)$$

$$\sum_{i=1}^{2^{k-1}} x_i = 2 \sum_{i=1}^{2^{k-1}} y_i - 2^{k-1} \equiv -2^{k-1} (\bmod\ 2^k)$$

$$\sum_{i=2^{k-1}+1}^{2^k} x_i = 2 \sum_{i=2^{k-1}+1}^{2^k} y_i - 2^{k-1} \equiv -2^{k-1} (\bmod\ 2^k)$$

从而

$$\sum_{i=1}^{2^k} x_i \equiv -2^{k-1} - 2^{k-1}$$

$$= -2^k \equiv 0 (\bmod\ 2^k)$$

现在来证明本题的命题在 $k+2$ 时成立,也就是证明在 $2^{k+2}-1$ 个自然数中一定可以选出 2^{k+1} 个数,使其和可被 2^{k+1} 除尽.

我们先考察这 $2^{k+2}-1$ 个数的奇偶性,因为这 $2^{k+2}-1$ 个数中至少有 2^{k+1} 个数都是奇数或都是偶数,这是因为若奇数的个数小于或等于 $2^{k+1}-1$,偶数的个数小于或等于 $2^{k+1}-1$,则总共至多只能有

$$2^{k+1} - 1 + 2^{k+1} - 1 = 2^{k+2} - 2 < 2^{k+2} - 1$$

个数,因而与原设矛盾. 再因为

$$2^{k+1} > 2^k + 2^{k-1} - 1$$

所以运用引理 2,便知必定可以选出 2^k 个数,使其和可被 2^k 除尽. 设这 2^k 个数为 $x_1,\cdots,x_{2^k}$. 那么余下的是 $2^{k+2}-2^k-1$ 个数,其中至少有 $2^{k+1}-2^{k-1}$ 个数都是奇数或者都是偶数. 这是因为若奇数的个数小于或等于 $2^{k+1}-2^{k-1}-1$,偶数的个数小于或等于 $2^{k+1}-2^{k-1}-1$,那么总共至多只能有

$$(2^{k+1}-2^{k-1}-1)\times 2 = 2^{k+2}-2^k-2$$
$$< 2^{k+2}-2^k-1$$

个数,因而矛盾. 再因为

$$2^{k+1}-2^{k-1} > 2^k+2^{k-1}-1$$

所以对这 $2^{k+1}-2^{k-1}$ 个奇数或者 $2^{k+1}-2^{k-1}$ 个偶数再一次运用引理 2,又可选出 2^k 个数,使其和可被 2^k 除尽,设这 2^k 个数为 $x_{2^k+1},\cdots,x_{2^{k+1}}$. 从而剩下的便是 $x_{2^{k+1}+1},\cdots,x_{2^{k+2}-1}$ 这 $2^{k+2}-1-2^{k+1}=2^{k+1}-1$ 个数,运用本题的命题在 $k+1$ 时的情形,便可知道可从其中选出 2^k 个数,设为 $x_{2^{k+1}+1},\cdots,x_{2^{k+1}+2^k}$,使其和可被 2^k 除尽. 总结上述,便得

$$\begin{cases} \displaystyle\sum_{i=1}^{2^k} x_i \equiv 0 \,(\mathrm{mod}\ 2^k) \\ \displaystyle\sum_{i=2^k+1}^{2^{k+1}} x_i \equiv 0 \,(\mathrm{mod}\ 2^k) \\ \displaystyle\sum_{i=2^{k+1}+1}^{2^{k+1}+2^k} x_i \equiv 0 \,(\mathrm{mod}\ 2^k) \end{cases}$$

从而

$$\begin{cases} \sum_{i=1}^{2^k} x_i \equiv \begin{cases} 0 \\ 2^k \end{cases} (\bmod\ 2^{k+1}) \\[3mm] \sum_{i=2^k+1}^{2^{k+1}} x_i \equiv \begin{cases} 0 \\ 2^k \end{cases} (\bmod\ 2^{k+1}) \\[3mm] \sum_{i=2^{k+1}+1}^{2^{k+1}+2^k} \equiv \begin{cases} 0 \\ 2^k \end{cases} (\bmod\ 2^{k+1}) \end{cases}$$

若 $\sum\limits_{i=1}^{2^k} x_i$ 与 $\sum\limits_{i=2^k+1}^{2^{k+1}}$ 在 $\bmod\ 2^{k+1}$ 之下同是 0 或同是 2^k,则

$$\sum_{i=1}^{2^{k+1}} x_i \equiv \begin{cases} 0+0 \\ 2^k+2^k \end{cases} \equiv 0 (\bmod\ 2^{k+1})$$

从而 $x_1,\cdots,x_{2^k},x_{2^k+1},\cdots,x_{2^{k+1}}$ 便是所求的 2^{k+1} 个数.

若 $\sum\limits_{i=1}^{2^k} x_i$ 与 $\sum\limits_{i=2^k+1}^{2^{k+1}} x_i$ 在 $\bmod\ 2^{k+1}$ 之下一是 0,另一是

2^k,则可设前者是 0,后者是 2^k,亦即

$$\sum_{i=1}^{2^k} x_i \equiv 0 (\bmod\ 2^{k+1})$$

$$\sum_{i=2^k+1}^{2^{k+1}} x_i \equiv 2^k (\bmod\ 2^{k+1})$$

如果

$$\sum_{i=2^{k+1}+1}^{2^{k+1}+2^k} x_i \equiv 0 (\bmod\ 2^{k+1})$$

那么 $x_1,\cdots,x_{2^k},x_{2^{k+1}+1},\cdots,x_{2^{k+1}+2^k}$ 便是所求的 2^{k+1} 个

数;如果

$$\sum_{i=2^{k+1}+1}^{2^{k+1}+2^k} x_i \equiv 2^k (\bmod\ 2^{k+1})$$

那么 $x_{2^k+1}, \cdots, x_{2^{k+1}}, x_{2^{k+1}+1}, \cdots, x_{2^{k+1}+2^k}$ 便是所求.

这样便证得本题的命题在 $k+2$ 时成立.

上述证明虽然书写得很烦琐,但思路很简单,所以我们完全可以将其简化为下面的写法.

证法 2　用数学归纳法.

（1）当 $k=2$ 时,命题显然成立.

（2）假设当 $k=m$ 时,命题成立,即从 $2 \cdot 2^{m-1}-1$ 个自然数中总可选出 2^{m-1} 个数,使其和可被 2^{m-1} 整除.

下面证明命题在 $k=m+1$ 时成立.

设 $2 \cdot 2^m - 1$ 个整数为 $I=\{x_1, x_2, \cdots, x_{2^{m+1}-2},$ $x_{2^{m+1}-1}\}$,因为 $|I|>2^{m-1}$,所以由归纳假设可知,可以从 I 中选出 2^{m-1} 个数,使其和可被 2^{m-1} 整除.不妨设 $I_1=\{x_1, x_2, \cdots, x_{2^{m-1}}\}$,且

$$A_1 = \sum_{i=1}^{2^{m-1}} x_i \equiv 0 (\bmod 2^{m-1})$$

再注意到

$$|I-I_1| = (2^{m+1}-1) - 2^{m-1} = 3 \cdot 2^{m-1} - 1$$
$$= 2^m - 1 + 2^{m-1} > 2^m - 1$$

所以还可以从 $I-I_1$ 中选出 2^{m-1} 个数,使其和可被 2^{m-1} 整除.不妨设 $I_2=\{x_{2^{m-1}+1}, x_{2^{m-1}+2}, \cdots, x_{2^m}\}$,且满足

$$A_2 = \sum_{i=2^{m-1}+1}^{2^m} x_i \equiv 0 (\bmod 2^{m-1})$$

再注意到

$$|I-I_1 \bigcup I_2| = (2^m - 1 + 2^{m-1}) - 2^{m-1} = 2^m - 1$$

所以再由归纳假设可知,还可在 $|I-I_1 \bigcup I_2|$ 中选出

2^{m-1} 个数,使其和能被 2^{m-1} 整除. 不妨设 $I_3 = \{x_{2^m+1},$ $x_{2^m+2}, \cdots, x_{2^m+2^{m-1}}\}$,且满足

$$A_3 = \sum_{i=2^m+1}^{2^m+2^{m-1}} x_i \equiv 0 (\bmod\ 2^{m-1})$$

再对 A_1, A_2, A_3 用 $\bmod\ 2^m$ 来分类:因为

$$A_1 \equiv \begin{cases} 0 \\ 2^{m-1} \end{cases} (\bmod\ 2^m)$$

$$A_2 \equiv \begin{cases} 0 \\ 2^{m-1} \end{cases} (\bmod\ 2^m)$$

$$A_3 \equiv \begin{cases} 0 \\ 2^{m-1} \end{cases} (\bmod\ 2^m)$$

所以一定存在 $A_i, A_j (1 \leqslant i, j \leqslant 3)$,使得

$$A_i = A_j (\bmod\ 2^m)$$

即若关于 $\bmod\ 2^m$ 同余于 0,则

$$A_i + A_j \equiv 0 (\bmod\ 2^m)$$

若关于 $\bmod\ 2^m$ 同余于 2^{m-1},则

$$A_i + A_j \equiv 2^{m-1} + 2^{m-1} \equiv 0 (\bmod\ 2^m)$$

并且

$$| I_1 \bigcup I_2 | = | I_2 \bigcup I_3 | = | I_3 \bigcup I_1 | = 2^m$$

其实这一问题的一般结论,即:任给 $2a - 1$ 个整数,一定有 a 个整数,它们的算术平均也是整数. 这一问题早在 1961 年就已经被匈牙利数学家 P. Erdös(埃尔多斯),A. Ginzburg 和 A. Ziv 所解决. 不过由于当时我国刚刚恢复数学研究,许多人在柯召、孙琦《初等数论100 例》(上海教育出版社,1979 年出版)中发现这一问题时并不知道这是一个已经被解决的问题,于是给出

14

了许多新证法,其中以单墫和高维东为代表.

§2　单墫的证明

1983 年,作为单墫理学博士论文中的一部分的名为"初等数论中的一个猜测"的文章发表在《数学进展》上,以下是他的证明.

定理 1　设 n 为自然数,则任意的 $2n-1$ 个数中,必有 n 个数的和可被 n 整除.

证明分三步进行.

(1) 几个引理.

引理 3(Cauchy(柯西))　设 p 为素数,$x_1,x_2,\cdots,$ x_m 代表 m 个不同的剩余类$(\bmod\ p)$,$y_1,y_2,\cdots,y_n$ 代表 n 个不同的剩余类$(\bmod\ p)$,则

$$x_\mu+y_\nu\quad(1\leqslant\mu<m,1\leqslant\nu\leqslant n)$$

所代表的不同的剩余类$(\bmod\ p)$ 的数目大于或等于 $\min\{m+n-1,p\}$.

证明见华罗庚《堆垒素数论》(科学出版社,1957年出版),引理 8.7.

引理 4　在任意的 n 个数 $x_1,x_2,\cdots,x_n$ 中一定能选出若干个数,它们的和(包括一个数的情况,下同)可被 n 整除.

证明　n 个数 $x_1,x_1+x_2,\cdots,x_1+x_2+\cdots+x_n$,如果都不可被 n 整除,即均不属于零类$(\bmod\ n)$,那么根据 Dirichlet(狄利克雷)的抽屉原则,其中必有两个数同余,它们的差可被 n 整除.

引理 5 设 p 为素数,任意 p 个数,按照 mod p 的同余类分类,如果每一类中至多有 k 个数,那么可以从这 p 个数中取出 h 个数,使它们的和可被 p 整除,并且 $h \leqslant k$.

证明 将这 p 个数列成下表

$$x_1 \quad x_2 \quad \cdots \quad x_{l_1}$$

$$x_1 \quad x_2 \quad \cdots \quad x_{l_2}$$

$$\vdots \quad \vdots \quad \quad \vdots$$

$$x_1 \quad x_2 \quad \cdots \quad x_{l_k}$$

其中每一列表示一个剩余类,并且同一类中的元素(至多 k 个)用同一字母表示,$l_1 \geqslant l_2 \geqslant \cdots \geqslant l_k$,显然

$$l_1 + l_2 + \cdots + l_k = p$$

若 $x_1, x_2, \cdots, x_{l_1}$ 中有数属于零类,则结论显然成立.故可设 $x_1, x_2, \cdots, x_{l_1}$ 均不属于零类.

因为 $x_1, x_2, \cdots, x_{l_1}$ 中剩余类的个数为 l_1,而 0,$x_1, x_2, \cdots, x_{l_2}$ 中剩余类的个数为 $l_2 + 1$,故由引理 3,$x_{i_1}, x_{i_1} + x_{i_2}$ $(1 \leqslant i_1 \leqslant l_1, 1 \leqslant i_2 \leqslant l_2)$ 中至少有 $l_1 + l_2$ 个不同的剩余类.同样,$x_{i_1}, x_{i_1} + x_{i_2}, x_{i_1} + x_{i_2} + x_{i_3}$ $(i_j \leqslant l_j, j = 1, 2, 3)$ 中至少有 $l_1 + l_2 + l_3$ 个不同的剩余类,依此类推,$x_{i_1}, x_{i_1} + x_{i_2}, \cdots, x_{i_1} + x_{i_2} + \cdots + x_{i_k}$ $(i_j \leqslant l_j, j = 1, 2, \cdots, k)$ 中至少有 $l_1 + l_2 + \cdots + l_k = p$ 个剩余类,故引理 5 成立.

(2)下面证明在 n 为素数 p 时,定理成立.

将 $2p - 1$ 个数按 p 的剩余类分类,设其中最多的一类含 k_0 个数,不妨设这类为零类(若这一类为 a,则将第一个数减去 a,即化为这种情形).若 $k_0 \geqslant p$,则结

16

论显然成立. 设 $k_0 < p$.

考虑其余的 $(2p-1) - k_0 \geqslant p$ 个数, 由引理 4, 其中可以取出个数小于或等于 p 的若干个数, 它们的和可被 p 整除. 设在这样的和中, 加数最多的为 $x_1 + x_2 + \cdots + x_{k_1} (k_1 \leqslant p)$. 如果 $p - k_0 \leqslant k_1$, 那么结论显然成立. 设

$$p - k_0 > k_1 \tag{1}$$

我们证明这将导致矛盾.

考虑剩下的 $2p - 1 - k_0 - k_1 \geqslant p$ 个数, 根据引理 4, 其中可以选出若干个数, 其和可被 p 整除. 设这样的和中, 加数最少的为 $y_1 + y_2 + \cdots + y_{k_1}$.

如果 $k_1 + k_2 \leqslant p$, 那么

$$x_1 + x_2 + \cdots + x_{k_1} + y_1 + y_2 + \cdots + y_{k_2} \equiv 0 \pmod{p}$$

并且 $k_1 + k_2 > k_1$, 这与 k_1 的定义矛盾. 所以有

$$k_1 + k_2 > p \tag{2}$$

由 (1) 和 (2) 两式得

$$k_2 > k_0 \tag{3}$$

而将上述 $2p - 1 - k_0 - k_1$ 个数按 p 的剩余类分类, 每一类中至多有 $k \leqslant k_0$ 个数. 由引理 5, 有

$$k_2 \leqslant k \leqslant k_0 \tag{4}$$

由于 (3) 和 (4) 两式矛盾, 故在 n 为素数 p 时, 定理成立.

(3) 我们证明, 如果定理在 $n = a > 1$ 及 $n = b > 1$ 时成立, 那么其对于 $n = ab$ 也成立.

从 $2ab - 1 \geqslant 2b - 1$ 个数中可选出 b 个数满足

$$x_1^{(1)} + x_2^{(1)} + \cdots + x_b^{(1)} = k_1 b \quad (k_1 \in \mathbf{Z})$$

17

若 $a > 1$,则剩下的个数为

$$2ab - 1 - b = (2a - 1)b - 1 \geqslant 2b - 1$$

再从中选出 b 个数满足

$$x_1^{(2)} + x_2^{(2)} + \cdots + x_b^{(2)} = k_2 b \quad (k_2 \in \mathbf{Z})$$

若继续进行,直至 $2a - 2$ 次,则得

$$x_1^{(2a-2)} + \cdots + x_b^{(2a-2)} = k_{2a-2} b \quad (k_{2n-2} \in \mathbf{Z})$$

这时 $2ab - 1 - (2a - 2)b = 2b - 1$,还可以选出

$$x_1^{(2a-1)} + \cdots + x_b^{(2a-1)} = k_{2a-1} b \quad (k_{2a-1} \in \mathbf{Z})$$

然后从 $2a - 1$ 个数 $k_1, k_2, \cdots, k_{2a-1}$ 中取出 a 个数,不妨设为 $k_1, k_2, \cdots, k_a$,满足

$$k_1 + k_2 + \cdots + k_a = k \quad (k \text{ 为整数})$$

于是

$$x_1^{(1)} + \cdots + x_b^{(1)} + \cdots + x_1^{(a)} + \cdots + x_b^{(a)}$$
$$= (k_1 + \cdots + k_a)b = kab$$

即 $n = ab$ 个数 $x_1^{(1)}, \cdots, x_b^{(1)}, \cdots, x_b^{(a)}$ 的和可被 n 整除.

由(2)和(3)即知定理对于一切自然数 n 成立.

§3 高维东的初等证明

东北师范大学数学系 1981 级的高维东在校读书期间就用初等数学方法证明了这一问题,这一结果被他的老师李复中先生收入到教材《初等数论选讲》(东北师范大学出版社,1984 年 12 月第 1 版,p.113~116)中当作一个附录.

以下是根据他的思路改写的初等证明.

引理 6 设 p 为质数,$a, b \in \mathbf{N}$,a, b 的 p 进制表示

18

分别为

$$a = a_k p^k + a_{k-1} p^{k-1} + \cdots + a_1 p + a_0$$
$$b = b_k p^k + b_{k-1} p^{k-1} + \cdots + b_1 p + b_0$$

其中 $a_i, b_i \in \{0, 1, 2, \cdots, p-1\}, 0 \leqslant i \leqslant k$,则

$$\mathrm{C}_a^b \equiv \mathrm{C}_{a_k}^{b_k} \mathrm{C}_{a_{k-1}}^{b_{k-1}} \cdots \mathrm{C}_{a_1}^{b_1} \mathrm{C}_{a_0}^{b_0} (\mathrm{mod}\ p)$$

引理 7 若 p 为质数,则 $\mathrm{C}_n^p = \left[\dfrac{n}{p}\right] (\mathrm{mod}\ p)$.

证明 设 $n = (a_k a_{k-1} \cdots a_1 a_0)$,则

$$\left[\frac{n}{p}\right] = (a_k a_{k-1} \cdots a_1)_p$$

从而

$$\left[\frac{n}{p}\right] \equiv a_1 (\mathrm{mod}\ p)$$

由引理 6 可知

$$\mathrm{C}_n^p \equiv \mathrm{C}_{a_1}^1 \equiv a_1 \equiv \left[\frac{n}{p}\right] (\mathrm{mod}\ p)$$

现在我们来证明开始的问题.

(1)先考虑 n 为质数 p 的情况.

设 $2p-1$ 个整数为 $x_1, x_2, \cdots, x_{2p-1}$. 用反证法:如果这 $2p-1$ 个数中任意 p 个数 $x_{i_1}, x_{i_2}, \cdots, x_{i_p}$ 的和均不能被 p 整除,那么由 Fermat(费马)小定理有

$$(x_{i_1} + x_{i_2} + \cdots + x_{i_p})^{p-1} \equiv 1 (\mathrm{mod}\ p) \quad (1)$$

形如式(1)的同余式共有 C_{2p-1}^p 个. 将这些同余式相加得

$$\sum (x_{i_1} + x_{i_2} + \cdots + x_{i_p})^{p-1} \equiv \mathrm{C}_{2p-1}^p (\mathrm{mod}\ p) (2)$$

由引理 7 知式(2)的左边

$$\mathrm{C}_{2p-1}^p \equiv \left[\frac{2p-1}{p}\right] \equiv 1 (\mathrm{mod}\ p)$$

19

在式(2)的左边将每个$(x_{i_1} + x_{i_2} + \cdots + x_{i_p})^{p-1}$展开后,得到形如$x_{i_1}^{a_{i_1}} x_{i_2}^{a_{i_2}} \cdots x_{i_p}^{a_{i_p}}$的项,其中$l \leqslant p-1$,在$\sum$中这样的项共有$C_{2p-1-l}^{p-l}$个,但是

$$C_{2p-1-l}^{p-l} = \frac{(2p-1-l)\cdots(p+1)p}{(p-l)!}$$

能被p整除.从而式(2)的左边能被p整除,矛盾.

这个矛盾说明在$x_1, x_2, \cdots, x_{2p-1}$中,一定有某$p$个数的和能被$p$整除.

(2)下面证明如果题设结论在$n=a$与$n=b$时成立,那么这个结论在$n=ab$时也成立.

当$n=ab$时,可以先从$2n-1$个数中选出$x_1^{(1)}$, $x_1^{(2)}, \cdots, x_1^{(a)}$,使得它们的和能被$a$整除,再从剩下的$2n-1-a$个数中选出$x_2^{(1)}, x_2^{(2)}, \cdots, x_2^{(a)}$,使得它们的和能被$a$整除,依此类推,直至从最后$2n-1-(2b-2)a = 2a-1$个数中选出$x_{2b-1}^{(1)}, x_{2b-1}^{(2)}, \cdots, x_{2b-1}^{(a)}$,使得它们的和能被$a$整除.

记各个和除以a所得的商分别为$x_1, x_2, \cdots, x_{2b-1}$,则从这$2b-1$个数中可以选出$b$个数,使它们的和能被$b$整除.不妨设这$b$个数即为$x_1, x_2, \cdots, x_b$,从而$n$个数$x_1^{(1)}, x_1^{(2)}, \cdots, x_1^{(a)}, \cdots, x_b^{(1)}, x_b^{(2)}, \cdots, x_b^{(a)}$的和等于$a(x_1 + x_2 + \cdots + x_b)$能被$ab = n$整除,故当$n$为任何自然数时,命题都成立.

§4　高维推广综述

此题的一维形式可叙述为:任给$2n-1$个整数,一

定有 n 个整数,它们的算术平均也是整数.该结论最早由 Erdös,Ginzburg 和 Ziv 获得.很自然地,人们会想到二维甚至更高维的相应问题,对这一问题的高维推广,上海科学技术出版社的田廷彦编辑有如下综述:

所谓 d 维欧氏空间的整点,是指在坐标系中 d 个坐标都是整数的点.设 $f(n,d)$ 是最小的正整数 f,满足:任给 f 个 d 维整点,其中必定有 n 个 d 维整点,其矩心(centroid)也是 d 维整点.所谓矩心,是指这样一点,它的每个坐标均是所讨论的一些点的对应坐标的算术平均.确定或估计 $f(n,d)$,最初由 Harborth 提出.

$f(n,d)$ 的存在性是不容置疑的,因为在 Harborth 的那篇论文中就已经用简单的抽屉原则等方法证得

$$(n-1)2^d+1 \leqslant f(n,d) \leqslant (n-1)n^d+1$$

$$f(n_1 n_2,d) \leqslant f(n_1,d)+n_1(f(n_2,d)-1)$$

另外,由前面论述我们有 $f(n,1)=2n-1$.

上述 $f(n,d)$ 的估计是很弱的,因为 $f(n,d)$ 的下限是一个关于 n 的一次多项式,而上限是一个关于 n 的 $d+1$ 次多项式.但它也可推出两个精确结论

$$f(2,d)=2^d+1, f(2^k,d)=(2^k-1)2^d+1$$

种种迹象表明,$f(n,d)$ 应该是 $2^d(n-1)+1$,至少是 n 的一次多项式.

第一个猜想不完全正确,因为有反例;第二个猜想完全正确,下面详细说明一下.

首先,如果 $f(n,d)=2^d(n-1)+1$,那么应有

$$f(3,3)=17, f(3,4)=33$$

但实际上
$$f(3,3)=19, f(3,4)=44$$
对于 $d \geqslant 3$，$f(n,d)$ 的表达式甚至难以写出，幸好我们还有一个比较好的估计
$$f(n,d) \leqslant (cd \ln d)^d n$$
c 是一个与 n 无关的正常数。

至于 $d=2$，种种迹象表明，应有
$$f(n,2)=4n-3$$
对于 $4n-4$，我们只要找这样 $4n-4$ 个点：$n-1$ 个 $(0,0)$，$n-1$ 个 $(0,1)$，$n-1$ 个 $(1,0)$，$n-1$ 个 $(1,1)$，即为反例。

在 $f(n,1)=2n-1$ 的证明中，只要对所有素数 p，证明 $f(p,1)=2p-1$ 即可。$4n-3$ 猜想也不例外，可惜至今只较轻松地证出对 $p=2,3,5,7$，从而对一切 $n=2^a 3^b 5^c 7^d$，均有 $f(n,2)=4n-3$。事实上，硬要证明 $p=11$ 时结论也正确是不难的，有了计算机，计算不成问题，但蛮算对一般的 p 毫无意义。

至于为何 $2n-1$ 定理的方法不能用到 $4n-3$ 猜想中去，这是因为 $2n-1$ 定理的结论是很"奢侈"的，因在一般情况下，从 $2p-1$（p 是素数）个整数中任取 p 个数的和是过 p 的完全剩余系的（从而包括 0），而在 $4p-3$ 中，就完全没这回事了。不过，人们总算还证明了：$f(n,2) \geqslant 6n-5$ 对一切整数 n 成立，以及 $f(p,2) \leqslant 5p-2$ 对充分大的素数 p 成立。这些结果都要用较高深的工具来获得。看来，为 $4n-3$ 猜想找一个证明（特别是初等证明）非常困难。

关于 $f(n,d)$，人们还猜测应有一正常数 c，满足 $f(n,d)\leqslant c^d n$.

当 n 很小而 d 很大时，问题也很有趣. 已证明：$f(3,d)=o(3^d)$，运用一些文献中的方法，人们不难得到当 $n(n>2)$ 固定，而 d 趋于无穷大时，$f(n,d)=o(n^d)$.

§5　两个后续的故事

后来高维东先生在留校任教后又继续了关于这一问题的研究，得到了更为一般的结果，并提出了若干猜想，我们将它作为故事 Ⅰ.

1987 年，北京师范大学数学系的闯平先生用算术群也研究了同一问题，并在美国《数论杂志》上发表了这一结果，我们将它作为故事 Ⅱ.

故事 Ⅰ　关于整数的堆垒性质

文[1] 证明了：

任意 $2n-1$ 个整数中必存在 n 个数，其和为 n 的倍数. 　　　　　　　　　　(T)

文[2]，[3] 依次就 $k=2$ 和 k 为任意正整数先后证明了：

对任意 k 组整数 $\{d_i^{(j)}\}_{i=1}^{k(p-1)+1}$（$j=1,2,\cdots,k$），都存在互异的 $i_1,i_2,\cdots,i_s,1\leqslant i_1,$

$i_2, \cdots, i_s \leqslant k(p-1)+1$,使得

$$\sum_{i=1}^{s} d_i^{(j)} \equiv 0 (\mathrm{mod}\ p) \quad (j=1,2,\cdots,k; p \text{ 为素数})$$

$$(\text{V})$$

文[2],[3]的证明都用到了算术群的概念,本文前半部分用初等方法得到一个定理,(V)将作为该定理的推论给出;(T)将由该定理及文[1]的一个简单引理直接推出.本文后半部分就(T)和(V)提出了更一般的猜想,并部分地证明了它们.我们认为这些猜想的证明是困难而有意义的.

一

以 z_n 表示模 n 之剩余类环,$\overset{k}{\oplus} z_n$ 表示 z_n 的 k 重直和,显见(T)和(V)可等价表述为:

z_n 的任意 $2n-1$ 个元(允许重复)中必有 n 个的和为 0. $\qquad\qquad$ (T′)

$\overset{k}{\oplus} z_p$ 的任意 $k(p-1)+1(p$ 为素数)个元(允许重复)中必有若干个的和为 0. (V′)

下面在谈到 $\overset{k}{\oplus} z_n$ 的一个组元时,若不声明,均允许重复.

我们从一般问题入手,先以 $L_n(n>1)$ 记 z_n 上关于未定元 $x_1, x_2, \cdots, x_m, \cdots$ 的一次齐次非零多元多项式全体,并以 M_n 记 L_n 的所有非空有限子集全体.考虑 $S \in M_n, S=\{f |$

$f = a_1 x_1 + a_2 x_2 + \cdots + a_t x_t, a_i \in z_n\}, t$ 如此确定：至少有一 $f \in S$，使得相应于 f 的 $a_t \neq 0$，显见 t 由 S 唯一确定，记为 $t(S)$.

k 为一个整数，若 $S \in M_n$，对任一组 $b_i \in \overset{k}{\bigoplus} z_n (i = 1, 2, \cdots, t, t = t(S))$ 都有

$0 \in S(b_1, b_2, \cdots, b_t) \triangleq \{f(b_1, b_2, \cdots, b_t) \mid f \in S\}$

则称 S 为 (k, n) — 零集. 于是 (T') 和 (V') 可分别叙述为：

$\{x_{i_1} + \cdots + x_{i_n} \mid 1 \leqslant i_1, \cdots, i_n \leqslant 2n - 1$，诸 i_j 互异$\}$ 为 $(1, n)$ — 零集；　　　　　(T'')

$\{x_{i_1} + \cdots + x_{i_r} \mid 1 \leqslant i_1, \cdots, i_r \leqslant k(p-1) + 1$，诸 i_j 互异，p 为素数$\}$ 为 (k, p) — 零集.

　　　　　　　　　　　　　　　　(V'')

判断 $S \in M_n$ 是否为 (k, n) — 零集(k, n 均给定)，我们有下面的准则：

定理 1　$S \in M_n$ 是 (k, n) — 零集的充要条件为对 S 的任一 k — 划分(指并为 S，且两两不相交的 S 的 k 个子集. 若这些子集都非空，则称它们为 S 的一个真 k — 划分)S_1，$S_2, \cdots, S_k$，必有 $S_i (1 \leqslant i \leqslant k)$ 为 $(1, n)$ — 零集.

证明　必要性：若 $S_1, S_2, \cdots, S_k$ 为 S 的一个 k — 划分，但诸 S_j 均不是 $(1, n)$ — 零集，设 $0 \notin S_j(b_1^{(j)}, b_2^{(j)}, \cdots, b_t^{(j)})(t = t(S)$，当 $t > t(S_j)$ 时，对 $f \in S_j$，令相应于 f 的 $a_{t(S_j)+1}$，$a_{t(S_j)+2}, \cdots, a_t$ 全为 0)，$b_i^{(j)} \in z_n (j = 1, 2, \cdots$，

25

$k; i = 1, 2, \cdots, t)$, 记

$$b_i = (b_i^{(1)}, b_i^{(2)}, \cdots, b_i^{(k)}) \quad (1 \leqslant i \leqslant t)$$

则 $b_i \in \overset{k}{\underset{}{\oplus}} z_n$, 对任一 $f \in S$, 因为 $\overset{k}{\underset{j=1}{\bigcup}} S_j = S$, 所以 f 属于某 $S_j (1 \leqslant j \leqslant k)$. 从而知

$$f(b_1^{(j)}, b_2^{(j)}, \cdots, b_i^{(j)}) \neq 0$$

而

$$\begin{aligned} f(b_1, b_2, \cdots, b_t) = (&f(b_2^{(1)}, b_3^{(1)}, \cdots, b_t^{(1)}), \\ &f(b_1^{(2)}, b_2^{(2)}, \cdots, b_t^{(2)}), \\ &f(b_1^{(3)}, b_2^{(3)}, \cdots, b_t^{(3)}), \cdots, \\ &f(b_1^{(k)}, b_2^{(k)}, \cdots, b_t^{(k)})) \neq 0 \end{aligned}$$

从而 S 不为 (k, n) — 零集, 于是必要性得证.

充分性: 若 S 不是 (k, n) — 零集, 则令 $b_i \in \overset{k}{\underset{}{\oplus}} z_n$, 使得 $0 \notin S(b_1, b_2, \cdots, b_t)$. 设

$$b_i = (b_i^{(1)}, b_i^{(2)}, \cdots, b_i^{(k)}) \quad (i = 1, 2, \cdots, t)$$

构造

$$S_1 = \{f \in S \mid f(b_1^{(1)}, b_2^{(1)}, \cdots, b_t^{(1)}) \neq 0\}$$

$$S_{j+1} = \{f \in S - \overset{j}{\underset{h=1}{\bigcup}} S_h \mid$$

$$f(b_1^{(j+1)}, b_2^{(j+1)}, \cdots, b_t^{(j+1)}) \neq 0\}$$

$$(1 \leqslant j \leqslant k-1)$$

显见 $S_1, S_2, \cdots, S_k$ 两两不交, 且均非 $(1, n)$ — 零集. 对任一 $f \in S$, 因为 $f(b_1, b_2, \cdots, b_t) \neq 0$, 所以必有 $j (1 \leqslant j \leqslant k)$ 使得

$$f(b_1^{(j)}, b_2^{(j)}, \cdots, b_t^{(j)}) \neq 0$$

因此由 $S_1, S_2, \cdots, S_k$ 的构造法知 $f \in \overset{k}{\underset{h=1}{\bigcup}} S_h$,

故知 $\bigcup\limits_{h=1}^{k} S_h = S$，于是充分性得证.

下面我们将给出一个很有用的判断 $S \in M_p(p$ 为素数）为 (k, p) 一零集的充分条件，为此引入下面的定义及记号：

$S \in M_n$，若存在 $b_i \in z_n(i=1,2,\cdots,t,t=t(S))$ 使 $S(b_1,b_2,\cdots,b_t)=\{a\}, a \neq 0$，则称 S 为 n 一可单集. 如 $x_1 + x_2, x_2 + x_3, x_1 + x_3$ 不是 2 一可单集，但为 3 一可单集.

$S \in M_n$，定义 $r(S) = \min\{l \mid$ 存在 S 的一个真 l 一划分（定理 1）$S_1, S_2, \cdots, S_l$，使诸 S_i 均为 n 一可单集$\}$. $r(S)$ 显然存在.

定理 2　$S \in M_n$，若存在正整数 k 使得 $k(n-1)+1 \leqslant r(S)$，则 S 为 (k, n) 一零集.

证明　由定理 1 知，只需证 S 的任一 k 一划分 $S_1, S_2, \cdots, S_k$ 中必有一个为 $(1, n)$ 一零集. 反证，若 S 有一 k 一划分 $S_1, S_2, \cdots, S_k$ 均不为 $(1, n)$ 一零集，设 $b_i^{(j)} \in z_n(1 \leqslant j \leqslant k, 1 \leqslant i \leqslant t = t(S))$，$0 \notin S_j(b_1^{(j)}, b_2^{(j)}, \cdots, b_t^{(j)})$，而定义

$$S_{lj} = \{f \in S_j \mid f(b_1^{(j)}, b_2^{(j)}, \cdots, b_t^{(j)}) = l\}$$
$$(1 \leqslant l \leqslant n-1)$$

从诸 $S_{lj}(1 \leqslant j \leqslant k, 1 \leqslant l \leqslant n-1)$ 中去掉空集，设剩下 h 个集合，显见它们为 S 的一个真 h 一划分，且均为 n 一可单集，从而 $r(S) \leqslant h \leqslant k(n-1)$，矛盾. 因此 S 为 (k, n) 一零集.

证毕.

现在我们来证明(T″)及(V″).设 p 为素数,$A(m) = \{x_{i_1} + x_{i_2} + \cdots + x_{i_r} \mid 1 \leqslant i_1 < i_2 < \cdots < i_r \leqslant m\} \in M_p$,我们有:

定理 3 $r(A(m)) = m$.

证明 显然,若 $A,B,C \in M_p$,$A \bigcup B = C$,则

$$r(C) \leqslant r(A) + r(B)$$

记

$$A = \{x_m\} \bigcup \{x_m + A(m-1)\}$$

$(\{x_m + A(m-1)\} = \{x_m + y \mid y \in A(m-1)\})$

则

$$r(A) = 1, A \bigcup A(m-1) = A(m)$$

故有

$$r(A(m)) \leqslant r(A(m-1)) + 1$$

于是知 $r(A(m)) \leqslant m$.

若 $r(A(m)) < m$,则必有 $A(m)$ 的一个真 $(m-1)$ - 划分 $A_1, \cdots, A_{m-1}$,诸 A_i 为 p - 可单集.因 p 为素数,故不妨设 $b_i^{(j)}(1 \leqslant j \leqslant m-1, 1 \leqslant i \leqslant m)$ 使得

$$A_j(b_1^{(j)}, b_2^{(j)}, \cdots, b_m^{(j)}) = \{1\} \quad (1 = \bar{1})$$

因为 $\bigcup\limits_{j=1}^{m-1} A_j = A(m)$,所以对任一 $f \in A(m)$,必有一 j 使得

$$1 - f(b_1^{(j)}, b_2^{(j)}, \cdots, b_m^{(j)}) = 0$$

于是有

28

$$\prod_{j=1}^{m-1}(1-f(b_1^{(j)},b_2^{(j)},\cdots,b_m^{(j)}))=0$$

$$(\forall f=x_{i_1}+x_{i_2}+\cdots+x_{i_r}\in A(m))$$

因而有

$$\sum_{f\in A(m)}(-1)^{l(f)}\prod_{j=1}^{m-1}(1-f(b_1^{(j)},b_2^{(j)},\cdots,b_m^{(j)}))=0$$

$$(1)$$

其中 $l(f)$ 由 $f=x_{i_1}+x_{i_2}+\cdots+x_{i_{l(f)}}$ 确定.

将式(1)的左边看作 $b_i^{(j)}(j=1,2,\cdots,$ $m-1;i=1,2,\cdots,m)$ 的多项式,展开并合并同类项,考察其中任一项

$$\beta b_{i_1}^{(j_1)}\cdots b_{i_r}^{(j_r)}\quad(\beta\text{ 为系数,}$$

$$\text{诸 }j_i\text{ 互异},1\leqslant i_1,\cdots,i_r\leqslant m)\quad(2)$$

若式(2)为常数项,则

$$-C_m^1+C_m^2-\cdots+(-1)^mC_m^m=-1$$

若式(2)不为常数项,则

$$\beta=(-1)^r(-1)^i(C_{m-i}^0-C_{m-i}^1+\cdots+$$

$$(-1)^{m-i}C_{m-i}^{m-i})=0$$

于是式(1)的左端等于 -1,矛盾. 故 $r(A(m))=m$.

特别地,$A(k(p-1)+1)=k(p-1)+1$,因而由定理 2 知:

推论 1　$A(k(p-1)+1)$ 为 $(k,p)-$零集.

此即(V″),也即(V).

文[1]主要证明了(T″)在 $n=p$ 为素数

时成立,再结合引理"若(T'')对 $n=a$ 和 b 都成立,则对 $n=ab$ 也成立",便完全证明了(T'').下面我们推出(T'')在 $n=p$ 为素数时成立.

由定理 2 知,只需证

$$B(2p-1) = \{x_{i_1} + x_{i_2} + \cdots + x_{i_p} \mid 1 \leqslant i_1 < i_2 < \cdots < i_p \leqslant 2p-1\}$$

满足 $r(B(2p-1)) \geqslant p$.

易见 $r(A(2p-1) - B(2p-1)) \geqslant p-1$(注意,若

$$A = \{a_1 x_1 + a_2 x_2 + \cdots + a_t x_t \mid a_1 + a_2 + \cdots + a_t$$
$$\equiv r(\bmod\ p), r \not\equiv 0(\bmod\ p), r \text{ 一定}\}$$

$A \in M_p$,则 A 为可单集),又

$$r(A(2p-1)) \leqslant r(B(2p-1)) + r(A(2p-1) - B(2p-1))$$

而由定理 3 知

$$r(A(2p-1)) = 2p-1$$

$$r(B(2p-1)) \geqslant p$$

证毕.

二

有事实支持我们作下面诸猜想:

猜想 1 $\{x_{i_1} + x_{i_2} + \cdots + x_{i_r} \mid 1 < i_1 < i_2 < \cdots < i_r \leqslant k(n-1)+1\}$ 是 (k, n) 一零集 $(n > 1)$.

猜想 1 显然一般化了(V'').

猜想 2　$B(2^k(n-1)+1)=\{x_{i_1}+x_{i_2}+\cdots+x_{i_n}\mid 1\leqslant i_1<i_2<\cdots<i_n\leqslant 2^k(n-1)+1\}$ 是 $(k,n)-$零集$(n>1)$.

猜想 2 是 (T'') 的一般化.

猜想 3　$C((2^k-1)(n-1)+1)=\{x_{i_1}+x_{i_2}+\cdots+x_{i_r}\mid 1\leqslant i_1<i_2<\cdots<i_r\leqslant(2^k-1)(n-1)+1,r=1,2,\cdots,n\}$ 是 $(k,n)-$零集.

上面三个猜想中提到了 $k(n-1)+1$,$2^k(n-1)+1,(2^k-1)(n-1)+1$ 不能再小.

由文[1] 的引理 3(三) 的证明易知,对猜想 2,3 有相应的类似引理,因而只需对 $n=p$ 为素数证明猜想 2 和 3,并且我们有下面进一步的猜想.

猜想 4　$r(B(2^k(p-1)+1))=k(p-1)+1$.

猜想 5　$r(C((2^k-1)(p-1)+1))=k(p-1)+1$.

上面的 p 均为素数.

显然若能证明猜想 4 和 5,也就相应地证明了猜想 2 和 3.

容易证明,当 $p=2$ 时,猜想 4 和 5 均成立.猜想 4 的证明如下:

$p=2,p-1=1$,先证

$$r(B(2^k(2-1)+1))$$

$$\geqslant r(B(2^{k-1}(2-1)+1))+1$$

为方便起见,记 $B_k = B(2^k(2-1)+1)$,设 S_1,S_2,$\cdots$,S_l 是 B_k 的一个真 $l-$ 划分,且诸 S_1,S_2,$\cdots$,S_l 为可单集,设 $b_1, b_2, \cdots, b_t (t = 2^k(2-1)+1) \in z_2$,且使得 $S_1(b_1, b_2, \cdots, b_t) = \{1\}$,因为 $t = 2^k+1$,所以不妨令 $b_1 = b_2 = \cdots = b_{2^{k-1}+1}$,于是知 $B_{k-1} \subset S_2 \bigcup S_3 \bigcup \cdots \bigcup S_l$,所以 $l-1 \geqslant r(B_{k-1})$,即 $l \geqslant r(B_{k-1})+1$. 由 S_1,S_2,$\cdots$,S_l 的任意性知

$$r(B_k) \geqslant r(B_{k-1})+1$$

于是

$$r(B_k) \geqslant r(B_1)+k-1$$

显见 $r(B_1)=2$,故 $r(B_k) \geqslant k+1$. 又 $\overset{k}{\bigoplus} z_2$ 的全体元(共 2^k 个)中无两个和为 0,所以

$$r(B_k - \{x_{2^k+1}+x_i \mid i=1,2,\cdots,2^k\}) \leqslant k$$
$$r(B_k) \leqslant k+1$$

于是 $r(B_k)=k+1$. 证毕.

参考文献

[1] 单墫. 初等数论中的一个猜测[J]. 数学进展,1983(4):299-301.

[2] CHUANG P. Addition theorems in elementary Abelian groups,Ⅰ[J]. J. Number Theory,1987,27(1):46-51.

[3] OLSON J E. A Combinatorial problem on finite Abelian groups,Ⅰ[J]. J. Number Theory,1969

(1):8-10.

故事 II　Addition Theorems in Elementary

We discuss the set of all products over subsequences of a sequence in a finite elementary Abelian group of type (p,p), and we prove the Olson's conjecture $r(Z_p,Z_p)=2p-1$.

INTRODUCTION

Let G be a finite group (multiplicatively) and $S=(a_1,a_2,\cdots,a_n)$ be a nonempty subset of G, $a_i\neq 1$. We consider the set $\sum(S)$ consisting of all elements of G which can be expressed as a product over a subset of S

$$\sum(S)=\{a_{i_1}a_{i_2}\cdots a_{i_k}\mid 1\leqslant i_1<$$
$$i_2<\cdots<i_k\leqslant n\}$$

Let $c(G)$ be the least integer such that $\sum(S)=G$ for any subset S of non -1 elements with $|S|\geqslant c(G)$. For $|G|\geqslant 3$, the existence of $c(G)$ follows by taking all the non -1 elements of G. It is a special problem in addition theory to estimate the value of $c(G)$ when G in given. In 1980, Y.

F. Wou proved $c(Z_p \times Z_p) = 2p - 2$ for any prime $p \geqslant 5$, which was conjectured by H. B. Mann and J. E. Olson.

An interesting general case arises if $S = (a_1, a_2, \cdots, a_n)$ is a sequence (repetition allowed) of G satisfying that any subgroup H of G contains at most $|H| - 1$ terms of S. Similarly, we can define $r(G)$ to be the least integer such that $|S| \geqslant r(G)$ implies $\sum(S) = G$. We clearly have $r(G) \geqslant c(G)$. When $G = Z_p \times Z_p$, the problem was proposed by Olson. He proved that $1 \in \sum(S)$ for any sequence S of $Z_p \times Z_p$ with $|S| \geqslant 2p - 1$ and he also conjectured $r(Z_p \times Z_p) = 2p - 1$.

In this paper, we consider the set $\sum(S)$ in terms of group-algebra of G over the residue class ring mod p. All the terms "sequence" will mean a sequence of non-1 elements in G.

PRELIMINARIES

In the following, we always assume $G = Z_p \times Z_p$, where p is a prime, Z_p is the cyclic group of order p, F_p is the residue

34

class ring of integers modulo p and $F_p(G)$ is the group-algebra of G over F_p.

Let $S = (a_1, a_2, \cdots, a_n)$, $S_1 = (b_1, b_2, \cdots, b_m)$ be two sequences of G, $|S| = n$ denote the size of S (the number of terms of S), and $S + S_1 = (a_1, a_2, \cdots, a_n, b_1, b_2, \cdots, b_m)$ denote the sequence consisting of terms of both S sequence of S and denote it by $S - S_1$.

As a subset in G, we define

$$\sum{}^0(S) = \sum(S) \cup \{1\}$$

For any subgroup H of G

$$S \cap H = (a_i \mid a_i \in H)$$

will denote the subsequence of S consisting of terms of S contained in H.

Given an Abelian group G, we have a communicative algebra $F_p(G)$ over F_p

$$F_p(G) = \{ \sum \lambda_i g_i \mid \lambda_i \in F_p, g_i \in G \}$$

We consider some simple properties of $Z_p \times Z_p$ and its group-algebra $F_p(G)$ over F_p. For all $a \in G$, we have

$$(1-a)^p = 1 - a^p = 0$$

and

$$(1-a)^k = (1-a)^p (1-a)^{k-p} = 0 \quad (k \geqslant p)$$

If $k = p - 1$, then

$$(1-a)^k=1+a+a^2+\cdots+a^{p-1}$$

$\forall\, a^i\in\langle a\rangle$, we have

$$a^i(1-a)^{p-1}=a^i(1+a+a^2+\cdots+a^{p-1})$$
$$=1+a+a^2+\cdots+a^{p-1}$$
$$=(1-a)^{p-1}$$

This means that a^i can be "absorbed" in $(1-a)^{p-1}$.

Generally, if $G=\langle a\rangle\times\langle b\rangle$, then any a^ib^j in G can be absorbed in $(1-a)^{p-1}(1-b)^{p-1}$.

As a modulo over F_p, $F_p(G)$ has a basis

$$\{(1-a)^i(1-v)^j\mid 0\leqslant i,j\leqslant p-1\}$$

So any $\alpha\in F_p(G)$ can be written uniquely in the form

$$\alpha=\sum\sigma_{ij}(1-a)^i(1-b)^j\quad(\sigma_{ij}\in F_p)$$

PROPOSITION 1 $\alpha\in F_p(G)$.

(1) $a\in G, a\neq 1$, if $(1-a)\alpha=0$, then

$$\alpha=\beta(1-a)^{p-1}\quad(\beta\in F_p(G))$$

(2) If $G=\langle a\rangle\times\langle b\rangle$ and $(1-a)\alpha=(1-b)\alpha=0$, then

$$\alpha=\sigma(1-a)^{p-1}(1-b)^{p-1}\quad(\sigma\in F_p)$$

Proof Suppose $G=\langle a\rangle\times\langle b\rangle$, and

$$\alpha=\sum\sigma_{ij}(1-a)^i(1-b)^j$$

Since

$$0 = (1-a)\alpha$$
$$= (1-a)\left(\sum \sigma_{ij}(1-a)^i(1-b)^j\right)$$
$$= \sum \sigma_{ij}(1-a)^{i+1}(1-b)^j$$

from the uniqueness of the expression, we have

$$\sigma_{ij} = 0 \quad (0 \leqslant i \leqslant p-2, 0 \leqslant j \leqslant p-1)$$

and

$$\alpha = \sum \sigma_{p-1,j}(1-a)^{p-1}(1-b)^j$$
$$= (1-a)^{p-1}\left(\sum \sigma_{p-1,j}(1-b)^j\right)$$
$$= (1-a)^{p-1}\beta$$

where $\beta = \sum \sigma_{p-1,j}(1-b)^j \in F_p(G)$. If $(1-a)\alpha = (1-b)\alpha = 0$, then

$$\sigma_{ij} = 0 \quad (\text{when } i \neq p-1 \text{ or } j \neq p-1)$$

Hence $\alpha = \sigma_{p-1,p-1}(1-a)^{p-1}(1-b)^{p-1}$.

PROOF OF OLSON'S CONJECTURE

For any sequence S of G, we define

$$\lambda(S) = \max_H \{|H \cap S| \mid H \text{ is a}$$
$$\text{subgroup of } G \text{ of order } p\}$$
$$A(S) = \# \{H \mid H \text{ is the subgroup of } G$$
$$\text{of order } p \text{ and } |S \cap H| > 0\}$$

Olson introduced a product in [1] for any sequence S as

$$\prod (S) = \prod_{i=1}^{n} (1 - a_i)$$

If $\prod (S) \neq 0$, as an element of group-algebra, $\prod (S)$ can be expressed in the form

$$\begin{aligned}
\prod (S) = {} & 1 - (a_1 + a_2 + \cdots + a_n) + \\
& (a_1 a_2 + a_2 a_3 + \cdots + a_{n-1} a_n) + \cdots + \\
& (-1)^n a_1 a_2 \cdots a_n \\
= {} & \lambda_1 g_1 + \lambda_2 g_2 + \cdots + \lambda_r g_r \\
& (\lambda_i \in F_p, g_i \in G)
\end{aligned}$$

For every $g_i \neq 1$ on the right, we can find $a_{i_1} a_{i_2} \cdots a_{i_k}$ on the left such that

$$a_{i_1} a_{i_2} \cdots a_{i_k} = g_i$$

hence

$$\sum\nolimits^0 (S) \supseteq \{ g_1, g_2, \cdots, g_r \}$$

Therefore, if

$$\begin{aligned}
\prod (S) = {} & \sigma (1 - a)^{p-1} (1 - b)^{p-1} \\
= {} & \sigma (1 + a + a^2 + \cdots + a^{p-1}) \cdot \\
& (1 + b + b^2 + \cdots + b^{p-1})
\end{aligned}$$

then $\sum\nolimits^0 (S) = G$. If $\prod (S) = 0$, that is

$$\begin{aligned}
\prod (S) = {} & \prod (1 - a_i) \\
= {} & 1 - (a_1 + a_2 + \cdots + a_n) + \\
& (a_1 a_2 + a_2 a_3 + \cdots + a_{n-1} a_n) + \cdots + \\
& (-1)^n a_1 a_2 \cdots a_n = 0
\end{aligned}$$

then there is at least one term $a_{i_1} a_{i_2} \cdots a_{i_k}$ on

the left such that

$$a_{i_1} a_{i_2} \cdots a_{i_k} = 1$$

i. e. ,$1 \in \sum(S)$.

LEMMA 1 $S = (a_1, a_2, \cdots, a_n)$, $S' = (a_1^{r_1}, a_2^{r_2}, \cdots, a_n^{r_n})$, where $r_1, r_2, \cdots, r_n$ are non -0 integers mod p. Then $\prod(S) = \alpha \prod(S')$ and $\prod(S') = \beta \prod(S)$, where α, $\beta \in F_p(G)$.

Particularly, if $\prod(S)$ or $\prod(S')$ equals $\sigma(1-a)^{p-1}(1-b)^{p-1}$, $\sigma \in F_p$, then α, β can be replaced by elements in F_p.

Proof For all a_i, we have

$$1 - a_i^{r_i} = (1 - a_i)(1 + a_i + a_i^2 + \cdots + a_i^{r_i-1})$$

then

$$\prod(S') = \sum_{i=1}^{n}(1 - a_i^{r_i})$$

$$= \prod_{i=1}^{n}((1-a_i)(1+a_i+a_i^2+\cdots+a_i^{r_i-1}))$$

$$= \prod_{i=1}^{n}(1-a_i)\prod_{i=1}^{n}(1+a_i+a_i^2+\cdots+a_i^{r_i-1})$$

$$= \alpha \prod(S)$$

where $\alpha = \prod(1+a_i+\cdots+a_i^{r_i-1}) \in F_p(G)$.

Conversely, from

$$1 - a_i = 1 - (a_i^{r_i})^{r_i^{-1}}$$

$$= (1 - a_i^{r_i})(1 + a_i^{r_i} + \cdots +$$

39

$a_i^{(r_i^{-1}-1)r_i})$

we can find $\beta \in F_p(G)$ such that

$$\prod(S) = \beta \prod(S')$$

If $\prod(S) = \sigma(1-a)^{p-1}(1-b)^{p-1}$, note that $(1-a)^{p-1}(1-b)^{p-1}$ can absorb any element of $F_p(G)$, we can replace α by an element of F_p.

For any sequence $S=(a_1,a_2,\cdots,a_n), a_i = a^{m_i}b^{n_i}, m_i \neq 0$, if we want to prove $\prod(S) = 0$ or $\prod(S) \neq 0$, from lemma 1 we can exchange a_i for $ab^{n_i'}$ since $(a^{m_i}b^{n_i})^{r_i} = ab^{n_i'}$ for some non-0 integer r_i in F_p.

LEMMA 2 $S=(a_1,a_2,\cdots,a_n), a_i = ab^{r_i}, r_i \neq 0$.

(1)If $n \geqslant 2p-1$, then $\prod(S) = 0$.

(2)If $n \leqslant p-1$, then $\prod(S) \neq 0$.

(3)If $n=2p-2$, then $\prod(S) = \sigma(1-a)^{p-1}(1-b)^{p-1}, \sigma \in F_p$.

(4)If $p \leqslant n \leqslant 2p-2$, then $\prod(S) = 0$ implies $\sigma_{p-1} = \sigma_{p-2} = \cdots = \sigma_{n-p+1} = 0$, where

$$\sigma_k = \sum_{1 \leqslant i_1 < i_2 < \cdots < i_k \leqslant n} r_{i_1} r_{i_2} \cdots r_{i_k}, 1 \leqslant k \leqslant n$$

and $\sigma_0 = 1$.

Proof For $1-b^{r_k}, 1 \leqslant k \leqslant n$, we have

40

the Taylor expansion

$$1 - b^{r_k} = 1 - (1 - (1 - b))^{r_k}$$

$$= 1 - \sum_{i=0}^{r_k} (-1)^i \begin{bmatrix} r_k \\ i \end{bmatrix} (1 - b)^i$$

$$= r_k (1 - b) - \sum_{i=2}^{r_k} (-1)^i \begin{bmatrix} r_k \\ i \end{bmatrix} (1 - b)^i$$

$$= r_k (1 - b) + \alpha_k (1 - b)^2$$

where $\alpha_k = - \sum_{i=2}^{r_k} (-1)^i \begin{bmatrix} r_k \\ i \end{bmatrix} (1 - b)^{i-2} \in$

$F_p (G)$, then

$$\prod (S) = \sum_{k=1}^{n} (1 - a_k)$$

$$= \prod_{k=1}^{n} (1 - ab^{r_k})$$

$$= \prod_{k=1}^{n} ((1 - a) + a(1 - b^{r_k}))$$

$$= \prod_{k=1}^{n} ((1 - a) + a r_k (1 - b) +$$

$$a \cdot \alpha_k (1 - b)^2)$$

$$= \sum_{k=0}^{n} (a^k (1 - a)^{n-k} (1 -$$

$$b)^k \sum r_{i_1} r_{i_2} \cdots r_{i_k}) + \sum_{\tau} \alpha_\tau J_\tau$$

$$= \sum_{k=0}^{n} \sigma_k a^k (1 - a)^{n-k} (1 - b)^k +$$

$$\sum \alpha_\tau J_\tau$$

where $\alpha_\tau \in F_p (G)$, J_τ is an element of $F_p (G)$ in

the form

$$J_\tau = (1-a)^r(1-b)^s \quad (r+s>n)$$

(1) If $n \geqslant 2p-1$, then k or $n-k \geqslant p$, hence

$$(1-a)^{n-k}=0 \text{ or } (1-b)^k=0$$

Therefore $(1-a)^{n-k}(1-b)^k = 0$, $\forall k$. Similarly $J_\tau = 0, \forall \tau$. So we have $\prod(S) = 0$.

(2) Trivial.

(3) If $n=2p-2$, then $r+s>n=2p-2$, so

$$J_\tau = 0, \forall \tau$$

that is

$$\prod(S) = \sigma_{p-1}a^{p-1}(1-a)^{p-1}(1-b)^{p-1}$$
$$= \sigma_{p-1}(1-a)^{p-1}(1-b)^{p-1}$$

(4) If $2p-2 \geqslant n \geqslant p$, then

$$(1-a)^{n-k}=0 \quad (\text{when } k \leqslant n-p)$$

and

$$(1-b)^k=0 \quad (\text{when } k \geqslant p)$$

therefor

$$\prod(S) = \sum_{k=n-p+1}^{p-1} \sigma_k a^k(1-a)^{n-k}(1-b)^k + \sum \alpha_\tau J_\tau$$

For any $j, n-p+1 \leqslant j \leqslant p-1$, we have

$$(1-a)^{p-1+j-n}(1-b)^{p-1-j}\prod(S)$$
$$= (1-a)^{p-1+j-n}(1-b)^{p-1-j} \cdot$$
$$\left(\sum_{k=n-p+1}^{p-1} \sigma_k a^k(1-a)^{n-k}(1-b)^k + \sum \alpha_\tau J_\tau\right)$$

$$= \sigma_j (1-a)^{p-1} (1-b)^{p-1}$$

If $\prod (S) = 0$, then $\sigma_j (1-a)^{p-1} (1-b)^{p-1} = 0$, hence $\sigma_j = 0$, when $n-p+1 \leqslant j \leqslant p-1$.

For any sequence $S = (ab^{r_1}, ab^{r_2}, \cdots, ab^{r_n})$, $p \leqslant n \leqslant 2p-2$, we define a polynomial over F_p

$$f_S(x) = \prod_{i=1}^{n} (x - r_i)$$

From the relation between the roots and the coefficients of an algebraic equation, we have

$$f_S(x) = x^n - \sigma_1 x^{n-1} + \sigma_2 x^{n-2} + \cdots + (-1)^n \sigma_n$$
$$= (x^{n-p} - \sigma_1 x^{n-1-p} + \sigma_2 x^{n-2-p} + \cdots +$$
$$(-1)^{n-p} \sigma_{n-p}) x^p +$$
$$((-1)^{n-p+1} \sigma_{n-p+1} x^{p-1} + \cdots + (-1)^n \sigma_n)$$

where $\sigma_k = \sum_{1 \leqslant i_1 < i_2 < \cdots < i_k \leqslant n} r_{i_1} r_{i_2} \cdots r_{i_k}$. Define

$$h_s(x) = x^{n-p} - \sigma_1 x^{n-1-p} +$$
$$\sigma_2 x^{n-2-p} + \cdots + (-1)^{n-p} \sigma_{n-p}$$
$$g_s(x) = (-1)^{n-p+1} \sigma_{n-p+1} x^{p-1} + \cdots + (-1)^n \sigma_n$$

then $f_S(x) = h_S(x) \cdot x^p + g_S(x)$, and from Lemma 2, $\prod (S) = 0$ implies

$$\sigma_{n-p+1} = \sigma_{n-p+2} = \cdots = \sigma_{p-1} = 0$$

hence $\deg (g_S(x)) \leqslant n-p$.

Moreover, note that ab^i and ab^j are in

the same cyclic subgroup if and only if $i=j$, we have

$$A(S)= \sharp \text{ distinct roots of } f_S(x)$$

LEMMA 3 S is a sequence of G, $|S|=n$, $p\leqslant n\leqslant 2p-2$, $f_S(x)$, $g_S(x)$ are defined above, then:

(1) $\prod(S)=0$ implies $\deg(g_S(x))\leqslant n-p$;

(2) $A(S)=\sharp$ distinct roots of $f_S(x)$.

THEOREM 1 S is a sequence of G, $S=(a_1,a_2,\cdots,a_n)$, $p\leqslant n\leqslant 2p-2$, $\lambda(S)\leqslant p-1$, $A(S)\leqslant 2p-1-n$, then

$$\prod(S)\neq 0$$

Proof Since $A(S)\leqslant 2p-1-n\leqslant p-1$ and $G=\langle a\rangle\times\langle b\rangle$ has $p+1$ cyclic subgroups, there are two of these subgroups, say $\langle a\rangle$, $\langle b\rangle$ such that

$$|S\cap\langle a\rangle|=|S\cap\langle b\rangle|=0$$

From lemma 1, we may assume $a_i=ab^{r_i}$, $r_i\neq 0$. By lemma 3, it is sufficient to prove $\deg(g_S(x))\geqslant n-p+1$.

Inductive assumption on n. For $n=p$, we have $f_S(x)=x^p+g_s(x)$. If $\deg(g_s(x))\leqslant n-p=0$, then $g_S\in F_p$ and

$$f_S(x)=x^p+g_S=(x+g_S)^p$$

44

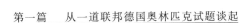

that is, $f_S(x)$ has only one root $-g_S$ and $\lambda(S)=p$. A contradiction to the assumption $\lambda(S)\leqslant p-1$.

Suppose we have done for $n-1$, we consider the case of n. Let $A(S)=s$ and

$$r_1=r_2=\cdots=r_{i_1},r_{i_1+1}=r_{i_1+2}=\cdots=r_{i_2},\cdots,$$

$$r_{i_{s-1}+1}=\cdots=r_{i_s}\quad(\text{where }i_s=n)$$

Let $n_j=|S\bigcap\langle a_{i_j}\rangle|,1\leqslant j\leqslant s$, then

$$n_1=i_1,n_j=i_j-i_{j-1},2\leqslant j\leqslant s,\text{ and }\sum_{j=1}^n n_j=n$$

Let $s_k=\sum_{i=1}^s r_i^k,k=0,1,2,\cdots$. The Newton formula

$$s_k-s_{k-1}\sigma_1+s_{k-2}\sigma_2+\cdots+(-1)^k s_0\sigma_k=0$$

$$(1\leqslant k\leqslant n)$$

is known in linear algebra. If

$$\sigma_{p-1}=\sigma_{p-2}=\cdots=\sigma_{n-p+1}=0$$

then

$$s_k-s_{k-1}\sigma_1+s_{k-2}\sigma_2+\cdots+(-1)^{n-p}s_{k-n+p}\sigma_{n-p}=0$$

Note that $s_k=\sum_{i=1}^n r_i^k=\sum_{j=1}^s n_j r_{i_j}^k$, if we denote

$$h(x)=h_s(x)=x^{n-p}-\sigma_1 x^{n-p-1}+\cdots+(-1)^{n-p}\sigma_{n-p}$$

then

$$0=s_k-\sigma_1 s_{k-1}+\sigma_2 s_{k-2}+\cdots+(-1)^{n-p}\sigma_{n-p}s_{k-n+p}$$

$$= \left(\sum_{j=1}^{s} n_j r_{i_j}^{k} \right) - \sigma_1 \left(\sum_{j=1}^{s} n_j r_{i_j}^{k-1} \right) +$$

$$\sigma_2 \left(\sum_{j=1}^{s} n_j r_{i_j}^{k-2} \right) + \cdots +$$

$$(-1)^{n-p} \sigma_{n-p} \left(\sum_{j=1}^{s} n_j r_{i_j}^{k-n+p} \right)$$

$$= n_1 \left(\sum_{t=0}^{n-p} (-1)^t r_{i_1}^{k-t} \sigma_t \right) +$$

$$n_2 \left(\sum_{t=0}^{n-p} (-1)^t r_{i_2}^{k-t} \sigma_t \right) + \cdots +$$

$$n_s \left(\sum_{t=0}^{n-p} (-1)^t r_{i_s}^{k-t} \sigma_t \right)$$

$$= n_1 r_{i_1}^{k-n+p} h(r_{i_1}) + n_2 r_{i_2}^{k-n+p} h(r_{i_2}) + \cdots + n_s r_{i_s}^{k-n+p} h(r_{i_s})$$

Set $k = n-p+1, n-p+2, \cdots, p-1$,

respectively, we get a group of linear

equations in variables $n_1, n_2, \cdots, n_s$

$$\begin{cases} r_{i_1} h(r_{i_1}) n_1 + r_{i_2} h(r_{i_2}) n_2 + \cdots + r_{i_s} h(r_{i_s}) n_s = 0 \\ r_{i_1}^2 h(r_{i_1}) n_1 + r_{i_2}^2 h(r_{i_2}) n_2 + \cdots + r_{i_s}^2 h(r_{i_s}) n_s = 0 \\ \vdots \\ r_{i_1}^{2p-1-n} h(r_{i_1}) n_1 + r_{i_2}^{2p-1-n} h(r_{i_2}) n_2 + \cdots + r_{i_s}^{2p-1-n} h(r_{i_s}) n_s = 0 \end{cases}$$

$$(*)$$

Its coefficient matrix is

$$\begin{bmatrix} r_{i_1} h(r_{i_1}) & r_{i_2} h(r_{i_2}) & \cdots & r_{i_s} h(r_{i_s}) \\ r_{i_1}^2 h(r_{i_1}) & r_{i_2}^2 h(r_{i_2}) & \cdots & r_{i_s}^2 h(r_{i_s}) \\ \vdots & \vdots & & \vdots \\ r_{i_1}^{2p-1-n} h(r_{i_1}) & r_{i_2}^{2p-1-n} h(r_{i_2}) & \cdots & r_{i_s}^{2p-1-n} h(r_{i_s}) \end{bmatrix}$$

We say that $h(r_i) \neq 0$ for all $i, 1 \leqslant i \leqslant n$, If not, $h(r_i) = 0$ for some i. then

$$g_S(r_i) = f_S(r_i) - h(r_i) r_i^p = 0$$

hence $(x - r_i) \mid g_S(x), (x - r_i) \mid h(x)$.

Let $S' = S - (a_1)$, by the definition, we have

$$f_{S'}(x) = \prod_{j \neq 1} (x - r_j) = \frac{f_S(x)}{x - r_i}$$

$$= \frac{h_S(x)}{x - r_i} x^p + \frac{g_S(x)}{x - r_i}$$

and $g_{S'}(x) = g_S(x) / (x - r_i)$, so

$$\deg(g_{S'}(x)) = \deg(g_S(x)) - 1 \leqslant n - p - 1$$

contradicts the inductive assumption.

Since $s = A(S) \leqslant 2p - 1 - n$, take the first s rows of the coefficient matrix, we get a $s \times s$ matrix

$$\boldsymbol{A} = \begin{bmatrix} r_{i_1} h(r_{i_1}) & r_{i_2} h(r_{i_2}) & \cdots & r_{i_s} h(r_{i_s}) \\ r_{i_1}^2 h(r_{i_1}) & r_{i_2}^2 h(r_{i_2}) & \cdots & r_{i_s}^2 h(r_{i_s}) \\ \vdots & \vdots & & \vdots \\ r_{i_1}^s h(r_{i_1}) & r_{i_2}^s h(r_{i_2}) & \cdots & r_{i_s}^s h(r_{i_s}) \end{bmatrix}$$

and

$$|\boldsymbol{A}| = \begin{vmatrix} r_{i_1} h(r_{i_1}) & r_{i_2} h(r_{i_2}) & \cdots & r_{i_s} h(r_{i_s}) \\ r_{i_1}^2 h(r_{i_1}) & r_{i_2}^2 h(r_{i_2}) & \cdots & r_{i_s}^2 h(r_{i_s}) \\ \vdots & \vdots & & \vdots \\ r_{i_1}^s h(r_{i_1}) & r_{i_2}^s h(r_{i_2}) & \cdots & r_{i_s}^s h(r_{i_s}) \end{vmatrix}$$

$$= \prod_{j=1}^{s} r_{i_j} h(r_{i_j}) \begin{vmatrix} 1 & 1 & \cdots & 1 \\ r_{i_1} & r_{i_2} & \cdots & r_{i_s} \\ r_{i_1}^2 & r_{i_2}^2 & \cdots & r_{i_s}^2 \\ \vdots & \vdots & & \vdots \\ r_{i_1}^{s-1} & r_{i_2}^{s-1} & \cdots & r_{i_s}^{s-1} \end{vmatrix}$$

$$= \prod_{j=1}^{s} r_{i_j} h(r_{i_j}) \prod_{k<j} (r_{i_k} - r_{i_j}) \neq 0$$

Therefore the group of homogeneous linear equations (*) has only the trivial solution

$$n_1 \equiv n_2 \equiv \cdots \equiv n_s \equiv 0 (\mathrm{mod}\ p)$$

But $n_i \leqslant \lambda(S) \leqslant p-1$. This implies

$$n_1 = n_2 = \cdots = n_s = 0$$

A contradiction.

THEOREM 2 （Olson's conjecture） S is a sequence of G, $|S| = 2p-1, \lambda(S) \leqslant p$, then $\sum(S) = G$.

Proof Let $A(S) = s, 1 \leqslant s \leqslant p-1$, then there are s terms $a_{i_1}, a_{i_2}, \cdots, a_{i_s}$ of S which are in distinct cyclic subgroups of G.

Let $S_0 = S - (a_{i_1}, a_{i_2}, \cdots, a_{i_s})$. Clearly $A(S_0) \leqslant A(S) = s, \lambda(S_0) = \lambda(S) - 1 \leqslant p-1$ and $|S_0| = 2p-1-s$. From theorem 1 we have $\prod(S_0) \neq 0$.

Let S_1 be the maximal subsequence of S such that S_1 contains S_0 and $\prod(S_1) \neq 0$.

48

By lemma 2, $|S_1| \leqslant 2p - 2$.

We first prove $\prod (S_1) = \sigma(1-a)^{p-1}(1-b)^{p-1}, \sigma \in F_p$.

If $|S| = 2p - 2$, this is trivial from lemma 2.

If $|S| \leqslant 2p - 3$, then there are at least two terms of $(a_{i_1}, a_{i_2}, \cdots, a_{i_s})$, say a_{i_1}, a_{i_2}, which are not in S_1. Since S_1 is maximal, we have

$$(1 - a_{i_1}) \prod (S_1) = \prod (S + (a_{i_1})) = 0$$

$$(1 - a_{i_2}) \prod (S_1) = \prod (S + (a_{i_2})) = 0$$

then from proposition 2, we have

$$\prod (S_1) = \sigma(1 - a_{i_1})^{p-1}(1 - a_{i_2})^{p-1} \quad (\sigma \in F_p)$$

Therefore in any case we have

$$\prod (S_1) = \sigma(1 - a)^{p-1}(1 - b)^{p-1}$$
$$= \sigma(1 + a + a^2 + \cdots + a^{p-1}) \cdot$$
$$(1 + b + b^2 + \cdots + b^{p-1})$$
$$= \sigma \sum_{g \in G} g \quad (0 \neq \sigma \in F_p)$$

By the properties of $\prod (S_1)$, we get

$$\sum (S_1) = \sum (S_1) \bigcup \{1\} = G$$

From lemma 2, $|S| = 2p - 1$ implies $\prod (S) = 0$, then $1 \in \sum (S)$, hence $\sum (S) = G$.

Theorem 2 shows that $r(Z_p \times Z_p) \leqslant 2p - 1$.

Consider the example

$$G = \langle a \rangle \times \langle b \rangle, S = (\underbrace{a, a, \cdots, a}_{p-1\uparrow}, \underbrace{b, b, \cdots, b}_{p-1\uparrow})$$

$|S| = 2p - 2, \lambda(S) = p - 1;$ but $1 \notin \sum(S)$. Therefore

$$r(Z_p \times Z_p) > 2p - 2$$

Hence

$$r(Z_p \times Z_p) = 2p - 1$$

REFERENCES

［1］OLSON J E. A combinatorial problem on finite Abelian groups, I［J］. J. Number Theory, 1969(1):8-10.

［2］MANN H B. Additive group theory: a progress report［J］. Bull. Amer. Math. Soc. ,1973,79:1069-1075.

［3］WOU Y F. Sums of sets in the Abelian group of type(5.5)［J］. J. Number Theory,1975,7:366-370.

§6　Chevalley 定理

Chevalley(谢瓦莱)是法国著名数学家,布尔巴基学派的创始人之一. 他 1909 年 2 月 11 日生于南非,1926 年考入法国巴黎高等师范学校,1932 年获博士学位,1939 年应邀在美国普林斯顿高等研究院工作,1935 年证明了 Artin(阿廷)提出的一个猜想,赢得了国际声誉. Artin 的猜想为:

猜想　设 p 是一个素数,$f(x_1, x_2, \cdots, x_n)$ 是一个

50

次数小于 n 的整系数多项式,且满足
$$f(0,0,\cdots,0) \equiv 0(\bmod\ p)$$
则同余方程
$$f(x_1,x_2,\cdots,x_n) \equiv 0(\bmod\ p)$$
有一个非零解 $(x_1,x_2,\cdots,x_n)$ 模 p.

这一猜想被 Chevalley 证明后,还得到了一个有限域上的推论.

推论　设 p 是一个素数,$f_j(x_1,x_2,\cdots,x_n)(j=1,2,\cdots,m)$ 是 m 个整系数多项式

$$f_1\ 的次数 + \cdots + f_m\ 的次数 < n$$

$$f_j(0,0,\cdots,0) \equiv 0(\bmod\ p)\quad(j=1,2,\cdots,m)$$
则同余式组
$$f_j(x_1,x_2,\cdots,x_n) \equiv 0(\bmod\ p)\quad(j=1,2,\cdots,m)$$
有非零解 $(x_1,x_2,\cdots,x_n)$ 模 p.

利用这一推论四川大学的孙琦教授证明了 Erdös 猜想中的 n 为素数的情形.

定理2　设 p 是一个素数,任给 $2p-1$ 个整数 a_j,$j=1,2,\cdots,2p-1$,则在 $\{1,2,\cdots,2p-1\}$ 中有一个子集 I,且 $|I|=p$,使得 $\sum\limits_{i\in I}a_i \equiv 0(\bmod\ p)$.

证明　考虑同余式组

$$\begin{cases} f_1 = \sum\limits_{i=1}^{2p-1}x_i^{p-1} \equiv 0(\bmod\ p) \\[3mm] f_2 = \sum\limits_{i=1}^{2p-1}a_ix_i^{p-1} \equiv 0(\bmod\ p) \end{cases} \quad(1)$$

由于
$$f_1\ 的次数 = f_2\ 的次数 = p-1$$

因此

f_1 的次数＋f_2 的次数＝$2p-2 < 2p-1$

于是，由推论知，同余式组（1）有一组非零解（b_1，b_2，…，b_{2p-1}）模 p，将其代入同余式组（1），并设 $I \subseteq \{1, 2, \cdots, 2p-1\}$，使得 $i \in I$ 当且仅当 $b_i \not\equiv 0 \pmod p$，则同余式组（1）给出

$$\begin{cases} \mid I \mid = \sum_{i \in I} 1 \equiv 0 \pmod p \\ \sum_{i \in I} a_i \equiv 0 \pmod p \end{cases} \quad (2)$$

由于 I 非空，因此，$0 < \mid I \mid \leqslant 2p-1$，式（2）给出 $\mid I \mid = p$.

§7　田廷彦的来信

笔者收到了上海《科学》杂志编辑田廷彦先生的两封来信，其中一封给出了一个多年前他得到但未发表的证明；另一封转述了南京大学孙智伟先生介绍的最新进展，现将两封信附于后：

第一封信：关于 $2n-1$ 定理的一种证明

$2n-1$ 定理是组合数论中的一颗明珠，最早由著名数学家 Erdös 等建立，中国数学家在不知晓此定理已经解决的情况下，也找到了一些证明，笔者也给出一个证明.

$2n-1$ 定理：任给 $2n-1$ 个整数，则一定可以找到其中 n 个，其算术平均也是整数.

　　由于 $2n-2$ 个数是有反例的,故 $2n-1$ 是最好的结果.

　　对于整数列 $a_1, a_2, \cdots$,设为 A,定义 $A(\bmod m)$ 为集合 $\{a'_i \mid a_i \equiv a'_i (\bmod m),$ 且 $0 \leqslant a'_i \leqslant m-1\}$,显然 A 中可以有相同元素,而 $A(\bmod m)$ 中最多有 m 个不同元素,此处 m 是一个正整数.

　　下面先证明 $n=p$(素数)时,结论成立.

　　关键是先将 $2p-1$ 个数按某种方式排列,其中关于 $\bmod p$ 同余的数放在一起,这样的话,$2p-1$ 个数就分成若干"片段"或"类",每一片段中的数模 p 同余.

　　片段的长度,不言而喻,就是此片段中的数的个数,下面我们再作一"调整",即将这些片段按长度从大到小排列,于是此 $2p-1$ 个数调整完毕,不妨就列出设为 $a_1, a_2, \cdots, a_{2p-1}$.

　　然后作一处理,变为

$$a_1, \mid a_2, \mid a_3, \mid \cdots, \mid a_p,$$
$$\mid a_{p+1}, \mid a_{p+2}, \mid \cdots, \mid a_{2p-1}$$

易知,由上述调整,对任意 $0 \leqslant i \leqslant p-2$,有

$$a_{2+i} \not\equiv ap+1+i (\bmod p)$$

否则必有 $a_1, a_2, a_3, \cdots, a_p$ 模 p 同余,它们之和当然是 p 的倍数.记某一有限集 X 的元素个数为 $|X|$,于是

$$|a_1(\bmod p)| = 1$$

$$| a_1 + a_2 , a_1 + a_{p+1} (\bmod p) | = 2$$

下面用归纳法,若

$$| b_1 + b_2 + \cdots + b_k (\bmod p) | \geqslant k$$

则

$$| b_1 + b_2 + \cdots + b_k (\bmod p) | \geqslant k+1$$

这里 $k < p, b_1 = a_1, b_j \in \{a_j, a_{j+p-1}\}, 2 \leqslant j \leqslant k+1$. 首先

$$| b_1 + b_2 + \cdots + b_k + a_{k+1} (\bmod p) |$$
$$\equiv | b_1 + b_2 + \cdots + b_k (\bmod p) |$$

若上述结论不成立,则必有

$$| b_1 + b_2 + \cdots + b_k + a_{k+1} (\bmod p) |$$
$$= | b_1 + b_2 + \cdots + b_k (\bmod p) | = k$$

此时全体 $| b_1 + b_2 + \cdots + b_k + a_{k+1} (\bmod p) |$ 与全体 $| b_1 + b_2 + \cdots + b_k + a_{k+p} (\bmod p) |$ 只能是同一集合,将集合元素相加,得

$$ka_{k+1} \equiv ka_{k+p} (\bmod p), a_{k+1} \equiv a_{k+p} (\bmod p)$$

矛盾,故只能有

$$| b_1 + b_2 + \cdots + b_{k+1} (\bmod p) | \geqslant k+1$$

令 $k = p-1$,则

$$| b_1 + b_2 + \cdots + b_p (\bmod p) | = p$$
$$b_1 + b_2 + \cdots + b_p$$

通过 p 的完全剩余系,当然其中有一个

$$b_1 + b_2 + \cdots + b_p \equiv 0 (\bmod p)$$

证毕.

对于非素数的 n,可先将其因式分解,然后用数学归纳法,由于这一过渡十分常见

（比如单壿老师的证法中就有），此处就不再赘述了.

这个问题推广到平面，变成 $4n-3$ 猜想，难度大为增加，至于向空间的推广，连一个数也猜不出来（不是 $8n-7$）.

第二封信：关于 Reiher 的结果

$2n-1$ 定理是 Erdös-Ginzburg-Ziv 于 1961 年证明的，这个 EGZ 定理简称为 $S(Z_n)=2n-1$.

1983 年，Kemnitz 进一步猜想：平面上 $4n-3$ 个格点中，一定有 n 个格点，其质点（这批格点的横、纵坐标的分别的算术平均）也是格点. $4n-3$ 不可改进，因为 $4n-4$ 有反例.

这个问题比 EGZ 定理困难许多. 1993 年，Alon 和 Dubiner 运用群论证出 $S(Z_n^2)\leqslant 6n-5$；2000 年，Rónyai 证明了，当 p 是素数时，$S(Z_p^2)\leqslant 4p-2$，2001 年，高维东证明了，上述不等式对素数幂也成立.

直到 2003 年，C. Reiher 才彻底证明了 Kemnitz 猜想，距离这个猜想的提出已过了 20 年，距 EGZ 定理的提出已 40 多年！然而，关于空间格点的 $S(Z_n^3)$ 究竟是多少，至今仍无人知晓.

Reiher 的证明很富戏剧性，因为论文只有区区 4 页，并且他在运用前人的工作加上

一个初等引理后就解决了问题,看来真是
"众里寻他千百度,蓦然回首,那人却在灯火
阑珊处"!

Reiher 所用到的结果如下:

Alon-Dubiner 引理 设 q 为一素数幂,
$3q$ 个格点满足其和为 $(0,0)(\bmod q)$,则其中
必有 q 个格点,其质心也是格点.

引理 设 p 为一素数,h 为一正整数,
a_i,b_i 为整数,$i=1,2,\cdots,4p^h-3$,记 $Q \underline{\triangle} \{1,$
$2,\cdots,4p^h-3\}$,子集族

$$L \underline{\triangle} \{I \mid I \subseteq Q,$$

且

$$\sum_{i \in I} a_i \equiv \sum_{i \in I} b_i \equiv 0(\bmod p^h)\}$$

则

$$|\{I \mid I \in L, \mid I \mid = p^h\}| +$$
$$|\{I \mid I \in L, \mid I \mid = p^h - 1\}|$$
$$\equiv |\{I \mid I \in L, \mid I \mid = 3p^h\}| +$$
$$|\{I \mid I \in L, \mid I \mid = 3p^h - 1\}| +$$
$$2(\bmod p)$$

Reiher 引理 设 p 是一素数,a_i,b_i 为整
数,$i=1,2,\cdots,4p-3$,定义 $Q \underline{\triangle} \{1,2,\cdots,$
$4p-3\}$,子集族

$$L \underline{\triangle} \{I \mid I \subseteq Q, \text{且} \sum_{i \in I} a_i \equiv \sum_{i \in I} b_i \equiv 0(\bmod p)\}$$

则或有

$$\{I \mid I \in L, \text{且} \mid I \mid = p\} \neq \varnothing$$

或有

$$| \{ I \mid I \in L, \mid I \mid = p - 1 \} |$$

$$\equiv | \{ I \mid I \in L, \mid I \mid = 3p - 1 \} | \pmod{p}$$

这里"$|\cdot|$"指集合的阶.

一位奥数教练给出的新证明

第

2

章

本章摘编自杭州二中数学竞赛教练赵斌老师的公众号"历经数学竞赛".赵老师是奥数界的名人,曾获得阿里巴巴数学大赛的银奖.他主要是用一种完全组合的方法证明了 Erdös-Ginzburg-Ziv 定理.当然其中试题 1、试题 2 都是非常漂亮的结论.大体证明思路为:试题 2 的结果是存在小于或等于 h 个数之和为 n 的倍数,然后基本想法就是首先设 0 出现的次数最多,然后在没有被选到过的元素中不断地去制造一些和为 0 的集合,并保证元素数量小于或等于 h.

本章将给出 Erdös-Ginzburg-Ziv 定理的另一种证明.Erdös-Ginzburg-Ziv 定理为:

定理　已知 $a_1, a_2, \cdots, a_{2n-1}$ 为 $2n-1$ 个整数,则其中一定存在 n 个数之和为 n 的倍数.

关于该定理,有很多种证明,其中包括对任意 p 元数组的 $p-1$ 次方求和,进而导出矛盾,有 Erdös 原始的证明,还有利用 Chevalley-Warning 定理的证明(可以在 Wiki 上找到). 但是每一种证明都是从 n 为素数开始,再过渡到一般的 n 的形式,这里要给出的证明是直接证明一般 n 的形式. 我们的证明将从"数学新星"的一道模拟题出发,该证明更加组合化,几乎没有用到数论的性质.

首先我们来看一道 2018 年春季"数学新星"的模拟考试题,当然该题应该是比较经典的老结论.

试题 1　互异实数 $a_1, a_2, \cdots, a_n$ 和互异实数 $b_1, b_2, \cdots, b_m$ 都属于 $[0,1)$. 将它们两两和的小数部分 $\{a_i + b_j \mid 1 \leqslant i \leqslant n, 1 \leqslant j \leqslant m\}$ 逐一写在黑板上,已知黑板上至多有 $m+n-2$ 个不同的数,证明:黑板上的每个数都在黑板上至少出现了 2 次.

证明　在证明过程中,$a+b$ 实际表示的意义是 $a+b$ 的小数部分. 记 $A = \{a_1, a_2, \cdots, a_n\}$, $B = \{b_1, b_2, \cdots, b_m\}$. 定义两个由实数构成的集合 C, D 的加法为 $C + D = \{c + d \mid c \in C, d \in D\}$. 下面我们对 m 归纳证明结论.

当 $m = 2$ 时,$m + n - 2 = n$. 已知 $\{a_i + b_1 \mid 1 \leqslant i \leqslant n\} = \{a_i + b_2 \mid 1 \leqslant i \leqslant n\}$ 中的每一个数均出现 2 次.

当 $m \geqslant 3$ 时,假设结论对 $|B| \leqslant m - 1$ 成立. 下面证 m 时的情形.

当 $|B|=m$ 时,采用反证法.注意到当 A,B 平移时结论不变,故不妨设 a_n+b_m 只出现一次,且 $a_n=b_m=0$.

此时 $A=\{0,a_1,\cdots,a_{n-1}\}$,$B=\{0,b_1,b_2,\cdots,b_{m-1}\}$.由于

$$0,a_1,\cdots,a_{n-1},b_1,\cdots,b_{m-1}\in A+B$$

且由 A 中元素的互异性得 $0\notin A+b_1$,又 $|A+b_1|=n$,故 $A+b_1\nsubseteq A$,不妨设 $a_1+b_1\notin A$.

考虑指标集

$$J=\{1\leqslant j\leqslant m-1\mid a_1+b_j\notin A\}$$

则 $1\in J$,故 J 非空.令

$$\overline{A}=A\bigcup\{a_1+b_j\mid j\in J\},\overline{B}=B\backslash\{b_j\mid j\in J\}$$

故 $A\subseteq\overline{A}$,$\overline{B}\subseteq B$.由于

$$\{a_1+b_j\mid j\in J\}+\overline{B}$$
$$=a_1+\overline{B}+\{b_j\mid j\in J\}\subseteq A+B$$

故

$$\overline{A}+\overline{B}\subseteq A+B$$

又 $|\overline{A}|+|\overline{B}|=|A|+|B|$,故

$$|\overline{A}+\overline{B}|\leqslant|A+B|\leqslant|A|+|B|-2$$
$$=|\overline{A}|+|\overline{B}|-2$$

而由归纳假设及 $0<|\overline{B}|<|B|$,则 $\overline{A}+\overline{B}$ 中每个元素至少出现两次,但是 $0\in\overline{A}+\overline{B}$ 只出现了一次,矛盾.

注 若 A,B 是有限实数集,则有

$$|A+B|\geqslant|A|+|B|-1$$

这是比较简单又经典的结果.本题的结论可以理解为:

若 $0\in A,0\in B$,并且 $0=0+0$ 在 $A+B$ 中的表示

方法唯一,则有

$$| A + B | \geqslant | A | + | B | - 1$$

这里

$$A + B := \{(a + b)(\bmod 1) \mid a \in A, b \in B\}$$

$x(\bmod 1)$ 表示 x 的小数部分.

利用上题的结论,可以解决一个经典并且比较有意思的问题.

试题 2　设 $a_1, a_2, \cdots, a_n$ 为 n 个整数,且对任意 $1 \leqslant i \leqslant n$,记

$$A_i = \{a_j \mid a_j \equiv i(\bmod n), j = 1, 2, \cdots, n\}$$

记 $h = \max\limits_{1 \leqslant i \leqslant n} | A_i |$,证明:存在 $B \subseteq \{1, 2, \cdots, n\}, 1 \leqslant | B | \leqslant h$,使得

$$n \mid \sum_{k \in B} a_k$$

证明　由于 $h = \max\limits_{1 \leqslant i \leqslant n} | A_i |$,故可将 $a_1, a_2, \cdots, a_n$ 分成 h 个集合 $B_1, B_2, \cdots, B_h$,使得对于任意 $1 \leqslant i \leqslant h$, B_i 中的数模 n 的余数互不相同.利用反证法,若对于任意 $B \subseteq \{1, 2, \cdots, n\}, 1 \leqslant | B | \leqslant h$,使得

$$n \nmid \sum_{k \in B} a_k$$

记

$$C_i \equiv \frac{B_i}{n}(\bmod 1) = \left\{ \frac{k}{n}(\bmod 1) \mid k \in B_i \right\}$$

$$D_i = \{0\} \bigcup C_i$$

由反证假设知 0 在 $D_1 + D_2 + \cdots + D_h$ 的表示方法唯一.利用试题 1 的注 $h - 1$ 次,我们有

$$| D_1 + D_2 + \cdots + D_h |$$

61

$$\geqslant \mid D_1 + D_2 + \cdots + D_{h-1} \mid + \mid D_h \mid - 1$$
$$\geqslant \cdots$$
$$\geqslant \mid D_1 \mid + \mid D_2 \mid + \cdots + \mid D_{h-1} \mid + \mid D_h \mid - (h-1)$$
$$= \mid B_1 \mid + \mid B_2 \mid + \cdots + \mid B_h \mid + 1 = n + 1$$

而显然有

$$D_1 + D_2 + \cdots + D_h \subseteq \left\{ 0, \frac{1}{n}, \cdots, \frac{n-1}{n} \right\}$$

从而得到矛盾,即证明了试题 2.

试题 2 也可以看成是经典结论:"n 个整数中必有若干个整数的和是 n 的倍数"的加强,最后我们来证明 Erdös-Ginzburg-Ziv 定理.

定理的证明 记

$$A_i = \{a_j \mid a_j \equiv i \pmod{n}, j = 1, 2, \cdots, 2n-1\}$$

不妨设 $\mid A_0 \mid = h = \max\limits_{1 \leqslant i \leqslant n} \mid A_i \mid$(因为将每个数都增加一个整数后问题不发生改变). 当 $h \geqslant n$ 时,结论显然. 下设 $h \leqslant n-1$,不妨设

$$a_1 \equiv a_2 \equiv \cdots \equiv a_h \equiv 0 \pmod{n}$$

则由试题 2 的结论知,存在 $B_1 \subseteq \{h+1, h+2, \cdots, h+n\}$,$1 \leqslant \mid B_1 \mid \leqslant h$,使得

$$n \mid \sum_{k \in B_1} a_k$$

不妨设

$$n \mid a_{h+1} + a_{h+2} + \cdots + a_{h+x_1}$$

若

$$2n - 1 - h - x_1 \geqslant n$$

我们可以继续利用试题 2 得到一个子集

$$B_2 \subseteq \{h + x_1 + 1, h + x_1 + 2, \cdots, h + x_1 + n\}$$

$$1 \leqslant |B_2| \leqslant h$$

使得

$$n \mid \sum_{k \in B_2} a_k$$

如此操作,我们可以得到 t 个集合 $B_1, B_2, \cdots, B_t$,并且对任意 $1 \leqslant i \leqslant t$,$|B_i| \leqslant h$,有

$$2n - 1 - h - x_1 - x_2 - \cdots - x_t \leqslant n - 1$$
$$2n - 1 - h - x_1 - x_2 - \cdots - x_{t-1} \geqslant n$$

即

$$x_1 + x_2 + \cdots + x_t \geqslant n - h$$
$$x_1 + x_2 + \cdots + x_{t-1} \leqslant n - 1 - h$$

从而

$$n - h \leqslant x_1 + x_2 + \cdots + x_t \leqslant n - 1$$

故取

$$B = \{1, 2, \cdots, n - (x_1 + x_2 + \cdots + x_t)\} \bigcup$$
$$B_1 \bigcup B_2 \bigcup \cdots \bigcup B_t$$

有

$$|B| = n, \text{且 } n \mid \sum_{k \in B} a_k$$

故我们证明了该定理.

思考 事实上对于任意 Abel(阿贝尔)群 G,也有类似于试题 2 成立的结论,并且定义 $o(G)$ 为最小的正整数 m,使得对于任意 $a_1, a_2, \cdots, a_m \in G$,都有若干个元素之和是 0;$e(G)$ 为最小的正整数 m,使得对于任意 $a_1, a_2, \cdots, a_m \in G$,都有 $|G|$ 个元素之和是 0,故

$$e(G) \leqslant 2o(G) - 1$$

整体化思想的运用

第

3

章

例 1（Erdös-Ginzburg-Ziv） 证明：任意 $2n-1$ 个整数中，一定存在 n 个整数的和为 n 的倍数.

证明 先考虑 n 为素数的情形.

利用反证法，假设存在整数 x_1，$x_2,\cdots,x_{2n-1}$，使得其中任意 n 个数的和不为 n 的倍数，那么这时我们可以将该性质整合起来.

这样，条件就可以转化为：对于任意 $1\leqslant i_1<i_2<\cdots<i_n\leqslant 2n-1$，均有

$$(x_{i_1}+x_{i_2}+\cdots+x_{i_n})^{n-1}\equiv 1\pmod n$$

为保持对称性，我们对其进行整体化累和处理，则有

$$S=\sum_{1\leqslant i_1<\cdots<i_n\leqslant 2n-1}(x_{i_1}+x_{i_2}+\cdots+x_{i_n})^{n-1}$$

$$\equiv \mathrm{C}_{2n-1}^n\equiv 1\pmod n$$

64

而对 S 的同余性质我们是可以处理的,对上式进行换序配对,即可得到

$$S = \sum_{1 \leqslant i_1 < \cdots < i_n \leqslant 2n-1} \sum_{\substack{a_1 + \cdots + a_n = n-1 \\ a_1, \cdots, a_n \in \mathbf{N}}} x_{i_1}^{\alpha_1} x_{i_2}^{\alpha_2} \cdots x_{i_n}^{\alpha_n} \frac{(n-1)!}{\alpha_1! \cdots \alpha_n!}$$

$$= \sum_{1 \leqslant i_1 < \cdots < i_n \leqslant 2n-1} \sum_{1 \leqslant j_1 < \cdots < j_k \leqslant 2n-1} \sum_{\substack{a_1 + \cdots + a_k = n-1 \\ a_1, \cdots, a_k \in \mathbf{N}_+}} x_{i_{j_1}}^{\alpha_1} \cdot$$

$$x_{i_{j_2}}^{\alpha_2} \cdots x_{i_{j_k}}^{\alpha_k} \frac{(n-1)!}{\alpha_1! \cdots \alpha_k!}$$

$$= \sum_{\substack{a_1 + \cdots + a_k = n-1 \\ a_1, \cdots, a_k \in \mathbf{N}_+ \\ k \in \mathbf{N}_+}} \sum_{1 \leqslant i_1 < \cdots < i_k \leqslant 2n-1} x_{i_1}^{\alpha_1} \cdot$$

$$x_{i_2}^{\alpha_2} \cdots x_{i_k}^{\alpha_k} \frac{(n-1)!}{\alpha_1! \cdots \alpha_k!} \mathrm{C}_{2n-1-k}^{n-k}$$

$$= \sum_{\substack{a_1 + \cdots + a_k = n-1 \\ a_1, \cdots, a_k \in \mathbf{N}_+ \\ k \in \mathbf{N}_+}} \mathrm{C}_{2n-1-k}^{n-k} \frac{(n-1)!}{\alpha_1! \cdots \alpha_k!} \cdot$$

$$\sum_{1 \leqslant i_1 < \cdots < i_k \leqslant 2n-1} x_{i_1}^{\alpha_1} x_{i_2}^{\alpha_2} \cdots x_{i_k}^{\alpha_k}$$

$$\equiv 0 (\mathrm{mod}\ n)$$

其中用到:当 $k = 1, 2, \cdots, n-1$ 时,均有 $n \mid \mathrm{C}_{2n-1-k}^{n-1}$,矛盾!

这样我们就证明了 n 为素数的情形.

对于一般情形,我们利用归纳法只需证明若 n 时结论成立,则 pn 时结论亦成立,其中 p 为素数.对于任意 $2pn-1$ 个整数 $x_1, x_2, \cdots, x_{2pn-1}$,由归纳假设知可以从中选取 $2p-1$ 个 n 元整数组,使得任意两个数组不存在下标相同的数,且每个 n 元数组中的数之和为 n 的倍数.又由前面已证的素数时的情形可得,可以从

这 $2p-1$ 个 n 元整数组中选出 p 个数组,使得 p 个数组中所有数之和为 np 的倍数,这样,这 p 个数组中包含的 np 个数满足条件.

评析 例 1 是运用整合思想的一个很具有代表性的问题,同时也不失为一个很优美的结论.

例 2(第 33 届伊朗国家队选拔考试) 已知素数 $p \neq 13$,$p \equiv 5 \pmod 8$,且 39 不为模 p 的二次剩余.证明:方程

$$x_1^4 + x_2^4 + x_3^4 + x_4^4 \equiv 0 \pmod p$$

有一个正整数解满足 $p \nmid x_1 x_2 x_3 x_4$.

证明 与例 1 的思路类似,若不然,则有

$$
\begin{aligned}
p \nmid x_1 x_2 x_3 x_4 &\Rightarrow p \nmid x_1^4 + x_2^4 + x_3^4 + x_4^4 \\
&\Rightarrow (x_1^4 + x_2^4 + x_3^4 + x_4^4)^{p-1} \\
&\equiv 1 \pmod p
\end{aligned}
$$

再对其进行整体化处理,则有

$$
\begin{aligned}
S &= \sum_{x_1, x_2, x_3, x_4 \in \{1, 2, \cdots, p-1\}} (x_1^4 + x_2^4 + x_3^4 + x_4^4)^{p-1} \\
&\equiv 1 \pmod p
\end{aligned}
$$

而这里对 S 的同余性质我们也是可以处理的.

注意到 S 的表达式中出现了四个变量,这样直接展开处理会很麻烦,于是我们选择将 x_2, x_3, x_4 作为常数,单独对 x_1 进行整体化处理,这样即有

$$
\begin{aligned}
S &= \sum_{x_2, x_3, x_4 \in \{1, 2, \cdots, p-1\}} \sum_{x_1 \in \{1, 2, \cdots, p-1\}} (x_1^4 + x_2^4 + x_3^4 + x_4^4)^{p-1} \\
&= \sum_{x_2, x_3, x_4 \in \{1, 2, \cdots, p-1\}} \sum_{x_1=1}^{p-1} \sum_{i=0}^{p-1} x_1^{4i} \cdot
\end{aligned}
$$

$$(x_2^4 + x_3^4 + x_4^4)^{p-1-i} C_{p-1}^i$$

$$= \sum_{x_2,x_3,x_4 \in \{1,2,\cdots,p-1\}} \sum_{i=0}^{p-1} (x_2^4 + x_3^4 +$$

$$x_4^4)^{p-1-i} \left(\sum_{x_1=1}^{p-1} x_1^{4i} \right) C_{p-1}^i$$

此时,对于不同的 i,我们可以对 $\displaystyle\sum_{x_1=1}^{p-1} x_1^{4i}$ 的性质进行整合,即得

$$\sum_{x_1=1}^{p-1} x_1^{4i} \equiv \begin{cases} 0, & \dfrac{p-1}{4} \Big| i \\[2ex] -1, & \dfrac{p-1}{4} \nmid i \end{cases}$$

于是我们得到一个重要的结论:S 中所有形如 $x_1^{4i} x_2^{4j} x_3^{4k} x_4^{4l} \left(\dfrac{p-1}{4} \nmid i \right)$ 的项均可通过分组来抵消. 又由 x_1,x_2,x_3,x_4 的并列关系进一步可知,将 S 的表达式展开后只需考虑其中形如

$$x_1^{4\alpha_1} x_2^{4\alpha_2} x_3^{4\alpha_3} x_4^{4\alpha_4}$$

$$\left(\frac{p-1}{4} \mid \alpha_1,\alpha_2,\alpha_3,\alpha_4 ; \alpha_1 + \alpha_2 + \alpha_3 + \alpha_4 = p-1 \right)$$

的项,于是

$$S \equiv \sum_{x_1,x_2,x_3,x_4 \in \{1,2,\cdots,p-1\}} (x_1^{4(p-1)} + x_2^{4(p-1)} +$$

$$x_3^{4(p-1)} + x_4^{4(p-1)} +$$

$$\frac{(p-1)!}{\left(\left(\dfrac{p-1}{4} \right)! \right)^4} x_1^{p-1} x_2^{p-1} x_3^{p-1} x_4^{3(p-1)} +$$

$$\frac{(p-1)!}{\left(\left(\dfrac{p-1}{2} \right)! \right)^2} \sum_{1 \leqslant i < j \leqslant 4} x_i^{2(p-1)} x_j^{2(p-1)} +$$

67

$$\frac{(p-1)!}{\left(\frac{p-1}{4}\right)!\left(\frac{3(p-1)}{4}\right)!}\sum_{1\leqslant i\neq j\leqslant 4}x_i^{p-1}x_j^{3(p-1)}+$$

$$\frac{(p-1)!}{\left(\frac{p-1}{2}\right)!\left(\left(\frac{p-1}{4}\right)!\right)^2}\cdot$$

$$\sum_{\substack{\{i,j,k\}\in\{1,2,3,4\}\\ i<j\\ i\neq j\neq k}}x_i^{p-1}x_j^{p-1}x_k^{2(p-1)}$$

$$\equiv(p-1)^4\left[4+\frac{(p-1)!}{\left(\left(\frac{p-1}{4}\right)!\right)^4}+\right.$$

$$\frac{6(p-1)!}{\left(\left(\frac{p-1}{2}\right)!\right)^2}+\frac{12(p-1)!}{\left(\frac{p-1}{4}\right)!\left(\frac{3(p-1)}{4}\right)!}+$$

$$\left.\frac{12(p-1)!}{\left(\frac{p-1}{2}\right)!\left(\left(\frac{p-1}{4}\right)!\right)^2}\right]$$

而由 Wilson 定理不难推出

$$(p-1)!\equiv-1(\mathrm{mod}\ p)$$

$$\left(\left(\frac{p-1}{2}\right)!\right)^2\equiv(p-1)!\ (-1)^{\frac{p-1}{2}}$$

$$\equiv-1(\mathrm{mod}\ p)$$

$$\left(\frac{3(p-1)}{4}\right)!\equiv\frac{(p-1)!}{\left(\frac{p-1}{4}\right)!\ (-1)^{\frac{p-1}{4}}}$$

$$\equiv\frac{1}{\left(\frac{p-1}{4}\right)!}(\mathrm{mod}\ p)$$

于是

$$S\equiv4+\frac{1}{\left(\left(\frac{p-1}{2}\right)!\left(\left(\frac{p-1}{4}\right)!\right)^2\right)^2}-$$

68

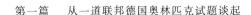

$$\frac{12}{\left(\frac{p-1}{2}\right)!\left(\left(\frac{p-1}{4}\right)!\right)^{2}}+6-12$$

$$\equiv\left[\frac{1}{\left(\frac{p-1}{2}\right)!\left(\left(\frac{p-1}{4}\right)!\right)^{2}}-6\right]^{2}-38$$

$$\not\equiv 1(\bmod p)$$

第 二 篇
更多的背景研究

Erdös-Ginzburg-Ziv 定理的一个改进[①]

第 4 章

　　1961 年,Erdös,Ginzburg 和 Ziv[1] 证明了现被称为 Erdös-Ginzburg-Ziv 定理的如下著名结果:若 $g_1,g_2,\cdots,g_{2n-1}$ 是由 n 阶可解群 G 的元构成的 $2n-1$ 项序列,则存在 n 个互异的下标 $i_1,i_2,\cdots,i_n$ 使 $g_{i_1}g_{i_2}\cdots g_{i_n}=1$。1976 年,Olson[2] 对任意有限群证得了同样的结论。1992 年,Bialostocki 和 Dierker[3] 就 G 为循环群将上述结果推广到了超图上。文[1] 中的证明,关键是 $n=p$ 为素数的情形,而对此种情形,四个互异且都异于文[1] 的证明先后被给出[4-7]。当 $G=Z_n$(n 阶循环群) 时,序列

$$\underbrace{1,\cdots,1}_{n-1\text{个}},\underbrace{a,\cdots,a}_{n-1\text{个}}\quad(a\text{ 为 }Z_n\text{ 的生成元})$$

①　摘编自《数学学报》,1996,39(4):514-523.

表明 Erdös-Ginzburg-Ziv 定理中的 $2n-1$ 不能再小. 而当 G 为 n 阶非循环的 Abel 群时, 高维东[8] 证明了 $2n-1$ 可用 $\dfrac{3n}{2}$ 代替. 对 G 为 n 阶非循环的可解群, Yuster 和 Peterson[9] 证得 $2n-1$ 可用 $2n-2$ 代替; 后来, Yuster[10] 又证得对任意给定的正整数 r, 只要 n 充分大, $2n-1$ 便可用 $2n-r$ 取代. 实际上, 于该文末他指出 n 充分大可具体换成 $n \geqslant 600((r-1)!)^2$. 大连理工大学的高维东教授在 1996 年证明了只要 $n \geqslant 6(r-1)$ 便可以了. 其实我们可以证明下面稍强一点的结果.

定理　设 G 是一个 n 阶非循环的可解群. 令 $s = \left[\dfrac{11}{6}n\right] - 1$, 这里 $[x]$ 表示不超过 $x(x$ 为实数$)$ 的最大整数. 设 $g_1, g_2, \cdots, g_s$ 是由 G 的元构成的 s 项序列, 则存在 n 个互异的下标 $i_1, i_2, \cdots, i_n$ 使得 $g_{i_1} g_{i_2} \cdots g_{i_n} = 1$.

我们先说明上述定理蕴含 Yuster 的结论的条件 $n \geqslant 600((r-1)!)^2$ 可换成 $n \geqslant 6(r-1)$. 这是因为

$$2n - r \geqslant 2n - \left(\left[\dfrac{n}{6}\right] + 1\right)$$

$$= \left[\dfrac{11}{6}n + \dfrac{n}{6}\right] - \left(\left[\dfrac{n}{6}\right] + 1\right)$$

$$\geqslant \left[\dfrac{11}{6}n\right] - 1$$

为证明上述定理, 我们需要做些准备.

对任一 n 阶有限群 G, 我们用 $r(G)$ 去记满足下面条件的最小正整数 l. 对任一由 G 的元构成的 l 项序列 $g_1, g_2, \cdots, g_l$, 均存在 n 个互异的下标 $i_1, i_2, \cdots, i_n$, 使得 $g_{i_1} g_{i_2} \cdots g_{i_n} = 1$.

显然上述定理可以叙述为:对任一非循环的 n 阶可解群 $G,r(G)\leqslant\dfrac{11}{6}n-1$.

引理 1 对任一有限群 G 均有 $r(G)\leqslant 2\mid G\mid-1$.

引理 2 设 c 为一个常数,$1<c\leqslant 2$.设 H 为有限群 G 的一个正规子群,$r(H)\leqslant c\mid H\mid-1$,则 $r(G)\leqslant c\mid G\mid-1$.

证明 令 $s=[c\mid G\mid]-1,t=[c\mid H\mid]-1$,考虑任一由 G 的元组成的 s 项序列 $g_1,g_2,\cdots,g_s$.

令 φ 为 G 到 G/H 的自然同态映射,并记 $f=\mid G/H\mid$.显然,$\varphi(g_1),\varphi(g_2),\cdots,\varphi(g_s)$ 为由 G/H 的元组成的 s 项序列.

若 $H=G$,则结论显然.若 $H=\{1\}$,则必有 $c=2$,由引理 1 得本引理为真.以下设 H 为 G 的非平凡正规子群.因

$$s-(t-1)f=[c\mid G\mid]-1-([c\mid H\mid]-2)f$$
$$=2f-1+[c\mid G\mid]-$$
$$[c\mid H\mid]\frac{\mid G\mid}{\mid H\mid}$$
$$\geqslant 2f-1$$

反复应用引理 1,我们可找到彼此不交的 t 组互异的数 $\{i_{j_1},i_{j_2},\cdots,i_{j_f}\}$,使得

$$\varphi(g_{i_{j_1}})\varphi(g_{i_{j_2}})\cdots\varphi(g_{i_{j_f}})=\varphi(1)$$

因此

$$g_{i_{j_t}}\cdots g_{i_{j_f}}\in H$$

因 $r(H)\leqslant c\mid H\mid-1$,故

$$r(H) \leqslant [c \mid H \mid] - 1 = t$$

从而从 $\{1, 2, \cdots, t\}$ 中可找到 $\mid H \mid$ 个互异的数 l_1, $l_2, \cdots, l_{\mid H \mid}$, 使得

$$\prod_{j=1}^{\mid H \mid} (g_{i_{l_j 1}} g_{i_{l_j 2}} \cdots g_{i_{l_j t}}) = 1$$

这正是我们所要证的.

引理 3[11,12] (1) 对任一 n 阶非循环的 Abel 群 G, $r(G) \leqslant \dfrac{3n}{2}$;

(2) 若 $G = \overset{k}{\bigotimes} Z_p (Z_p$ 的 k 重直积, p 为素数), 则 $r(G) = p^k + kp - k$.

引理 4 设 p 为素数, G 为有限非循环 p - 群, 则 $r(G) \leqslant \dfrac{11}{6} \mid G \mid - 1$.

证明 如果 G 为 Abel 群, 由引理 3 知, $r(G) \leqslant \dfrac{3}{2} \mid G \mid < \dfrac{11}{6} \mid G \mid - 1$ (注意 $\mid G \mid > 3$).

设 $\mid G \mid = p^n$, 我们对 n 用归纳法.

如果 $n \leqslant 2$, 那么 G 必为 Abel 群, 由刚刚所证 $r(G) \leqslant \dfrac{11}{6} \mid G \mid - 1$.

设 $n = k (k \geqslant 2)$ 时本引理为真, 再证 $n = k + 1$ 时本引理亦为真. 因 G 非循环, 熟知 $p > 2$ 或 $k > 3$ 时, G 有一 p^k 阶的非循环正规子群, 由归纳假设及引理 2 得此时本引理为真.

对 $p = 2$ 且 $k = 3$, 可设 G 为非 Abel 群, 由引理 2 可设 G 的所有 4 阶子群 (当然正规) 均循环, 从而 G 为 8

76

阶四元数群,熟知

$$G = \{a, a^{-1}, b, b^{-1}, c, c^{-1}, a^2, 1\}$$
$$a^2 = b^2 = c^2 = (a^{-1})^2 = (b^{-1})^2 = (c^{-1})^2$$
$$a^4 = b^4 = c^4 = 1$$

我们断言:任一由 G 的元构成的 7 项序列或含两项积为 1,或含四项按某一顺序相乘积为 1.

对任一 $g \in G$,用 $T(g)$ 表示 g 在 T 中出现的次数.假设上述断言不真,则必有

$$T(1) \leqslant 1, T(a^2) \leqslant 1$$

且存在 G 的 3 个互异的 4 阶元,设为 x, y, z,使得 G 的其余 4 阶元均不在 T 中出现,不妨设

$$T(x) \geqslant T(y) \geqslant T(z) \geqslant 0$$

由 $xxxx = 1$ 及 $xxyy = 1$ 知

$$T(x) \leqslant 3, T(z) \leqslant T(y) \leqslant 1$$

于是有

$$7 = T(1) + T(a^2) + T(x) + T(y) + T(z)$$
$$\leqslant 1 + 1 + 3 + 1 + 1$$
$$= 7$$

故必

$$T(1) = T(a^2) = T(y) = T(z) = 1, T(x) = 3$$

但 $1 \cdot a^2 \cdot x \cdot x = a^4 = 1$,矛盾.从而我们的断言得证.由此断言立得:任一由 G 的元构成的 9 项序列必含 4 项按某一顺序相乘的积为 1.并由此推知:任一由 G 的元构成的 13 项序列必含 8 项按某一顺序相乘的积为 1.这表明

$$r(G) \leqslant 13 < \frac{11}{6} \times 8 - 1$$

至此本引理得证.

引理 5[13,14]　设 $g_1,g_2,\cdots,g_{n-1}$ 为由 Z_n 的元构成的 $n-1$ 项序列,若 $g_1,g_2,\cdots,g_{n-1}$ 不全相等,则必可从其中找到若干个(至少一个)的积为 1.

引理 6[13]　设 $2\leqslant k\leqslant\left[\dfrac{n}{4}\right]+2,g_1,g_2,\cdots,g_{2n-k}$ 是由 Z_n 的元组成的 $2n-k$ 项序列. 假设 $g_1,g_2,\cdots,g_{2n-k}$ 中的任意 n 项之积均不为 1,则 $g_1,g_2,\cdots,g_{2n-k}$ 可经适当排列成为如下形式

$$\underbrace{a,\cdots,a}_{u\uparrow}\underbrace{b,\cdots,b}_{v\uparrow},c_1,\cdots,c_{2n-k-u-v}$$

其中 ab^{-1} 生成 $Z_n,u\geqslant n-2k+3,v\geqslant n-2k+3$,且 $u+v\geqslant 2n-2k+2$.

定理的证明　用反证法.假设 G 是不满足本定理的结论 $r(G)\leqslant\dfrac{11}{6}n-1(n=|G|)$ 的阶最小的非循环的可解群.由引理 2,G 的所有不等于 G 的正规子群均循环.因 G 可解,G 必有一正规子群 G_0 使 $|G/G_0|$ 为素数,从而 G/G_0 循环.由刚刚的分析知 G_0 也循环,于是 G 超可解.设 p 为 $|G|=n$ 的最小素因子,则 G 必有指数为 p 的子群 H,H 为正规子群.由引理 3 和引理 4 知,G 不是 Abel 群,也不是 $p-$群.

记 $m=|H|$,则 $n=pm$.如果 m 为合数,因 G 不是 $p-$群,故

$$m\geqslant p(p+1)>2p+1$$

如果 m 为素数,因 $m\neq p,G$ 不循环,那么由 Sylow 定理必有 $m\equiv 1(\bmod p)$,因此,当 $p\neq 2$ 时,$m\geqslant 2p+1$;若

$p=2$,由 Yuster 和 Peterson 的结果 $r(G) \leqslant 2n-2$,又由反证假设 $r(G) > \frac{11}{6}n-1$,故有 $n > 6$,从而 $m \geqslant 4$,又 G 不是 $2-$群,于是 $m \geqslant 5$.总之,我们有

$$m \geqslant 2p+1 \qquad (1)$$

记 $s = \left[\frac{11}{6}n\right]-1$ 及 $t = \left[\frac{11}{6}m\right]-1$.由反证假设,存在由 G 的元构成的 s 项序列 $g_1, g_2, \cdots, g_s$,使得其中任意 n 项按任何顺序相乘的积都不等于 1.

我们考虑由 t 个 p 项序列

$$(g_{i_{j_1}}, g_{i_{j_2}}, \cdots, g_{i_{j_p}}) \quad (j=1,2,\cdots,t)$$

组成的集合 T.这些序列满足:

① 对任一 $j (1 \leqslant j \leqslant t)$,$\prod\limits_{l=1}^{p} g_{i_{j_l}} \in H$;

② 对任一 $j (1 \leqslant j \leqslant t)$,$i_{j_1}, i_{j_2}, \cdots, i_{j_p}$ 互异;

③ 对任意的 $l,q, 1 \leqslant l \neq q \leqslant t$,$\{i_{l_1}, i_{l_2}, \cdots, i_{l_p}\}$ 与 $\{i_{q_1}, i_{q_2}, \cdots, i_{q_p}\}$ 不交.

将上面所有 T 构成的类记为 Ω.考虑 G 到 G/H 的自然同态映射 φ 及如下由 G/H 的元构成的 s 项序列 $\varphi(g_1), \varphi(g_2), \cdots, \varphi(g_s)$.反复应用引理 1 于上述序列可得 Ω 不空.

对任一 $T = \{(g_{i_{j_1}}, g_{i_{j_2}}, \cdots, g_{i_{j_p}})\}_{j=1}^{t} \in \Omega$,令 $h_j = \prod\limits_{l=1}^{p} g_{i_{j_l}} \in H, j=1,2,\cdots,t$.由反证假设,$1$ 不能表示成 $h_1, h_2, \cdots, h_t$ 中 m 个之积.令 $t=2m-k$,则 $k = \left[\frac{m}{6}\right]+1$,这里 $\left[\frac{m}{6}\right]$ 表示不小于 $\frac{m}{6}$ 的最小整数.于是应用引理

6 于 $h_1,h_2,\cdots,h_t$ 知,存在 H 中的两个元 x 和 y,它们在 $h_1,h_2,\cdots,h_t$ 中出现的次数大于或等于 $2m-2k+2$,且每一个都至少出现 $m-2k+3$ 次. 对任一 $h \in H$,用 $T(h)$ 表示 h 在 $h_1,h_2,\cdots,h_t$ 中出现的次数. 我们断言,若 $z \notin \{x,y\}$,则

$$T(z) < m-2k+3$$

因为若不然,则有 $z \in H, x \neq z \neq y$,使

$$T(z) \geqslant m-2k+3$$

于是

$$t = 2m-k \geqslant T(x)+T(y)+T(z)$$
$$\geqslant 2m-2k+2+m-2k+3$$
$$= 2m-k+m-3k+5$$
$$> 2m-k$$

矛盾. 这表明,对任一 $T \in \Omega$,使

$$T(x) \geqslant m-2k+3, T(y) \geqslant m-2k+3$$

$x \neq y$ 之 $\{x,y\}$ 为 T 唯一确定,由引理 6,这一对 $\{x,y\}$ 还有性质

$$T(x)+T(y) \geqslant 2m-2k+2$$

及 xy^{-1} 生成 H. 记 $x(T)=x,y(T)=y$.

现在选定 $T \in \Omega$,使得 $T(x(T))+T(y(T))$ 取到最小值(当 T 跑遍 Ω 时). 令 $x=x(T),y=y(T)$,又令

$$U = \left\{(g_{i_{j_1}},g_{i_{j_2}},\cdots,g_{i_{j_p}}) \in T \Big| \prod_{l=1}^{p} g_{i_{j_l}} \in \{x,y\}\right\}$$

则

$$|U| = T(x)+T(y)$$

将 U 的 $|U|$ 个 p 项序列的共 $p|U|$ 项适当排列成 $g_1,$

80

$g_2, \cdots, g_s$ 的一个子列,记为 L.我们将证明存在 L 中的某 $n(=pm)$ 项按适当顺序相乘积为 1,这就导出一个矛盾.

不失一般性,可设 $L=(g_1, g_2, \cdots, g_{p(T(x)+T(y))})$.由于以下的证明比较复杂,我们分几步来进行.

第一步　这一步我们证明下面的结论:若 L 的某 p 项按某一顺序相乘的积属于 H,则该 p 项按任何顺序相乘的积均在 $\{x, y\}$ 中.

如果 L 的某 p 项 $g_{i_1}, g_{i_2}, \cdots, g_{i_p}$($i_1, i_2, \cdots, i_p$ 互异)之积 $g_{i_1} g_{i_2} \cdots g_{i_p} \in H$,但 $g_{i_1} g_{i_2} \cdots g_{i_p} \notin \{x, y\}$.令

$$V=\{(g_{e_1}, g_{e_2}, \cdots, g_{e_p}) \in T \mid \{e_1, e_2, \cdots, e_p\} \bigcap$$
$$\{i_1, i_2, \cdots, i_p\} \neq \varnothing\}$$

显见,$|V| \leqslant p$.由于 V 中序列的共 $p|V|$ 项除去$(g_{i_1}, g_{i_2}, \cdots, g_{i_p})$ 后剩下的 $p(|V|-1)$ 项按任何顺序作积均在 H 中(注意 G/H 可换),因此由引理 1 知,这 $p(|V|-1)$ 项可分成 $|V|-1$ 个 p 项序列

$$\{g_{l_{j_1}}, g_{l_{j_2}}, \cdots, g_{l_{j_p}}\} \quad (j=1, 2, \cdots, |V|-1)$$

使得对每一 $j, 1 \leqslant j \leqslant |V|-1$ 均有 $\prod\limits_{q=1}^{p} g_{l_{j_q}} \in H$.令
$T' = (T-V) \bigcup \{(g_{l_{j_1}}, \cdots, g_{l_{j_p}})\}_{j=1}^{|V|=1} \bigcup \{(g_{i_1}, \cdots, g_{i_p})\}$
并令 $x'=x(T'), y'=y(T')$.由于

$$T'(x) + T'(y) < T(x) + T(y)$$

故由 T 的最小性,$\{x', y'\} \neq \{x, y\}$.不妨设 $T(y) \geqslant T(x), T'(y') \geqslant T'(x')$.

若 $y' \notin \{x, y\}$,则

$$T(y') \geqslant T'(y') - |V|$$

$$\geqslant \frac{T'(y') + T'(x')}{2} - |V|$$

$$\geqslant \frac{2m - 2k + 2}{2} - p$$

$$= m - k + 1 - p$$

于是

$$2m - k \geqslant T(x) + T(y) + T(y')$$

$$\geqslant 2m - 2k + 2 + m - k + 1 - p$$

$$= 2m - k + m - 2k + 3 - p$$

$$\geqslant 2m - k + m - 2\Big(\frac{m+5}{6} + 1\Big) + 3 - p$$

$$> 2m - k$$

（因为 $m \geqslant 2p+1$，见式(1)），矛盾. 因此必有 $y' \in \{x, y\}$，而 $x' \notin \{x, y\}$，于是

$$T(x') \geqslant T'(x') - |V| \geqslant m - 2k + 3 - p$$

及

$$2m - k \geqslant T(x) + T(y) + T(x')$$

$$\geqslant 2m - 2k + 2 + m - 2k + 3 - p$$

$$= 2m - k + m - 3k + 5 - p$$

$$\geqslant 2m - k + m - 3\Big(\frac{m+5}{6} + 1\Big) + 5 - p$$

$$= 2m - k + \frac{m-1}{2} - p$$

$$\geqslant 2m - k$$

从而必有

$$T(x') = T'(x') - |V|$$

$$T'(x') = m - 2k + 3$$

$$|V| = p$$

且 V 中每个序列的 p 项之积（按项的顺序）均为 x'

$$k = \frac{m+5}{6} + 1$$

$$T(x) + T(y) = 2m - 2k + 2$$

$$\frac{m-1}{2} = p \quad (\text{即 } m = 2p+1)$$

将 $m = 2p + 1$ 代入 $k = \dfrac{m+5}{6} + 1$，得

$$k = \frac{2p+6}{6} + 1$$

故 $6 \mid 2p$，从而

$$p = 3, m = 7, k = 3$$

$$T'(x') = 4, T(x') = 1, T(x) + T(y) = 10$$

因

$$T'(x') + T'(y') \geqslant 2m - 2k + 2 = 10$$

从而 $T'(y') \geqslant 6$，故必有 $T'(y') = 6$. 由于 V 中每个序列的 3 项之积均为 x'，故

$$6 \geqslant T(y') \geqslant T'(y') = 6$$

从而 $T(y') = 6$，但前面已证 $y' \in \{x, y\}$，又已设 $T(y) \geqslant T(x)$，故

$$y = y', \text{且 } T(y) = 6, T(x) = 4$$

这给出 $T'(x) = 1$. 由于

$$T(x) = 4, T(y) = 6, T(x') = 1$$

因此

$$\underbrace{y, \cdots, y}_{6\text{个}}, x, x, x, x, x'$$

中任意 7 项之积均不为 $1(H = Z_7$ 中的单位元$)$，由文 $[6]$ 的一个结果（文 $[14]$，定理 $2(\mathrm{ii})$）知，$x'y^{-1} =$

$(xy^{-1})^2$，这给出 $y=x^2x'^{-1}$. 因
$$T'(x')=4,T'(y')=6,T'(x)=1$$
同上可得 $y=(x')^2x^{-1}$，从而 $x^3=(x')^3$，但作为 Z_7 的元只能有 $x=x'$，矛盾. 从而这一步的结论得证.

  第二步 取定 ψ 为 G/H 到模 p 的剩余类群 $\{0,1,\cdots,p-1\}$ 上的一个同构
$$\psi:G/H \rightarrow \{0,1,\cdots,p-1\}$$
对任一 $i(0\leqslant i\leqslant p-1)$，$\psi^{-1}(i)$ 为 G 关于 H 的一个陪集. 将 L 的所有属于 $\psi^{-1}(i)$ 的项构成的 L 的子列记为 L_i. 这一步我们要证的结论是：如果对某个 $i,0\leqslant i\leqslant p-1,|L_i|\geqslant p+2$，那么 L_i 的项最多有两个互异，当然 L_i 可经适当排列成为如下形式

$$\underbrace{\alpha,\cdots,\alpha}_{u\uparrow},\underbrace{\beta,\cdots,\beta}_{v\uparrow}$$

其中 $\alpha \neq \beta,u\geqslant v\geqslant 0,u+v=|L_i|$；且当 $p\neq 2$ 时，$v\leqslant 1$.

  实际上，如果 $|L_i|\geqslant p+2$，我们从 L_i 中可任取三项 $\gamma_1,\gamma_2,\gamma_3$，并从余下的 $|L_i|-3(\geqslant p-1)$ 项中任取 $p-1$ 项 $\theta_1,\theta_2,\cdots,\theta_{p-1}$，因对 $l=1,2,3$，积 $\gamma_l\theta_1\theta_2\cdots\theta_{p-1}$ 均在 H 中，故由第一步之结论，它们三者中必有二者相等，从而 $\gamma_1,\gamma_2,\gamma_3$ 中至少有二者相等，由 $\gamma_1,\gamma_2,\gamma_3$ 选取的任意性得本步结论前半部分为真.

  如果 $p\neq 2$，但 $v\geqslant 2$，我们可从 L_i 中先取出四项 $\alpha,\alpha,\beta,\beta(\alpha\neq\beta)$，再从余下的 $|L_i|-4(\geqslant p-2)$ 项中任取 $p-2$ 项，记为 $\delta_1,\delta_2,\cdots,\delta_{p-2}$，由第一步之结论，$\alpha^2\delta_1\delta_2\cdots\delta_{p-2},\alpha\beta\delta_1\delta_2\cdots\delta_{p-2},\beta^2\delta_1\delta_2\cdots\delta_{p-2}$ 中必有二者相

等,从而 $\alpha^2,\alpha\beta,\beta^2$ 中必有二者相等,但 $\alpha^2\neq\alpha\beta\neq\beta^2$,故 $\alpha^2=\beta^2$.但 $p\neq2,p$ 为 n 的最小素因子,故 $2\nmid n$,于是易知 $\alpha=\beta$,矛盾.这完全证明了本步之结论.

第三步 我们证下面的结论:若 $\alpha\neq\beta,\alpha\notin H$, $\beta\notin H$,且 α 与 β 在 L 中都至少出现 p 次,则 $\alpha^p=\beta^p$;若 $\alpha\notin H,\gamma\in H$,且 α 与 γ 在 L 中都至少出现 p 次,则 $\alpha^p\neq\gamma^p$.

先证本步结论的前半部分.若 $\alpha^p\neq\beta^p$,由第一步之结论,必有 $\{\alpha^p,\beta^p\}=\{x,y\}$,从而 $\alpha^p(\beta^p)^{-1}$ 生成 H,但 α^p 与 α 可换,α^p 与 $\alpha^p(\beta^p)^{-1}$(均在 H 中)可换,又 α 与 $\alpha^p(\beta^p)^{-1}$ 生成 G,从而 α^p 在 G 的中心内,同理 β^p 在 G 的中心内,故 $\alpha^p(\beta^p)^{-1}$ 在 G 的中心内,从而 α 与 $\alpha^p(\beta^p)^{-1}$ 可换,但 α 与 $\alpha^p(\beta^p)^{-1}$ 生成 G,于是 G 为 Abel 群.矛盾. 这便证明了本步结论的前半部分.

假设本步结论的后半部分不真.我们区分 $p=2$ 和 $p\neq2$ 两种情形来导出矛盾.

当 $p=2$ 时,如果对某 $i(0\leqslant i\leqslant1)$,$|L_i|\geqslant4$,由第二步之结论,$L_i$ 可适当排成下面的形式

$$\underbrace{\alpha_i,\cdots,\alpha_i}_{u_i\uparrow},\underbrace{\beta_i,\cdots,\beta_i}_{v_i\uparrow}$$

其中 $u_i\geqslant v_i\geqslant0,u_i+v_i=|L_i|,\alpha_i\neq\beta_i$.

如果 $v_i\geqslant2$,那么因 $\alpha_i^2\neq\alpha_i\beta_i\neq\beta_i^2$ 及第一步之结论必有 $\alpha_i^2=\beta_i^2$.这样由本步的反证假设及本步前半部分的结论得:如果有两个元在 L 中都至少出现两次,那么它们的平方相等.

$$\sum_{\substack{|L_i|\geqslant4\\0\leqslant i\leqslant1}}2\left(\left[\frac{u_i}{2}\right]+\left[\frac{v_i}{2}\right]\right)$$

$$\geqslant |L_0| + |L_1| - 3 - 2$$

（因 $|L_0|$，$|L_1|$ 中至少有一个不小于 4）

$$\geqslant 2(2m - 2k + 2) - 5$$

$$= 2m + (2m - 4k - 1)$$

$$\geqslant 2m + \frac{4m - 25}{3} \quad （因为 k = \left[\frac{m}{6}\right] + 1 \leqslant \frac{m + 11}{6}）$$

$$\geqslant 2m - \frac{5}{3} \quad （因为 m \geqslant 2 \times 2 + 1）$$

或

$$\sum_{\substack{|L_i| \geqslant 4 \\ 0 \leqslant i \leqslant 1}} 2\left(\left[\frac{u_i}{2}\right] + \left[\frac{v_i}{2}\right]\right) \geqslant 2m$$

于是对满足 $|L_i| \geqslant 4$ 的 i 有 s_i, t_i 满足 $0 \leqslant s_i \leqslant \left[\dfrac{u_i}{2}\right]$，

$0 \leqslant t_i \leqslant \left[\dfrac{v_i}{2}\right]$，使得

$$\sum_{\substack{|L_i| \geqslant 4 \\ 0 \leqslant i \leqslant 1}} 2(s_i + t_i) = 2m$$

从而

$$\prod_{\substack{|L_i| \geqslant 4 \\ 0 \leqslant i \leqslant 1}} (\alpha_i^2)^{s_i} (\beta_i^2)^{t_i} = (\alpha_f^2)^m$$

对任一满足 $|L_f| \geqslant 4(0 \leqslant f \leqslant 1)$ 的 f 成立，但 $(\alpha_f^2)^m = \alpha_f^{2m} = 1$，矛盾.

当 $p \neq 2$ 时，如果 $|L_i| \geqslant p + 2$，由第二步的结论，L_i 可适当排成下面的形式

$$\underbrace{\alpha_i, \cdots, \alpha_i}_{u_i \uparrow}, \underbrace{\beta_i, \cdots, \beta_i}_{v_i \uparrow}$$

其中 $u_i + v_i = |L_i|$，$0 \leqslant v_i \leqslant 1$，$\alpha_i \neq \beta_i$.

易见此时有 $p\left[\dfrac{u_i}{p}\right]\geqslant |L_i|-p$，从而

$$\sum_{\substack{|L_i|\geqslant p+2\\0\leqslant i\leqslant p-1}}p\left[\frac{u_i}{p}\right]$$

$$\geqslant 1+\sum_{0\leqslant i\leqslant p-1}(|L_i|-p-1)$$

（因至少有一 $|L_i|\geqslant p+2$）

$$=|L|-p(p+1)+1$$

$$\geqslant p(2m-2k+2)-p(p+1)+1$$

$$=pm+p(m-2k-p+1)+1$$

$$\geqslant pm+p\left(m-\frac{m+11}{3}-p+1\right)+1$$

$$=pm+p\left(\frac{2m-3p-8}{3}\right)+1$$

$$\geqslant pm+p\left(\frac{2(2p+1)-3p-8}{3}\right)+1$$

$$\geqslant pm-p+1 \quad（因 p\geqslant 3）$$

于是

$$\sum_{\substack{|L_i|\geqslant p+2\\0\leqslant i\leqslant p-1}}p\left[\frac{u_i}{p}\right]\geqslant pm$$

从而对满足 $|L_i|\geqslant p+2$ 的 $i(0\leqslant i\leqslant p-1)$ 有 s_i 满足 $0\leqslant s_i\leqslant\left[\dfrac{u_i}{p}\right]$，使得 $\displaystyle\sum_{\substack{|L_i|\geqslant p+2\\0\leqslant i\leqslant 1}}ps_i=pm$. 以下仿 $p=2$ 的情形的证明可导出矛盾. 至此，本步结论全部得证.

第四步 我们证下面的结论：存在 $\gamma\in H,\alpha\in G-H$ 使 γ 在 L 中至少出现 $p(m-2k+2)$ 次，α 在 L 中至少出现 $p(m-2k+4-p)$ 次.

像上一步那样可证 $|L_0|\geqslant p+2$，且存在一 $j(1\leqslant$

$j \leqslant p-1$) 使 $|L_j| \geqslant p+2$. 于是由第二步的结论,存在 α_0, α_j 各为 L_0, L_j 中一项,它们分别在 L_0, L_j 中至少出现 p 次,由第三步的结论,$\alpha_0^p \neq \alpha_j^p$,再由第一步的结论,$\{\alpha_0^p, \alpha_j^p\} = \{x, y\}$.

考虑下面形式的 $T(x)+T(y)(=\dfrac{|L|}{p})$ 个 p 项序列组成的集合

$E: (a_{l_1}, a_{l_2}, \cdots, a_{l_p})$ $(l=1, \cdots, T(x)+T(y))$

这些序列满足,对每一 $l(1 \leqslant l \leqslant T(x)+T(y))$,积

$\displaystyle\prod_{i=1}^{p} a_{l_i} \in H$,且这 $T(x)+T(y)$ 个序列的共 $p(T(x)+T(y))=|L|$ 项可排列成 L. 对每一 $l(1 \leqslant l \leqslant T(x)+T(y))$,记 $h_l = a_{l_1} a_{l_2} \cdots a_{l_p} \in H$,由第一步的结论,$h_l \in \{\alpha_0^p, \alpha_j^p\}$. 分别用 $E(\alpha_0^p), E(\alpha_j^p)$ 记 α_0^p, α_j^p 在 $h_1, h_2, \cdots, h_{T(x)+T(y)}$ 中出现的次数,将所有 E 组成的类记为 Γ.

取 $Q \in \Gamma$ 使得

$$Q(\alpha_j^p) = \max_{E \in \Gamma} \{E(\alpha_j^p)\}$$

令

$Q_0 = \{(a_{l_1}, a_{l_2}, \cdots, a_{l_p}) \in Q \mid a_{l_1} a_{l_2} \cdots a_{l_p} = \alpha_0^p\}$

将 Q_0 中的序列的共 $P|Q_0|$ 项放在一起并适当排列得 L 的一个子列,记为 X,用 X_i 记由 X 的所有属于 $\psi^{-1}(i)$ 的项构成的 X 的子列 $(0 \leqslant i \leqslant p-1)$.

设 $T' = (T-U) \cup Q$,则 $T' \in \Omega$,且

$$T'(x) + T'(y) = T(x) + T(y)$$

类似于第一步的证明可得

$$\{x(T'), y(T')\} = \{x, y\} = \{\alpha_0^p, \alpha_j^p\}$$

88

于是

$$T'(\alpha_0^p) \geqslant m - 2k + 3$$

即

$$|Q_0| \geqslant m - 2k + 3 \qquad (2)$$

若 X 有某 p 项按某一顺序相乘,积为 α_j^p,类似于第一步的证明可做出一 $Q' \in \Gamma$,使 $Q'(\alpha_j^p) > Q(\alpha_j^p)$,与 Q 的极大性矛盾.因此有结论:

若 X 中某 p 项按某一顺序相乘,积在 H 中,则该 p 项按任何顺序相乘均等于 α_0^p. （3）

如果某 $i(1 \leqslant i \leqslant p-1)$ 使 $|X_i| \geqslant p+1$,由式(3)立得 X_i 的各项全相等,但由第三步的结论,X 的任意 p 项之积均为 α_j^p,与式(3)矛盾.因此对任一 $i(1 \leqslant i \leqslant p-1)$ 有 $|X_i| \leqslant p$,于是

$$|X_0| \geqslant p|Q_0| - (p-1)p$$
$$\geqslant p(m - 2k + 4 - p) \geqslant p+1$$

(因为 $m \geqslant 2p+1$),从而由式(3)知,X_0 的项全相等.设

$$X_0 = (\underbrace{\gamma, \cdots, \gamma}_{|X_0| \text{个}})$$

下面来说明 $\displaystyle\sum_{1 \leqslant i \leqslant p-1} |X_i| \leqslant p$.因为,如果不然

$$\sum_{1 \leqslant i \leqslant p-1} |X_i| \geqslant p+1$$

由前面刚刚所证 X 的不在 H 中的项不全在同一 X_i 中,从而 $p \geqslant 3$,且可找到 X 的不在 H 中的 $p-1$ 项,记为 $\beta_1, \beta_2, \cdots, \beta_{p-1}$,使得它们不同在任一 X_i 中,于是由引理 5,它们中有若干个,不妨设为前 e 个,积在 H

中,即
$$\beta_1\beta_2\cdots\beta_e \in H \quad (1 \leqslant e \leqslant p-1)$$

于是
$$\beta_1\beta_2\cdots\beta_e \underbrace{\gamma\cdots\gamma}_{p-e\uparrow} \in H$$

由刚刚所证必有
$$\beta_1\cdots\beta_e \underbrace{\gamma\cdots\gamma}_{p-e\uparrow} = \beta_1\cdots\beta_{e-1}\gamma\beta_e \underbrace{\gamma\cdots\gamma}_{p-e-1\uparrow} = \alpha_0^p$$

从而 $\beta_e\gamma = \gamma\beta_e$. 但 α_j 和 H 生成 G, 于是 $\beta_e = \alpha_j^m h$, 其中 $h \in H, 1 \leqslant m \leqslant p-1$ (因为 $\beta_e \notin H$).

但 β_e 与 γ 可换, h 与 γ 可换(因 H 可换), 从而 α_j^m 与 γ 可换, 又 $(m,p)=1, \alpha_j^p \in H$ 与 γ 可换, 故 α_j 与 γ 可换. 但 α_j 与 $\alpha_j^p\gamma^{-p}$ 生成 G, 从而 G 为 Abel 群. 矛盾. 于是 $\sum\limits_{1\leqslant i \leqslant p-1} |X_i| \leqslant p$, 从而
$$|X_0| \geqslant p(m-2k+3) - p = p(m-2k+2)$$

于是 $\gamma \in H$ 满足所求.

为证 α 的存在性, 取 $R \in \Gamma$ 使得
$$R(\alpha_0^p) = \max_{E\in\Gamma}\{E(\alpha_0^p)\}$$

令
$$R_j = \{(a_{i_{l_1}}, a_{i_{l_2}}, \cdots, a_{i_{l_p}}) \in R \mid a_{i_{l_1}} a_{i_{l_2}} \cdots a_{i_{l_p}} = \alpha_j^p\}$$

像证 $|Q_0| \geqslant m-2k+3$ 那样, 可证 $|R_j| \geqslant m-2k+3$. 将 R_j 的 $|R_j|$ 个序列的共 $p|R_j|$ 项放在一起并适当排列成 L 的一个子列, 记为 Y. 对任一 $i(0 \leqslant i \leqslant p-1)$, 用 Y_i 记 Y 的所有在 $\psi^{-1}(i)$ 中的项构成的 Y 的子列.

像前面那样可证 Y 中的某 p 项若按某一顺序相

乘,积在 H 中,则该 p 项按任何顺序相乘,积都为 α_j^p,以及 $|Y_0| \leqslant p$. 因此当 $p=2$ 时

$$|Y_1| \geqslant 2(m-2k+3)-2 = 2(m-2k+2) > 2$$

由刚刚所证 Y 的任两项之积都为 α_1^2,从而 Y_1 的项全相等,取 α 为 Y_1 中的项便可.

下设 $p \geqslant 3$,取 c,$1 \leqslant c \leqslant p-1$,使

$$|Y_c| = \max_{1 \leqslant i \leqslant p-1} \{|Y_i|\}$$

因 $|Y_0| \leqslant p$,从而

$$|Y_c| \geqslant \frac{p|R_j|-|Y_0|}{p-1} \geqslant \frac{p(m-2k+3)-p}{p-1} > p$$

(因为 $k = \left[\dfrac{m}{6}\right]+1 \leqslant \dfrac{m+11}{6}$ 及 $m \geqslant 2p+1$),于是 $|Y_c| \geqslant p+1$,仿前可知 Y_c 的各项全相等.设 $Y_c = (\theta_c, \theta_c, \cdots, \theta_c)$,我们来证明 $|Y_0| \leqslant 1$. 如果 $|Y_0| = p$,因 $p \geqslant 3$,且已证 $\gamma \in H$,在 L 中至少出现$(m-2k+2)p \geqslant p+2$ 次,那么由第二步的结论,γ 在 L_0 中至少出现 $|L_0|-1$ 次,但 Y_0 是 L_0 的子列,从而 Y_0 中至少有 $p-1$ 项为 γ.若 Y 中除去 Y_0 的项均在 Y_c 中,则可取 $\alpha = \theta_c$. 否则,可找到 Y 的不在 Y_0 中的 $p-1$ 项,设为 $z_1, z_2, \cdots, z_{p-1}$,它们不同时在任一 $Y_i(1 \leqslant i \leqslant p-1)$ 中,由引理 5,存在其中若干项的积在 H 中,不妨设 $z_1 z_2 \cdots z_f \in H$,$1 \leqslant f \leqslant p-1$,于是

$$z_1 \cdots z_f \underbrace{\gamma \cdots \gamma}_{p-f\uparrow} \in H$$

仿前(关于 $\displaystyle\sum_{1 \leqslant i \leqslant p-1} |X_i| \leqslant p$ 的证明)可导出矛盾;如果 $2 \leqslant |Y_0| \leqslant p-1$,那么必有 R_j 中的某个 p 项序列含项

γ 和某项 $z \notin H$,由前面所证该 p 项序列按任何顺序作积都为 α_j^p,故必有 $\gamma z = z \gamma$,仿前(关于 $\sum\limits_{1 \leqslant i \leqslant p-1} |X_i| \leqslant p$ 之证明)可导出矛盾. 这表明 γ 不在 Y 中出现且 $|Y_0| \leqslant 1$.

易知 $|R - R_j| = |R(\alpha_0^p)| < m$,但 γ 在 L 中至少出现 $(m - 2k + 2)p > m > R(\alpha_0^p) = |R - R_j|$ 次,于是存在 $(a_{i_{l_1}}, a_{i_{l_2}}, \cdots, a_{i_{l_p}}) \in R - R_j$,使 γ 在 $a_{i_{l_1}}, a_{i_{l_2}}, \cdots, a_{i_{l_p}}$ 中至少出现两次.

现在我们来说明,对任一 $i(1 \leqslant i \neq c \leqslant p - 1)$,均有 $|Y_i| \leqslant 2p - 4$. 若不然,有一 $i \neq c(1 \leqslant i \leqslant p - 1)$,使 $|Y_i| \geqslant 2p - 3$,则

$$|Y_c| \geqslant |Y_i| \geqslant 2p - 3$$

从 Y_i 中任取 $p - 1(< 2p - 3)$ 项设为 $\varepsilon_1, \varepsilon_2, \cdots, \varepsilon_{p-1}$,由引理 $1, 2p - 1$ 项序列

$$\underbrace{\theta_c, \theta_c, \cdots, \theta_c}_{p-1 \text{个}}, \varepsilon_1, \varepsilon_2, \cdots, \varepsilon_{p-1}, \gamma \tag{4}$$

中必有 p 项按任何顺序相乘,积均在 H 中,易知这样的 p 项必含 θ_c, γ 和某 $\varepsilon_d(1 \leqslant d \leqslant p - 1)$,于是有式(4)的如下形式的 p 项

$$\theta_c, \gamma, \varepsilon_d, \eta_1, \eta_2, \cdots, \eta_{p-3} \tag{5}$$

按任何顺序相乘,积均在 H 中,从而在 $\{\alpha_0^p, \alpha_j^p\}$ 中. 但如前(关于 $\sum\limits_{1 \leqslant i \leqslant p-1} |X_i| \leqslant p$ 的证明)可证 $\theta_c \gamma \neq \gamma \theta_c$,从而 $\theta_c \gamma \varepsilon_d \eta_1 \eta_2 \cdots \eta_{p-3}$ 与 $\gamma \theta_c \varepsilon_d \eta_1 \eta_2 \cdots \eta_{p-3}$ 中必有一者为 α_0^p.

因式(5)中最多有 $p - 2$ 项为 θ_c,因此除式(5)中的项,还可从 Y_c 剩下的项中取出 $p - 1$ 项,同理可从 Y_i

剩下的项中也取出 $p-1$ 项,再从 $a_{i_{l_1}},a_{i_{l_2}},\cdots,a_{i_{l_p}}$ 剩下的项中取一个 γ,并重复前面的步骤得另 p 项按某一顺序相乘,积为 α_0^p.这样,我们可只破坏 $R-R_j$ 中的一个序列 $(a_{i_{l_1}},a_{i_{l_2}},\cdots,a_{i_{l_p}})$,而由此得到两个(按序列项的顺序)积为 α_0^p,且无公共项的序列,类似于第一步之证明可得此与 R 的极大性矛盾.因此对任一 $i(1\leqslant i\neq c\leqslant p-1)$ 有 $|Y_i|\leqslant 2p-4$.于是当 $p=3$ 时

$$|Y_c|=3|R_j|-|Y_0|-|Y_{3-c}|$$
$$\geqslant 3(m-2k+3)-1-2$$
$$=3(m-2k+2)$$

取 $\alpha=\theta_c$ 便可.

下设 $p\geqslant 5$,如果有 i_1,i_2,i_3 互异且均异于 c,$1\leqslant i_1,i_2,i_3\leqslant p-1$,使得 $|Y_{i_1}|,|Y_{i_2}|,|Y_{i_3}|$ 均不小于 $p-1$,仿前知我们可只破坏 $R-R_j$ 中的一个序列 $(a_{i_{l_1}},a_{i_{l_2}},\cdots,a_{i_{l_p}})$,而得两个不交的 p 项序列,其项的积(按项的顺序)均为 α_0^p,与 R 的极大性矛盾.因此有

$$|Y_c|\geqslant p|R_j|-2(2p-4)-(p-4)(p-2)-1$$
$$\geqslant p(m-2k+3)-p^2+2p-1$$
$$>2p-3$$

(因为 $k\leqslant\dfrac{m+11}{6}$ 及 $m\geqslant 2p+1$).如果有 i_1,i_2,$1\leqslant i_1\neq c\neq i_2\leqslant p-1$,使

$$|Y_{i_1}|\geqslant p-1,\text{且 }|Y_{i_2}|\geqslant p-1$$

那么仿前仍可导出与 R 的极大性矛盾的结论.于是

$$|Y_c|\geqslant p|R_j|-(2p-4)-(p-3)(p-2)-1$$
$$>p(m-2k+4-p)$$

取 $\alpha = \theta_c$ 便整个地证明了本步结论.

  第五步 设 $m = p^r p_1^{r_1} \cdots p_h^{r_h}$, $p, p_1, \cdots, p_h$ 为互异的素数,$r \geqslant 0, r_i \geqslant 1, 1 \leqslant i \leqslant h, h \geqslant 1$. 我们要证下面的结论.

  ①G 的每个 Sylow $p-$子群均为循环群;② 凡阶为 p^r 的因子的元均在 G 的中心内;③ 凡阶为 m 的因子的元均在 H 内;④ 若 $g_1 \cdot g_2 \in G - H$,它们的阶依次为 m_1, m_2,则 m_1 和 m_2 的最小公倍数 $[m_1, m_2] = \dfrac{pm}{l}$,这里 $l > p$ 为一个奇数.

  先证①. 当 $r=0$ 时,① 显然正确. 下设 $r \geqslant 1$,取 α,γ 同第四步的结论,因 $\alpha^p \gamma^{-p}$ 生成 H,故其阶为 $p^r p_1^{r_1} \cdots p_h^{r_h} (= m = |H|)$. 于是易知 p^r 整除 α^p 的阶或 γ^p 的阶,但 $\gamma \in H$,故 γ 的阶为 $p^{r-1} p_1^{r_1} \cdots p_h^{r_h}$ 的因子,从而必有 p^r 整除 α^p 的阶,进而 p^{r+1} 整除 α 的阶,于是 G 的 Sylow $p-$子群均为循环群.

  ② 因 α^p 与 α 及 $\alpha^p \gamma^{-p}$ 均可换,又 α 与 $\alpha^p \gamma^{-p}$ 生成 G,故 α^p 在 G 的中心内. 由 ① 的证明知,α^p 的阶可以写成 $p^r w$ 的形式,取 $\theta = \alpha^{pw}$,则 θ 生成的 p^r 阶子群在 G 的中心内,再由 ① 的结论及 Sylow 定理得 ②.

  ③H 可写成 $H = N \oplus M$,N 为 H 的唯一的 p^r 阶子群. 由 ① 及 Sylow 定理知 G 的 p^r 阶子群彼此共轭,再由 H 的正规性知 G 的 p^r 阶子群只有 N. 因此,若 G 的元的阶为 p^r 的因子,则其必在 N 内,又 M 显然是 G 的正规 $p-$补,因此,若 G 的元的阶为 $\dfrac{m}{p^r}$ 的因子,则其必在 M 内. 综上所述我们得 ③.

94

④ 显然有 l 使得 $[m_1,m_2]=\dfrac{pm}{l}$，由 ③，$p\nmid l$，又 p 是 $|G|$ 的最小素因子，故 l 为奇数．若 l 不大于 p，则必有 $l=1$，而 $[m_1,m_2]=pm$，于是存在 $\{1,2,\cdots,h\}$ 的两个子集 A 和 B 满足 $A\cup B=\{1,2,\cdots,h\}$，且使得当 $i\in A$ 时，$p_i^{r_i}\mid m_1$，而当 $i\in B$ 时，$p_i^{r_i}\mid m_2$．设 G 的唯一的 $p_i^{r_i}$ 阶子群（因 H 正规）为 $M_i(i=1,2,\cdots,h)$．当 $i\in A$ 时，由 ③ 知，$m_1=p^{r+1}p_i^{r_i}w$，取 $\eta=g_1^{p_i^{r_i}w}$，$\delta=g_1^{p^{r+1}w}$，则 $\eta\delta=\delta\eta$，而 η 生成 G 的某个 Sylow p － 子群，δ 生成 M_i，由此易知对任一 $i\in A,G$ 的任一 Sylow p － 子群的任一元与 M_i 的任一元可换；同理可证，对任一 $i\in B$ 有同样的结论．又 $A\cup B=\{1,2,\cdots,h\}$，由此易知 G 循环．矛盾．④ 得证．

第六步　这一步假定 m 为素数，我们来导出与反证假设矛盾的结论．

由第四步的结论我们可以取一个 $T_0\in\Omega$ 使 T_0 中有一个序列为 $(\underbrace{\alpha,\cdots,\alpha}_{p\,\text{个}})$，还有 $m-2k+2$ 个序列形如 $(\underbrace{\gamma,\cdots,\gamma}_{p\,\text{个}})$，除了刚刚提及的一个形如 $(\underbrace{\alpha,\cdots,\alpha}_{p\,\text{个}})$ 的序列，T_0 中还有 $m-2k+2$ 个序列

$$(\beta_{i_1},\beta_{i_2},\cdots,\beta_{i_p})\quad(i=1,\cdots,m-2k+2)$$

满足 $\beta_{i_1}\beta_{i_2}\cdots\beta_{i_p}=\alpha^p=1$，但 $(\alpha\gamma^{m-2k+2})^p=1$，于是

$$(\alpha\gamma^{m-2k+2})^p\prod_{i=1}^{2k-3}\beta_{i_1}\beta_{i_2}\cdots\beta_{i_p}=1$$

但 $2k-3\leqslant m-2k+2$，这表明 L 中有 pm 项按某一顺序相乘，积为 1．

第七步 m 为合数. α, γ 如第四步的结论所取那样, 由第五步的结论 α 和 $\alpha\gamma$ 的阶的最小公倍数为 $\frac{pm}{l}$, 其中 $l > p$ 为奇数. 由第四步的结论我们可取 $T_0 \in \Omega$, 使 T_0 有 $m - 2k + 4 - p$ 个如下形式的序列 $(\underbrace{\alpha, \cdots, \alpha}_{p \uparrow})$, 及 $m - 2k + 2$ 个如下形式的序列 $(\underbrace{\gamma, \cdots, \gamma}_{p \uparrow})$. T_0 中除了 $(m - 2k + 4 - p) \geqslant \frac{l-1}{2l} m$ (特征) 个形如 $(\underbrace{\alpha, \cdots, \alpha}_{p \uparrow})$ 的序列, 至少还有 $m - 2k + 3 - \frac{l-1}{2l} m \geqslant \frac{m}{l}$ (易证) 个 p 项序列

$$(\beta_{i_1}, \beta_{i_2}, \cdots, \beta_{i_p}) \quad (i = 1, \cdots, \frac{m}{l})$$

满足 $\beta_{i_1} \beta_{i_2} \cdots \beta_{i_p} = \alpha^p$, 于是

$$(\alpha\gamma)^{p^{\frac{l-1}{2l}m}} \prod_{i=1}^{\frac{m}{l}} \beta_{i_1} \beta_{i_2} \cdots \beta_{i_p} = 1$$

下面只需证

$$m - 2k + 4 - p \geqslant \frac{l-1}{2l} m$$

当 $p \geqslant 3$ 时, 因 m 为合数, p 为 pm 的最小素因子, 故 $m \geqslant p(p+2)$, 但 $m \neq p(p+2)$ (否则 $n = p^2(p+2)$, 由 Sylow 定理, G 的 Sylow $p-$子群 (p^2 阶) 必正规, 从而由第五步的结论, G 循环, 矛盾), 从而

$$m \geqslant p(p+4) > 6p$$

于是

$$m - 2k + 4 - p \geqslant m - 2\left(\frac{m+11}{6}\right) + 4 - \frac{m}{6}$$

$$> \frac{m}{2} > \frac{l-1}{2l}m$$

当 $p=2$ 时,如果 $m \geqslant 12$,那么证法同上.若 $m \leqslant 11$,因 m 为合数及 G 不是 $2-$群,故 $m=10,9,6$ 之一. 若 $m=10$,则必有 $k=3$,$l=5$,$m-2k+4-p=10-6+4-2=6 > \frac{5-1}{2 \times 5} \times 10$;若 $m=9$,则 $l \leqslant 9$,$k=3$,$m-2k+4-p=9-2 \times 3+4-2=5 > \frac{9-1}{2 \times 9} \times 9 \geqslant \frac{l-1}{2l} \times 9$;若 $m=6$,则必有 $l=3$,$k=2$,$m-2k+4-p=4 > \frac{3-1}{2 \times 3} \times 6$.至此,本章定理得证.

参考文献

［1］ERDÖS P, GINZBURG A, ZIV A. A theorem in additive number theory[J]. Bull. Res. Council Israel, 1961,10F: 41-43.

［2］OLSON J E. On a combinatorial problem of Erdös, Ginzburg and Ziv[J]. J. Number Theory, 1976, 8:52-57.

［3］BIALOSTOCKI A, DIERKER P. On the Erdös-Ginzburg-Ziv theorem and the Ramsey numbers for stars and matchings[J]. Discrete Math. , 1992, 110:1- 8.

［4］BAILEY C, RICHTER R B. Sum zero (mod n), size n subsets of integers[J]. Amer. Math. Monthly, 1989, 96: 240-242.

［5］高维东.从任意 $2n-1$ 个整数中必可选出 n 个使其和为 n 之倍数[J].东北师大学报(自然科学版),1985, 4:19-21.

［6］MANN H B. Two addition theorems[J]. J. Combin. Theory, 1967, 3:233-235.

［7］单墫,关于初等数论的一个猜想［J］.数学进展,1983,12：299-301.

［8］GAO W D. A combinatorial problem on finite Abelian groups［J］. J. Number Theory,1996,58(1)：100-103.

［9］YUSTER T, PETERSON B. A generalization of an addition theorem for solvable groups［J］. Canad. J. Math. , 1984,36：529--536.

［10］YUSTER T. Bounds for counter-examples to addition theorems in solvable groups［J］. Arch. Math. , 1988, 51：223-231.

［11］GAO W D. Addition theorems for finite Abelian groups ［J］. J. Number Theory, 1995, 53：241-246.

［12］高维东.加性群论和加性数论中的若干问题［D］.成都：四川大学,1994.

［13］BOVEY J D, ERDÖS P, NIVEN I. Conditions for zero-sum modulo n［J］. Canad. Math. Bull. , 1975, 18：27-29.

［14］高维东.关于 Z_n 上两种序列的结构［J］.数学进展,1993, 22：348-353.

［15］GAO W D. An addition theorem for finite cyclic groups ［J］. Discrete Math. , 1997, 163：257-265.

［16］EGGLETON R B, ERDÖS P. Two combinatorial problems in group theory［J］. Acta. Arith. , 1972, 21：111-116.

不可分的最小零和序列及判别方法[①]

第 5 章

1. 引言

设 G 是一个加性有限 Abel 群，在组合论中，群 G 中的一个有限序列 S 是由 G 中有限个元素组成的一个多重集（元素可以重复而不考虑它们的顺序），常常记为

$$S = (g_1, g_2, \cdots, g_l)$$

$$= g_1 g_2 \cdots g_l = \prod_{i=1}^{l} g^{v_g(S)}$$

其中 $v_g(S)$ 为 g 在序列 S 中出现的次数，或称为 g 在 S 中的重数. 若 $v_g(S) > 0$，则称 S 包含元素 g，记为 $g \in S$. 序列 T 称为序列 S 的子列，如果对于任意的 $g \in G$ 都有 $v_g(S) \leqslant v_g(T)$，记为 $T \mid S$.

① 摘编自《洛阳师范学院学报》，2008，2：4-6.

如果 $g_1 + g_2 + \cdots + g_l = 0$,那么我们称 S 为一个零和序列.如果 S 是一个零和序列,且其任意真子列都是零和自由序列,那么称 S 是最小零和序列.用 $\sigma(S)$ 表示序列 S 的和,即 $\sigma(S) = \sum_{i=1}^{l} g_i = \sum_{g \in G} v_g(S), g \in G.$

零和问题所研究的是在什么条件下,给定的序列 S 含有非空的满足规定要求的零和子列及相对应问题不含有零和子序列的结构.

1961 年,P. Erdös,A. Ginzburg 和 A. Ziv 证明了如下著名的 EGZ 定理:在循环群 C_n 中,任意 $2n-1$ 个元素都含有一个长度为 n 的零和子序列.这个结果是研究零和问题的起点.几年以后,P. C. Baayen,P. Erdös 和 H. Davenport 提出了下面的问题:对一个有限群 G,确定最小的正整数 d,使得对任意由 G 构成的 d 项序列都有一个零和子序列.这个最小的正整数 d 就是著名的 Davenport 常数.这两个问题是零和理论发展的源泉,由于在组合论、图论、Ramsey 理论、几何、代数数论等不同的领域都存在零和问题,因而零和问题与它们有着密切的联系,而且零和问题对这些领域的发展有着重要的影响.有关零和理论的综述文章可参见文[2-4].

高维东[5] 在研究零和序列时提出了下面一个重要概念.

定义 1 设 G 是有限 Abel 加法群,S 是 G 中的一个序列.若 S 是满足如下条件的最小零和序列(或者零和自由序列),存在 $g \in S$ 和 $x, y \in G$ 使得 $g = x + y$ 且

$Sg^{-1}xy$ 仍是最小零和序列(或者零和自由序列),则我们称 S 是可分的;否则,称 S 是不可分的.

从而在有限 Abel 群中,最小零和序列分为可分的和不可分的两种情形.我们经常遇到的大部分是不可分的最小零和序列,对于可分的最小零和序列,我们所知甚少.

洛阳师范学院数学科学学院的夏兴无教授在 2008 年给出了判别最小零和序列是否是可分的还是不可分的方法,并且还给出了不可分的最小零和序列的几类例子.

2. 不可分零和序列的判别方法

定理 1 设 S 是有限 Abel 群 G 中的一个最小零和序列,则 S 是不可分的充要条件是对任意 $a \in S$ 有 $|\sum(Sa^{-1})| = |G| - 1$,亦即 $\sum(Sa^{-1}) = G\backslash\{0\}$.

证明 如果 $|\sum(Sa^{-1})| = |G| - 1$,由于 S 是 G 中的一个最小零和序列,故有 $\sum(Sa^{-1}) = G\backslash\{0\}$ 和 $\sigma(Sa^{-1}) = -a$ 成立,从而对任意元素 $u \in G$,且 $u \neq -a$,必存在 S 的一个真子序列 T,使得 $\sigma(T) = u$. 因而,如果 $a = x+y, x \neq 0, y \neq 0$,那么必存在 Sa^{-1} 的一个真子序列 T_1,使得 $\sigma(T_1) = -x$,所以 $Sa^{-1}xy$ 不是最小零和序列,这意味着 S 是不可分的.

另外,如果 S 是不可分的,对 $a \in S$ 的任一表达式 $a = x+y$,其中 $x \neq a, y \neq a$,那么 $Sa^{-1}xy$ 不是最小零和序列.注意到 Sa^{-1} 是零和自由序列,且 $\sigma(Sa^{-1}xy) = 0$,因而存在 S 的一真子序列 T,满足 $x \in T, y \notin T$,且

$\sigma(T)=0$，故 Sa^{-1} 存在一真子序列 $T_1=T\backslash\{x\}$ 使得 $\sigma(T_1)=-x$ 和 $\sigma(Sa^{-1}T_1^{-1})=-y$ 成立. 换句话说，我们有 $-x\in\sum(Sa^{-1})$. 注意到 $-a=\sigma(Sa^{-1})$，因而有 $\sum(Sa^{-1})=G\backslash\{0\}$，故 $|\sum(Sa^{-1})|=|G|-1$.

例 1 $S=1^l\left(\dfrac{n+3}{2}\right)^{2t}\dfrac{n-1}{2}$，$l+3t=\dfrac{n+1}{2}$，在 $l\geqslant 3$，$t\geqslant 1$，$n>9$ 时，S 是不可分的.

证明 不难看出，S 是最小零和序列，下面将证明 S 是不可分的

$$\sum(1^{l-1}3^t)=\left\{1,\cdots,\frac{n-1}{2}\right\}$$

$$\frac{n-1}{2}+\left\{0,\cdots,\frac{n-1}{2}\right\}\subseteq\sum\left(1^{l-1}3^t\frac{n-1}{2}\right)\quad(l\geqslant 3)$$

$$\left\{1,\cdots,\frac{n-3}{2}\right\}\subseteq\sum\left(1^l\left(\frac{n-1}{2}+\frac{n-3}{2}\right)\cdot\right.$$

$$\left(\frac{n+3}{2}+\frac{n+3}{2}\right)^{t-1}\right)$$

$$=\sum(1^{l+1}3^{t-1})$$

$$l+1+3t-3=l+3t-2=\frac{n-3}{2}$$

$$\frac{n+3}{2}+\left\{0,\cdots,\frac{n-5}{2}\right\}\subseteq\sum\left(1^l3^{t-1}\frac{n+3}{2}\right)$$

$$\frac{n-1}{2}+\left\{0,\cdots,\frac{n-5}{2}\right\}\subseteq\sum\left(1^l3^{t-1}\frac{n-1}{2}\right)$$

$$\sum(1^l3^t)=\left\{1,\cdots,\frac{n+1}{2}\right\}$$

$$\sum\left(1^l3^{t-1}\frac{n+3}{2}\right)\supseteq\frac{n+3}{2}+\left\{0,\cdots,\frac{n-5}{2}\right\}$$

例 2 设 p 是 n 的一个素因子，$S=1^t(\frac{n}{p})^{p-1}(\frac{n}{p}+1)^{pl}$，且 $t+pl=\frac{n}{p}$，$t \geqslant pl$，则 S 是不可分的.

证明 不难看出 S 是最小零和序列，下面将证明 S 是不可分的.

当 $t \geqslant pl$ 时

$$\sum(1^{t-1}p^l) = \{1,\cdots,\frac{n}{p}-1\}$$

$$i\frac{n}{p}+\{0,\cdots,\frac{n}{p}-1\} \subseteq \sum(1^{t-1}p^l(\frac{n}{p})^l)$$

$$(i=1,\cdots,p-1)$$

$$S(\frac{n}{p})^{-1} = 1^t(\frac{n}{p})^{p-2}(1+\frac{n}{p})^l$$

$$\{1,\cdots,\frac{n}{p}\} = \sum(1^tp^l) = \sum(1^t(1+\frac{n}{p})^l)$$

$$i\frac{n}{p}+\{0,\cdots,\frac{n}{p}\} \subseteq \sum(1^tp^l(\frac{n}{p})^i)$$

$$(i=1,\cdots,p-2)$$

即

$$\{\frac{n}{p}+1,\cdots,n-\frac{n}{p}\} \subseteq \sum(1^tp^l(\frac{n}{p})^{p-2})$$

且

$$\{\frac{p-1}{p}n+1,\cdots,\frac{p-1}{p}n+p-1\}$$

$$\subseteq \frac{p-2}{p}n+\sum(1^t(\frac{n}{p}+1))$$

$$= \sum(1^t(\frac{n}{p}+1)(\frac{n}{p})^{p-2}) \quad (t \geqslant p)$$

$$\{n - \frac{n}{p} + p, n - \frac{n}{p} + p + 1, \cdots, n - 1\}$$

$$= \frac{p-1}{p}n + p - 1 + \{1, 2, \cdots, \frac{n}{p} - p\}$$

$$\subseteq \sum (1^t p^{l-1} (\frac{n}{p} + 1)^{p-1})$$

$$= \sum (1^t (1 + \frac{n}{p})^{pl-1})$$

$$S(1 + \frac{n}{p})^{-1} = 1^t (\frac{n}{p})^{p-1} (1 + \frac{n}{p})^{pl-1}$$

$$\{1, 2, \cdots, \frac{n}{p}\} \subseteq \sum (1^t (1 + \frac{n}{p})^{pl-1} \frac{n}{p})$$

$$\{\frac{n}{p}, \frac{n}{p} + 1, \cdots, n - \frac{n}{p}\}$$

$$= i\frac{n}{p} + \{0, 1, \cdots, \frac{n}{p}\}$$

$$\subseteq \sum (1^t (1 + \frac{n}{p})^{pl-1} \frac{n}{p} (\frac{n}{p})^i)$$

$$(i = 1, 2, \cdots, p - 2)$$

$$\{n - \frac{n}{p}, n - \frac{n}{p} + 1, \cdots, n - p\}$$

$$= \frac{p-1}{p}n + \{0, 1, \cdots, \frac{n}{p} - p\}$$

$$\subseteq \sum (1^t p^{l-1} (\frac{n}{p})^{p-1})$$

$$= \sum (1^t (1 + \frac{n}{p})^{p(l-1)} (\frac{n}{p})^{p-1})$$

$$n - p + 1 = \sigma (1^t p^{l-1} (\frac{n}{p} + 1) (\frac{n}{p})^{p-2})$$

$$n - p + i = \sigma (1^t p^{l-1} (\frac{n}{p} + 1)^i (\frac{n}{p})^{p-i-1})$$

$$(i = 1, 2, \cdots, p-1)$$

例 3　若 $S = 1^l \left(\dfrac{n+2a+1}{2} \right)^{2t} \dfrac{n-2a+1}{2}$，且 n 是奇数，$l \geqslant 2a+1, n \geqslant 6a+1, l + t(2a+1) = \dfrac{n+2a-1}{2}$，则 S 是不可分的.

证明　不难看出 S 是最小零和序列，下面将证明 S 是不可分的

$$\sum (1^{l-1}(2a+1)^t) = \{1, 2, \cdots, \frac{n+2a-3}{2}\}$$

$$\frac{n-2a+1}{2} + \{0, 1, \cdots, \frac{n+2a-3}{2}\}$$

$$\subseteq \sum (1^{l-1}(2a+1)^t \frac{n-2a+1}{2})$$

$$\{1, 2, \cdots, \frac{n-(2a+1)}{2}\} = \sum (1^{l+1}(2a+1)^{t-1})$$

$$\frac{n+2a+1}{2} + \{0, 1, \cdots, \frac{n-(2a+3)}{2}\}$$

$$\subseteq \sum (1^l(2a+1)^{t-1} \frac{n+2a+1}{2})$$

$$\frac{n-2a+1}{2} + \{0, 1, \cdots, \frac{n-(2a+3)}{2}\}$$

$$\subseteq \sum (1^l(2a+1)^{t-1} \frac{n+2a+1}{2})$$

$$\sum (1^l(2a+1)^t) = \{1, 2, \cdots, \frac{n+2a-1}{2}\}$$

$$\sum (1^l(2a+1)^{t-1} \frac{n+2a+1}{2})$$

$$\supseteq \frac{n+2a+1}{2} + \{0, 1, \cdots, \frac{n-(2a+3)}{2}\}$$

例 4   若 $1^l(\frac{n}{2}+a)^{2t}(\frac{n}{2}-a+1)$，且 $l+2at=\frac{n}{2}+a-1,l\geqslant 2a$，则 S 是不可分的.

证明

$$\sum(1^{l-1}(2a)^t)=\{1,2,\cdots,\frac{n}{2}+a-2\}$$

$$\frac{n}{2}-a+1+\{0,1,\cdots,\frac{n}{2}+a-2\}$$

$$\subseteq\sum(1^{l-1}(2a)^t(\frac{n}{2}-a+1))$$

$$\{1,2,\cdots,\frac{n}{2}-a\}=\sum(1^{l+1}(2a)^{t-1})$$

$$\frac{n}{2}+a+\{0,1,\cdots,\frac{n}{2}-a-1\}$$

$$\subseteq\sum(1^l(2a)^{t-1}(\frac{n}{2}+a))$$

$$\frac{n}{2}-a+1+\{0,1,\cdots,\frac{n}{2}-a-1\}$$

$$\subseteq\sum(1^l(2a)^{t-1}(\frac{n}{2}-a+1))$$

$$\sum(1^l(2a)^t)=\{1,2,\cdots,\frac{n}{2}+a-1\}$$

$$\frac{n}{2}+a+\{0,1,\cdots,\frac{n}{2}-a-1\}$$

$$\subseteq\sum(1^l(2a)^{t-1}(\frac{n}{2}+a))$$

参考文献

[1] ERDÖS P，GINZBURG A，ZIV A. A theorem in additive number theory[J]. Bull. Res. Council Israel，1961，10F：41-43.

［2］CARD Y. Zero-sum problems：A survey［J］. Discrete Math. ，1996，152：93-113.

［3］CARD Y. Problems in zero-sum combinatorics［J］. J. London Math. Soc. ，1997，55：427-434.

［4］GAO W D，GEROL DINGER A. Zero-sum problems in finite Abelian groups：A survey［J］. Expp. Math. ，2006，24 (4)：337-369.

［5］GAO W D. Zero-sums in finite cyclic groups［J］. Integers：Electronic J. Combinatorial Number Theory，2000，10(A12)：7.

关于 Erdös-Ginzburg-Ziv 定理的一个注记[①]

第 6 章

令 G 为 n 阶加法 Abel 群（交换群），$S=\{a_i\}_{i=1}^{2n-1}$ 为 G 中含有 $2n-1$ 个元素的序列. 对 $a \in G$，用 $r(S,a)$ 表示 a 写成 S 中 n 项之和的方法数. 如果 G 为 F 的加法群的子群，其中 F 为素特征 p 的域，那么 $r(S,0) \equiv 1(\mathrm{mod}\ p)$，且 $r(S,a) \equiv 0(\mathrm{mod}\ p)$ $(a \in G\backslash\{0\})$. 南京大学数学系的刘建新、孙智伟两位教授在 2001 年推广了文献[2]中高维东关于 Erdös-Ginzburg-Ziv 定理的工作.

令 G 为 n 阶加法 Abel 群，$S=\{a_i\}_{i=1}^{2n-1}$ 为 G 中含有 $2n-1$ 个元素的序列. 设

① 编译自《南京大学学报（自然科学版）》,2001,37(4):473-476.

$$r(S,a) = |\ \{I \subseteq \{1,2,\cdots,2n-1\}\ |\ |I| = n, \sum_{i \in I} a_i = a\}\ |$$

$$(1)$$

其中 $a \in G$，则 Erdös-Ginzburg-Ziv[1] 的一个非常著名的定理断言：$r(S,0) \geqslant 1$。1996 年高维东[2] 证明了：当 n 是素数 p 时，有

$$r(S,a) = \begin{cases} 0(\bmod\ p), & \text{若 } a \neq 0 \\ 1(\bmod\ p), & \text{其他情况} \end{cases} \qquad (2)$$

本章中，我们的目的就是推广高维东的结论. 我们的主要结论如下：

定理 设 F 是素特征 p 的域，G 为 F 的加法群的子群，且 $|G| = n$. 设 $S = \{a_i\}_{i=1}^{2n-1}$ 为 G 中含有 $2n-1$ 个元素的序列，则对于所有的 $a \in G$，式（2）成立.

该定理将在后面给出证明.

推论 设 F 为一个包含 $q = p^h$ 个元素的有限域，其中 p 为素数，h 为正整数，则对于 $a_1, a_2, \cdots, a_{2q-1} \in F$，我们有

$$|\ \{I \subseteq \{1,2,\cdots,2q-1\}\ |\ |I| = q, \sum_{i \in I} a_i = 0\}\ |$$

$$\equiv 1(\bmod\ p)$$

$$(3)$$

证明 由于 F 为特征 p 的域，对 $G = F$，我们可应用上述定理.

在本章中，一个空积取值 1 的同时，一个空和取值 0.

首先，我们给出一个引理.

引理 设 $n = p^h$，p 为素数，h 为一个非负整数，

则有

$$\begin{bmatrix} 2n-1 \\ n-1 \end{bmatrix} \equiv 1 \pmod{p} \qquad (4)$$

且

$$\begin{bmatrix} 2n-1-k \\ n-1 \end{bmatrix} \equiv 0 \pmod{p} \quad (k=1,2,\cdots,n-1)$$

$$(5)$$

证明　当 $h=0$ 时,结论显然成立.

假设 $h \geqslant 1$,令 $k \in \{0,1,\cdots,n-1\}$. 由于 $n-1-k < n = p^h$,我们可将 $n-1-k$ 写成形式 $\sum_{i=0}^{h-1} k_i p^i$,其中 $k_i \in \{0,1,\cdots,p-1\}$,因此有

$$\begin{bmatrix} 2n-1-k \\ n-1 \end{bmatrix} = \begin{bmatrix} 1 \cdot p^h + k_{h-1}p^{h-1} + \cdots + h_0 p^0 \\ 0 \cdot p^h + (p-1)p^{h-1} + \cdots + (p-1)p^0 \end{bmatrix}$$

应用 Lucas 的一个著名定理得

$$\begin{bmatrix} 2n-1-k \\ n-1 \end{bmatrix} = \begin{bmatrix} 1 \\ 0 \end{bmatrix} \begin{bmatrix} k_{h-1} \\ p-1 \end{bmatrix} \cdots \begin{bmatrix} k_0 \\ p-1 \end{bmatrix} \pmod{p}$$

若 $k=0$,则 $k_0 = \cdots = k_{h-1} = p-1$,从而

$$\begin{bmatrix} 2n-1-k \\ n-1 \end{bmatrix} \equiv 1 \pmod{p}$$

当 $0 < k < n$ 时,显然有 $k_i < p-1, 0 \leqslant i \leqslant h-1$. 因此

$$\begin{bmatrix} 2n-1-k \\ n-1 \end{bmatrix} \equiv 0 \pmod{p}$$

证毕.

定理的证明　若素数 q 整除 $n=|G|$,则利用群理论中的 Cauchy 定理(例如 Rose 的定理 5.11[3])可知,

G 有一个 q 阶元素 x；因此 $qx=0$，且 $p\mid q$（亦即 $p=q$）. 由于 x 是非零的，且 p 为 F 的特征，这表明对于某个非负整数 h，有 $n=p^h$.

令 m 为比 n 稍微小的非负整数，利用多项式定理，有

$$\sum_{a\in G} r(S,a)a^m$$

$$=\sum_{\substack{J\subseteq\{1,2,\cdots,2n-1\}\\|J|=n}}\left(\sum_{j\in J}a_j\right)^m$$

$$=\sum_{\substack{I\subseteq\{1,2,\cdots,2n-1\}\\|I|\leqslant n}}\sum_{\substack{J\subseteq\{1,2,\cdots,2n-1\}\\|J|=n}}\sum_{\substack{m_j\geqslant 1,j\in I\\m_j=0,j\in J\setminus I\\\sum_{j\in J}m_j=m}}\frac{m!}{\prod_{j\in J}(m_j!)}\prod_{j\in J}a_j^{m_j}$$

$$=\sum_{\substack{I\subseteq\{1,2,\cdots,2n-1\}\\|I|\leqslant n}}\binom{2n-1-|I|}{n-|I|}\sum_{\substack{m_i\geqslant 1,i\in I\\|I|\leqslant\sum_{i\in I}m_i=m}}\frac{m!}{\prod_{i\in I}(m_i!)}\prod_{i\in I}a_i^{m_i}$$

$$=\sum_{\substack{I\subseteq\{1,2,\cdots,2n-1\}\\|I|\leqslant n-1}}\binom{2n-1-|I|}{n-|I|}\sum_{\substack{m_i\geqslant 1,i\in I\\\sum_{i\in I}m_i=m}}\frac{m!}{\prod_{i\in I}(m_i!)}\prod_{i\in I}a_i^{m_i}$$

应用引理，并注意特征 p 的域 F，我们可得

$$\sum_{a\in G} r(S,a)a^m=\sum_{\substack{m_i\geqslant 1,i\in I\\0=\sum_{i\in I}m_i=m}}\frac{m!}{\prod_{i\in I}(m_i!)}\prod_{i\in I}a_i^{m_i}$$

$$=\begin{cases}1,&\text{若 }m=0\\0,&\text{其他情形}\end{cases}$$

令 $g_0=0$，记 $G\setminus\{0\}=\{g_1,g_2,\cdots,g_{n-1}\}$. 考虑如下的 n 个线性方程

$$\begin{cases} \sum_{j=0}^{n-1} g_j^0 x_j = 1 \\ \sum_{j=0}^{n-1} g_j^1 x_j = 0 \\ \vdots \\ \sum_{j=0}^{n-1} g_j^{n-1} x_j = 0 \end{cases} \quad (6)$$

此系数的决定条件为

$$D = \begin{vmatrix} 1 & 1 & \cdots & 1 \\ 0 & g_1 & \cdots & g_{n-1} \\ \vdots & \vdots & & \vdots \\ 0 & g_1^{n-1} & \cdots & g_{n-1}^{n-1} \end{vmatrix} = \begin{vmatrix} g_1 & \cdots & g_{n-1} \\ \vdots & & \vdots \\ g_1^{n-1} & \cdots & g_{n-1}^{n-1} \end{vmatrix}$$

$$= g_1 \cdots g_{n-1} \prod_{1 \leqslant s < t < n} (g_t - g_s) \neq 0$$

所以式(6)有一个唯一解. 由最后一段可知, 若 $x_j = r(S, g_j) = 1 (j = 0, \cdots, n-1)$, 则式(6)成立. 另外, 显然式(6)有解 $x_0 = 1, x_1 = \cdots = x_{n-1} = 0$. 由于 F 为特征 p 的域, 则 $r(S, 0) = r(S, g_0) \equiv 1 (\bmod\ p), r(S, g_j) \equiv 0 (\bmod\ p), j = 1, \cdots, n-1$. 证毕.

参考文献

[1] ERDÖS P, GINZBURG A, ZIV A. A theorem in additive number theory[J]. Bull. Res Council Israel, 1961, 10F: 41-43.

[2] GAO W D. Two addition theorems on groups of prime order[J]. J. Number Theory, 1996, 56: 211-213.

[3] ROSE J S. A course on group theory[M]. Cambridge: Cambridge Univ. Press, 1978.

Erdös-Ginzburg-Ziv 定理的一个新证明[①]

第 7 章

　　烟台教育学院的刘慧钦和中国石油大学计算机系的王智广两位教授给出了 Erdös-Ginzburg-Ziv 定理的一个新证明.

　　令 C_n 为 n 阶循环群，$S = (a_1, \cdots, a_k)$ 为 C_n 中的一个元序列. 我们用 $\sum(S)$ 表示由所有满足如下条件的元素组成的集合，这些元素可以表示 S 的一个非空子序列上的和，即

$$\sum(S) = \{a_{i_1} + \cdots + a_{i_l} \mid 1 \leqslant i_1 < \cdots < i_l \leqslant k\}$$

　　① 编译自 *Journal of Mathematical Research & Exposition*，2004,24(1):89-90.

如果 $\sum\limits_{i=1}^{k} a_i = 0$，那么称 S 为零和序列. 在 1961 年，Erdös，Ginzburg 和 Ziv 证明了：C_n 中每一个含有 $2n-1$ 个元素的序列都包含一个长度为 n 的零和子序列，这就是著名的 Erdös-Ginzburg-Ziv 定理（简称 EGZ 定理），并且此定理已有 10 多种不同的证明方法了，其中的一些证法可在文献[1] 中找到. 下面我们简短地给出 EGZ 定理的一个新证明.

容易证明 EGZ 定理是多重的，亦即：如果定理对于 $n=k$ 和 $n=l$ 成立，那么它对于 $n=kl$ 也成立. 因此，为了证明 EGZ 定理，只需证明对于所有素数 p，定理也成立.

Erdös-Ginzburg-Ziv 定理的一个新证明　令 p 为一个素数，$S=(a_1,\cdots,a_{2p-1})$ 为 C_p 中含有 $2p-1$ 个元素的序列. 我们可以证明 S 包含一个长度为 p 的零和子序列. 若 C_p 的某个元素在 S 中出现了至少 p 次，则我们可以得证. 否则，没有元素可以在 S 中出现多于 $p-1$ 次. 因此，我们可以重新对下标进行排序，使得对于每一个 $i=1,2,\cdots,p-1$，有 $a_i \neq a_{p+i}$ 成立. 令 $b_i = a_i - a_{p+i}$，$i=1,2,\cdots,p-1$，我们分两种情况讨论：

情况 1：若 $a_1 + a_2 + \cdots + a_p = 0$，则定理得证.

情况 2：若 $a_1 + a_2 + \cdots + a_p \neq 0$，令 $T_i = (b_1,\cdots,b_i)(i=1,2,\cdots,p-1)$，我们断言

$$\left| \sum(T_i)\backslash\{0\} \right| \geqslant i \tag{1}$$

对于每个 $i=1,2,\cdots,p-1$ 成立.

我们对 i 继续用归纳法. 对于 $i=1$，结论是显然

114

的. 假定式(1)对$i \leqslant p-2$成立,我们想要证明它对$i+1$也成立. 用反证法,假设$| \sum(T_{i+1}) \backslash \{0\} | < i+1$,那么

$$i \leqslant | \sum(T_i) \backslash \{0\} | \leqslant | \sum(T_{i+1}) \backslash \{0\} | \leqslant i$$

这就使得

$$| \sum(T_i) \backslash \{0\} | = i = | \sum(T_{i+1}) \backslash \{0\} |$$

及

$$\sum(T_i) \backslash \{0\} = \sum(T_{i+1}) \backslash \{0\}$$

假定$\sum(T_i) \backslash \{0\} = \{c_1, c_2, \cdots, c_i\}$,注意到$b_{i+1}, b_{i+1}+c_1, \cdots, b_{i+1}+c_i$是两两互不相同的,并且都满足$\sum(T_{i+1}) = \sum(T_i)$,于是我们得到

$$\{b_{i+1}, b_{i+1}+c_1, \cdots, b_{i+1}+c_i\} = \{0, c_1, \cdots, c_i\}$$

因此

$$b_{i+1} + \sum_{j=1}^{i}(b_{i+1}+c_j) = 0 + \sum_{j=1}^{i}c_j$$

从而

$$(i+1)b_{i+1} = 0$$

得出矛盾(对$2 \leqslant i+1 \leqslant p-1, b_{i+1} \neq 0$). 故证得式(1)成立. 由式(1),知

$$\sum(T_{p-1}) \backslash \{0\} = C_p \backslash \{0\}$$

特别地,$a_1 + a_2 + \cdots + a_p \in \sum(T_{p-1}) \backslash \{0\}$.

不失一般性,我们可假设

$$a_1 + a_2 + \cdots + a_p = b_1 + b_2 + \cdots + b_t$$

其中

$$t \in \{1, 2, \cdots, p-1\}$$

则有

$$a_{p+1} + \cdots + a_{p+t} + a_{t+1} + \cdots + a_p = 0$$

定理得证.

参考文献

［1］ALON N, DUBINER M. Zero-sum sets of prescribed size ［J］. Combinatorics, 1993, 1：33-50.

［2］EDMÖS P, GINZBURG A, ZIV A. A theorem in additive number theory［J］. Bull. Res. Council Israel, 1961, 10F： 41-43.

116

关于有限交换半群的 Erdös-Ginzburg-Ziv 定理[①]

第 8 章

令 S 是一个有限加法交换半群,$\exp(S)$ 为 S 的周期,即 S 中元素的所有周期的最小公倍数. 对于 S 中元素的每个序列 T(允许重复),令 $\sigma(T) \in S$ 表示序列 T 中各项的和. 将 S 的 Davenport 常数 $D(S)$ 定义为最小正整数 d,使得长度至少为 d 的 S 中的每个序列 T 都包含一个真子序列 T',且满足 $\sigma(T') = \sigma(T)$. 定义 $E(S)$ 为最小的正整数 l,使得长度至少为 l 的 S 中的每个序列都包含一个子序列 T',满足 $|T| - |T'| = \lceil \dfrac{|S|}{\exp(S)} \rceil \exp(S)$,$\sigma(T') = \sigma(T)$. 当 S 是一个有限 Abel 群时,显然

---

① 编译自 *Semigroup Forum*,2014,88:555-568.

$$\lceil \frac{\lfloor S \rfloor}{\exp(S)} \rceil \exp(S) = \mid S \mid, E(S) = D(S) + \mid S \mid - 1$$

本章研究了对于所有的有限交换半群 S

$$E(S) \leqslant D(S) + \lceil \frac{\lfloor S \rfloor}{\exp(S)} \rceil \exp(S) - 1$$

是否仍然成立. 对于有限交换半群的某些分类,包括 group-free 半群、初等半群,以及带有一定约束条件的 Archimedes(阿基米德)半群,我们已经给出了上述问题的肯定回答.

1. 前言

零和理论(Zero-sum theory)是组合数论与加性数论中发展比较迅速的一个分支. 它研究的主要对象是 Abel 群中各项的序列(参见文献[1]或者专著[2]). 在各种应用的推动下,过去几年出现了(至少)三个重大的新方向:

(1)Abel 群中加权零和问题的研究.

(2) 交换半群(不一定可消)中零和问题的研究.

(3) 非交换半群中零和问题(Product-one 问题)的研究(参见文献[3-6]).

在本章中,我们主要来研究方向(2),令 G 是一个加法有限 Abel 群. 若序列 T 中所有项的和为零(G 的单位元素),则称 G 中元素的序列 T 为零和序列. 零和问题的研究始于两个主题的开创性研究,其中之一是 P. Erdös,A. Ginzburg 和 A. Ziv 于 1961 年取得的成果.

定理 1(Erdös-Ginzburg-Ziv[7]) n 阶加法有限

Abel 群中具有 $2n-1$ 个元素的每个序列都包含一个长度为 n 的零和子序列.

另一个出发点是研究有限 Abel 群 G 的 Davenport 常数 $D(G)$（以 H. Davenport 名字命名），它被定义为最小的整数 d，使得 G 中 d 个元素的每个序列 T 都包含一个非空零和子序列. 虽然关于这个常数的研究是 H. Davenport 在 1965 年提出的，但在 1962 年，K. Rogers[8] 就首次研究了这个常数，然而他的研究被这个领域的大多数学者忽略了.

设 G 是一个有限 Abel 群，对于满足 $\exp(G) \mid l$ 的每个整数 l，令 $s_l(G)$ 表示最小的整数 d，使得长度为 $\mid T \mid \geqslant d$ 的 G 上的每个序列 T 都包含一个长度为 l 的零和子序列. 对于 $l = \exp(G)$，简记 $s(G) = s_{\exp(G)}(G)$，它被称为 EGZ 常数；对于 $l = \mid G \mid$，简记 $E(G) = s_{\mid G \mid}(G)$，它有时也被称为 Gao-常数（参见文献[6]）. 在 1996 年，高维东建立了 Erdös-Ginzburg-Ziv 定理与 Davenport 常数之间的一个联系.

定理 2（Gao[9,10]）　若 G 是一个有限 Abel 群，则对于所有正整数 $l, s_l(G) = D(G) + l - 1, l \geqslant \mid G \mid$，$\exp(G) \mid l$.

由定理 2 可知

$$E(G) = D(G) + \mid G \mid - 1 \qquad (*)$$

这个公式引发了许多进一步的研究（参见文献[2, 11-17]），其中专著[2]的整个第 16 章对该结果进行了全面的研究. 事实上，该章的最后一个推论（推论 16.1, p.260）对初始公式（*）进行了广泛的推广，并

称之为 Ψ 一加权 Gao 定理. 公式 $E(G) = D(G) + |G| - 1$ 也被推广到一些有限群中(不一定可交换,例如,见文献[3,4]).

本章将 $E(G) = D(G) + |G| - 1$ 推广到一些抽象的有限交换半群中. 为了进行下去,我们需要做一些准备工作. 本章中有关零和理论的符号与文献[1]一致,有关交换半群的符号与文献[8]一致. 为使全文完整起见,我们先来介绍一些必要的知识.

在本章中,我们总是用 S 表示有限交换半群,用 G 表示有限交换群.

设 $F(S)$ 是具有基底 S 的(乘性的)自由交换幺半群. 那么,任意 $A \in F(S)$, 比如 $A = a_1 a_2 \cdots a_n$ 是半群 S 中的元素构成的一个序列. $F(S)$ 中的单位元素记作 $1 \in F(S)$(一般来说,单位元素也称为空序列). 对于任意子集 $S_0 \subset S$, 令 $A(S_0)$ 表示由 S_0 中的所有项构成的 A 的子序列.

半群 S 中的运算用"$+$"表示,S 中的单位元素用 0_S 表示(如果存在),即 S 中的唯一元素 e, 使得 $e + a = a$, 其中 $a \in S$. S 中的零元用 ∞_S 表示(如果存在),即 S 中的唯一元素 z, 使得 $z + a = z$, 其中 $a \in S$. 令

$$\sigma(A) = a_1 + a_2 + \cdots + a_n$$

表示序列 A 中所有项的和. 若 S 具有单位元素 0_S, 我们允许 $A = 1$ 或空序列,并采用惯例约定 $\sigma(1) = 0_S$. 定义

$$S^0 = \begin{cases} S, & \text{若 } S \text{ 有单位元素} \\ S \cup \{0\}, & \text{若 } S \text{ 没有单位元素} \end{cases}$$

对于任意元素 $a \in S$, 定义 a 的周期为最小的正整数 t,

使得 $ra = (r+t)a$ 对于某个整数 $r > 0$ 成立. 我们定义 $\exp(S)$ 为 S 的周期, 它是 S 中所有元素的周期的最小公倍数. 令 $A, B \in F(S)$ 为 S 上的序列. 如果 $B \mid A$, 且 $B \neq A$, 那么称 B 为 A 的真子序列. 对于 A 的某个真子序列 B, 如果 $\sigma(B) = \sigma(A)$, 那么称 A 是可约的 (注意, 如果 S 具有单位元素 0_S, 且 $\sigma(A) = 0_S$, 那么 B 可能是空序列 1); 否则, 称 A 是不可约的.

定义 1　令 S 为一个加法交换半群.

(1) 令 $d(S)$ 表示具有如下性质的最小整数 $l \in \mathbf{N}_0 \bigcup \{\infty\}$:

对于任意 $m \in \mathbf{N}, c_1, \cdots, c_m \in S$, 存在一个子集 $J \subset [1, m]$, 使得

$$|J| \leqslant l, \sum_{j=1}^{m} c_j = \sum_{j \in J} c_j$$

(2) 令 $D(S)$ 表示最小整数 $l \in \mathbf{N} \bigcup \{\infty\}$, 使得长度为 $|A| \geqslant l$ 的每个序列 $A \in F(S)$ 都是可约的.

(3) 称 $d(S)$ 为 S 的小 Davenport 常数, $D(S)$ 为 S 的大 Davenport 常数.

小 Davenport 常数是在文献[11]的定义 2.8.12 中引入的, 文献[24]首次研究了大 Davenport 常数, 为方便阅读, 我们陈述以下 (众所周知的) 结论.

命题 1　令 S 为一个有限交换半群, 则:

(1) $d(S) < \infty$;

(2) $D(S) = d(S) + 1$.

证明　(1) 见文献[11]中的命题 2.8.13.

(2) 取长度至少为 $d(S) + 1$ 的任意一个序列 $A \in$

$F(S)$,由 $d(S)$ 的定义知存在 A 的一个子序列 A',使得 $|A'| \leqslant d(S) < |A|$,且 $\sigma(A') = \sigma(A)$,这证明了

$$D(S) \leqslant d(S) + 1$$

接下来证明 $d(S) \leqslant D(S) - 1$. 取任意一个序列 $T \in F(S)$,令 T' 为 T 的最小(长度)子序列,使得 $\sigma(T') = \sigma(T)$. 由此可知 T' 是不可约的,且 $|T'| \leqslant D(S) - 1$. 由 T 的任意性,可得

$$d(S) \leqslant D(S) - 1$$

定义 2　将任意有限交换半群 S 中的 $E(S)$ 定义为最小正整数 l,使得长度为 l 的每个序列 $A \in F(S)$ 包含一个子序列 B,满足 $\sigma(B) = \sigma(A)$,且 $|A| - |B| = \kappa(S)$,其中

$$\kappa(S) = \lceil \frac{|S|}{\exp(S)} \rceil \exp(S) \tag{1}$$

注意,若 $S = G$ 是一个有限的 Abel 群,则不变量 $E(S)$ 与 $D(S)$ 分别与经典不变量 $D(G)$ 与 $E(G)$ 一致. 我们提出 $E(G) = D(G) + |G| - 1$ 的如下推广.

猜想 1　对任意有限交换半群 S,有

$$E(S) \leqslant D(S) + \kappa(S) - 1$$

当 S 包含单位元素 0_s,即 S 是一个有限交换幺半群时,上述不等式的反向不等式

$$E(S) \geqslant D(S) + \kappa(S) - 1$$

是平凡的. 极值序列可以通过将任意长度为 $D(S) - 1$ 的不可约序列与一个所有项等于 0_s 的长度为 $\kappa(S) - 1$ 的序列结合而得到. 因此,若猜想 1 正确,则蕴含如下猜想.

猜想 2　对于任意有限交换幺半群 S,有

$$E(S) = D(S) + \kappa(S) - 1$$

然而,为了使研究更普遍,单位元素的存在性不是必要的.我们将验证猜想 1 对于某些重要的有限交换半群成立,其中包括 group-free 有限交换半群、初等有限交换半群、带有一定约束条件的 Archimedes 有限交换半群.

2. group-free 半群

我们从一些定义开始叙述.

在交换半群 S 上,Green(格林)前序记作 $\leqslant_H$,定义为

$$a \leqslant_H b \Leftrightarrow a = b + t$$

其中 $t \in S^0$,Green 同余记作 H,它是 Green 引入的半群的基本关系,定义为

$$aHb \Leftrightarrow a \leqslant_H b \text{ 且 } b \leqslant_H a$$

对于 S 中的一个元素 a,令 H_a 为 H(包含 a)的同余类.我们称一个有限交换半群 S group-free,如果它的所有子群都是平凡的,等价地,$\exp(S) = 1$. group-free 有限交换半群是半群理论的基础,因为它具有如下性质.

性质 1(见文献[8],第 Ⅴ 章命题 2.3)　对于任意有限交换半群 S,商群 S/H group-free.

我们首先证明猜想 1 适用于任何 group-free 有限交换半群的情形,为此需要如下引理:

引理 1(见文献[18],第 Ⅴ 章命题 2.3)　对于任意 group-free 有限交换半群 S,Green 同余 H 在 S 上相等.

现在我们准备给出以下内容.

定理3 对于任意 group-free 有限交换半群 S,有
$$E(S) \leqslant D(S) + \kappa(S) - 1$$

证明 取长度为 $D(S) + \kappa(S) - 1$ 的任意一个序列 $T \in F(S)$. 根据 $D(S)$ 的定义,存在 T 上的一个子序列 T',满足

$$|T'| \leqslant D(S) - 1, \text{且 } \sigma(T') = \sigma(T)$$

令 T'' 表示 T 上的包含 T' 的子序列,即

$$T' \mid T''$$

且长度

$$|T''| = D(S) - 1 \tag{2}$$

注意,T'' 可能等于 T',例如,$|T'| = D(S) - 1$ 时,我们可以看到

$$\sigma(T') = \sigma(T) \leqslant_H \sigma(T'') \leqslant_H \sigma(T')$$

因此 $\sigma(T'') H \sigma(T)$. 由引理 1 可知

$$\sigma(T'') = \sigma(T)$$

结合式(2),定理证毕.

定义3 交换诣零半群 S 是一个具有零元 ∞_s 的交换半群,其中每个元素 x 都是幂零的,即 $nx = \infty_s, n > 0$.

因为任意有限交换诣零半群 group-free,所以我们有如下定理 3 的直接推论.

推论1 令 S 为一个有限交换诣零半群,则 $E(S) \leqslant D(S) + \kappa(S) - 1$.

在本章的剩余部分中,只需考虑 $\exp(S) > 1$ 的情形.两类重要的有限交换半群,即有限初等半群与有

限 Archimedes 半群,都是我们讨论的重点,因为这两类半群都是半群的两种分解的基本组成部分,即次直分解与半格分解. 多年来,这两种分解方法一直是交换半群理论的中流砥柱(见文献[13]).

3. 初等半群

关于次直分解,Birkhoff 在 1944 年证明了如下定理:

定理 4(见文献[8],第 Ⅳ 章定理 1.4)　每一个交换半群都是次直不可约交换半群的次直积.

因此,我们将给出关于次直分解的如下结果.

定理 4　对于任意次直不可约有限交换半群 S,$E(S) \leqslant D(S) + \kappa(S) - 1$.

为证明定理 4,需做如下准备工作:

引理 2[19]　任意次直不可约有限交换半群,或者是一个诣零半群,或者是一个 Abel 半群,或者是一个初等半群. 特别地,任何有限交换半群都是一个交换诣零半群、一个 Abel 群与几个初等半群的次直积.

定义 4　一个交换半群 S 是初等的,假如它是群 G 与诣零半群 N 的不相交并集,即 $S = G \cup N$,其中 N 是 S 的一个理想,N 的零元 ∞_N 是 S 的零元 ∞_S,G 的单位元是 S 的单位元.

引理 3(见文献[8],第 Ⅳ 章命题 3.2)　在任意交换诣零半群 N 上,N 上的关系 P_N 由 aP_Nb 定义 $\Leftrightarrow \infty : a = \infty : b$ 是 N 上的一个同余,且 $\{\infty_N\}$ 是一个 P_N 类,其中 $\infty : a = \{x \in N^0 : x + a = \infty_N\}$.

引理 4(见文献[8],第 Ⅳ 章命题 5.1)　在一个初

等半群 $S = G \cup N$ 中,每一个 $g \in G$ 在 N 上的作用置换每一个 P_N 一类.

引理 5 令 N 是一个有限交换诣零半群,a, b 是 N 中的两个元素,若 $a + b = a$,则 $a = \infty_N$.

证明 易证对某个 $n \in \mathbf{N}$,$a = a + b = a + 2b = \cdots = a + nb = \infty_N$,证毕.

引理 6 令 N 是一个有限交换诣零半群,a, b 是 N 中的两个元素,且 $a <_H b$,则 $\infty : b \subsetneqq \infty : a$.

证明 结论 $\infty : b \subseteq \infty : a$ 显然. 因此,我们需要证明 $\infty : b \neq \infty : a$. 若 $a = \infty_N$,则 $\infty : a = N^0 \neq N \supseteq \infty : b$. 因此,我们可以假设 $\infty_N <_H a$. 于是,N 中存在某个极小元素 c,使得

$$\infty_N <_H c \leqslant_H a$$

于是存在某个 $x \in N^0$,使得

$$a + x = c$$

因为 $a <_H b$,所以存在某个 $y \in N$,使得

$$b + y = a$$

因为 $c \neq \infty_N$,由引理 5,有 $c + y <_H c$,因此,结合 c 的极小性,有 $c + y = \infty_N$. 所以

$$a + (x + y) = (a + x) + y = c + y = \infty_N$$

$$b + (x + y) = (b + y) + x = a + x = c$$

于是 $x + y \in \infty : a$,$x + y \notin \infty : b$,证毕.

定理 4 的证明 由引理 2、定理 2 与推论 1,已足够证明 $S = G \cup N$ 是一个初等半群.

取长度为 $D(S) + \kappa(S) - 1$ 的任意一个序列 $T \in F(S)$,令

$$T_1 = T(G)$$

是由 G 中所有项构成的 T 的子序列,且令

$$T_2 = T(N)$$

是由 N 中所有项构成的 T 的子序列,则 T_1 与 T_2 不相交,且 $T_1 \cdot T_2 = T$.

若 $T_2 = 1$,是空序列,则 $T = T_1$ 是子半群 G(群)中元素的一个序列,因为 $D(S) \geqslant D(G)$,且 $\kappa(S) \geqslant |S| \geqslant |G|$ 是 $\exp(G) = \exp(S)$ 的一个倍数. 于是,由定理 2,存在 T 的一个子序列 T',满足

$$|T'| = \kappa(S)$$

且

$$\sigma(T') = 0_G = 0_S$$

令

$$T'' = T \cdot T'^{-1}$$

可见

$$\sigma(T'') = \sigma(T'') + 0_S = \sigma(T'') + \sigma(T') = \sigma(T)$$

因此只需考虑如下情形

$$T_2 \neq 1 \tag{3}$$

假设 $\sigma(T) = \infty_S$,则存在 T 的一个子序列 U,满足

$$\sigma(U) = \sigma(T)$$

且 $|U| \leqslant D(S) - 1$. 取 T 的一个子序列 U',满足

$$U \mid U'$$

且

$$|U'| = D(S) - 1$$

可以验证

$$\sigma(U') = \sigma(U) + \sigma(U'U^{-1})$$

$$= \infty_S + \sigma(U'U^{-1})$$

$$= \infty_S = \sigma(T)$$

因此,我们只需考虑如下情形

$$\sigma(T) \neq \infty_S \qquad (4)$$

定义 G 的子群

$$K = \{g \in G \mid g + \sigma(T_2) = \sigma(T_2)\}$$

即,当考虑 G 在 N 上的作用时,在 G 中,K 是 $\sigma(T_2)$ 的稳定化子,我们可断言

$$D(S) \geqslant \mid T_2 \mid + D(G/K) \qquad (5)$$

取一个子序列 $W \in F(G) \subseteq F(S)$,使得在商群 G/K 中,$\varphi_{G/K}(W)$ 是零和自由的,且

$$\mid W \mid = D(G/K) - 1$$

其中 $\varphi_{G/K}$ 表示 G/K 上 G 的典范满态射. 为证明式(5),只需证明 $W \cdot T_2$ 在 S 中是不可约的. 用反证法,假设 $W \cdot T_2$ 包含一个真子序列 V,且

$$\sigma(V) = \sigma(W \cdot T_2) \qquad (6)$$

令

$$V = V_1 \cdot V_2$$

且

$$V_1 \mid W$$
$$V_2 \mid T_2 \qquad (7)$$

由式(3) 可知 $\sigma(W \cdot T_2) \in N$,这蕴含

$$V_2 \neq 1$$

由引理 4 可知,$\sigma(V_2)P_N\sigma(V)$ 且 $\sigma(T_2)P_N\sigma(W \cdot T_2)$,结合式(6) 可知

$$\sigma(V_2)P_N\sigma(T_2) \qquad (8)$$

由式(4) 可知

$$\sigma(T_2) \neq \infty_N \qquad (9)$$

由式(7)可知

$$\sigma(T_2) \leqslant_H \sigma(V_2)$$

其中 $\leqslant_H$ 表示诣零群 N 中的 Green 前序,结合式(8)与引理 6,可得 $\sigma(T_2) H \sigma(V_2)$. 于是,由引理 1 可得

$$\sigma(T_2) = \sigma(V_2)$$

结合(7),(9)两式与引理 5,可得结论

$$V_2 = T_2$$

由 V 是 $W \cdot T_2$ 的真子序列,可知 $V_1 \neq W$. 因为 $\varphi_{G/K}(W)$ 在群 G/K 中零和自由,所以 $\sigma(V_1) - \sigma(W) \notin K$,因此

$$\begin{aligned}
\sigma(V) &= \sigma(V_1) + \sigma(V_2) \\
&= \sigma(V_1) + \sigma(T_2) \\
&\neq \sigma(W) + \sigma(T_2) \\
&= \sigma(W \cdot T_2)
\end{aligned}$$

与式(6)矛盾,式(5)得证.

由式(5)可得

$$\begin{aligned}
|T_1| &= |T| - |T_2| \\
&\geqslant D(S) + \kappa(S) - 1 - (D(S) - D(G/K)) \\
&= D(G/K) + \kappa(S) - 1
\end{aligned}$$

应用定理 2,可知 T_1 包含一个子序列 T_1',且

$$|T_1'| = \kappa(S)$$

使得 $\varphi_{G/K}(\sigma(T_1')) = 0_{G/K}$,即

$$\sigma(T_1') \in K \tag{10}$$

令 $T_2' = T \cdot T_1'^{-1}$,注意到 $T_2 \mid T_2'$,式(10)可验证

$$\begin{aligned}
\sigma(T) &= \sigma(T_1') + \sigma(T_2') \\
&= \sigma(T_1') + (\sigma(T_2) + \sigma(T_2' \cdot T_2^{-1})) \\
&= (\sigma(T_1') + \sigma(T_2)) + \sigma(T_2' \cdot T_2^{-1}) \\
&= \sigma(T_2) + \sigma(T_2' \cdot T_2^{-1})
\end{aligned}$$

$$=\sigma(T_2')$$

定理证毕.

我们注意到,由于初等半群 $S=G\bigcup N$ 具有一个单位元素 $0_S=0_G$,如前文所述,上述定理中的等式仍然成立,即 $E(S)=D(S)+\kappa(S)-1$.

4. Archimedes 半群

在本部分中,我们将讨论与半群的半格分解有关的半群分类问题. 有限交换半群的半格分解已由 Schwarz[20] 与 Thierrin[21] 获得,然后由 Tamura 与 Kimura[22] 拓展到所有交换半群,并证明了如下定理.

定理 5 每个交换半群都是一个交换 Archimedes 半群的半格.

定义 5 一个交换半群 S 称为 Archimedes 的,如果对于任意两个元素 $a,b\in S$,存在 $m,n>0$,且 x,$y\in S$,满足 $ma=b+x,mb=a+y$.

准确地说,对于任意交换半群 S,存在一个半格 Y 与一个分解 $S=\bigcup_{a\in Y}S_a$,子半群 S_a(对于每个 $a\in Y$)满足 $S_a+S_b\subseteq S_{a\cap b}$,其中所有 $a,b\in Y$. 此外,每个分量 S_a 是 Archimedes 的. 因此,我们将在下面考虑 Archimedes 情形下的猜想 1,接下来需要做几项准备工作.

定义 6 若对于某个 $t>0$,$|\underbrace{S+\cdots+S}_{t个}|=1$,则称交换半群 S 是幂零的,对于任意交换幂零半群 S,这种正整数 t 的最小值称为幂零指数,用 $L(S)$ 表示.

注意,当交换半群 S 有限时,S 幂零当且仅当 S 是一个诣零半群. 关于有限半群,著名的 Kleitman-Rothschild-Spencer 猜想(见文献[23])指出:从统计

方向看,几乎所有的有限半群均是幂零的,指数至多为 3,这方面有相当多的依据,但原始证明中的缺漏仍未填补.对于这个猜想的交换情形,也有一些证据.

我们需要给出一些重要的概念,即 Rees(里斯)同余与 Rees 商.令 I 是交换半群 S 的一个理想,关系 J 定义为

$$aJb \Leftrightarrow a = b \text{ 或 } a, b \in I$$

即 S 上的一个同余,理想 I 的 Rees 同余.令 S/I 表示商半群 S/J,也被称为 S 通过 I 的 Rees 商半群.由 Rees[24] 在 1940 年引入的 Rees 同余与 Rees 商半群已经成为半群理论的基本概念之一.在某种意义上,Rees 商半群是通过将 I 挤压成零元(若 $I \neq \varnothing$)得到的,并且 $S \backslash I$ 保持原样.因此,不难得到如下引理:

引理 7 对于有限交换半群 S 的任意理想 I, $D(S) \geqslant D(S/I)$.

引理 8(见文献[18],第 Ⅲ 章命题 3.1) 包含一个幂零元 e 的交换半群 S(例如有限交换半群)是 Archimedes 的,当且仅当通过一个交换诣零半群 N,它是 Abel 群 G 的一个理想扩张;则 S 具有一个核 $K = H_e = e + S$,且 S/K 是一个交换诣零半群.

引理 9 对于任意有限交换诣零半群 $N, L(N) \leqslant D(N) \leqslant L(N) + 1$.

证明 由 $L(N)$ 的定义,存在一个序列 $T \in F(N)$,满足 $|T| = L(N) - 1, \sigma(T) \neq \infty_N$.由引理 5,可知 T 是不可约的,这蕴含 $D(N) \geqslant |T| + 1 = L(N)$.另外,因为任意长度为 $L(N)$ 的 $F(N)$ 中的序列具有一个和 ∞_N,所以 $D(N) \leqslant L(N) + 1$,证毕.

现在,我们可以给出 Archimedes 半群的如下

131

结果.

定理 6 对于任意有限 Archimedes 半群 S, $E(S) \leqslant D(S) + \kappa(S)$. 此外,若诣零半群 S/K 有一个至多为 3 的幂零指数,则 $E(S) \leqslant D(S) + \kappa(S) - 1$, 其中 K 表示 S 的核.

证明 令 e 为 S 的唯一幂等元,由引理 8 可知核 $K = H_e = e + S$, 且 Rees 商半群

$$N = S/K \tag{11}$$

是一个诣零半群. 由定理 2 与推论 1, 只需考虑 K 与 N 非平凡的情形. 我们断言

$$D(S) \geqslant \max\{D(N), D(K) + 1\} \tag{12}$$

由式(11)与引理 7 可知 $D(S) \geqslant D(N)$. 取一个长度为 $|U| = D(K)$, 元素取自群 K(S 的核)的零和序列 U. 因为 S 是非平凡的,所以半群 S 没有单位元,这意味着 U 在 S 中是不可约的,因此

$$D(S) \geqslant |U| + 1 = D(K) + 1$$

式(12)证毕.

取一个长度为 $|T| = D(S) + \kappa(S) - \varepsilon$ 的序列 $T \in F(S)$, 其中, $\varepsilon = 0$ 或 $\varepsilon = 1$ 依据下面要证明的结论而定. 因为

$$|T| = D(S) + \kappa(S) - \varepsilon$$
$$\geqslant D(N) + \kappa(G) - \varepsilon \geqslant D(N)$$

由引理 9 可知 $\sigma(T)$ 属于 S 的核,即

$$\sigma(T) \in K \tag{13}$$

令 $\psi_K : S \to K$ 是由 S 到 K 的典范收缩,即

$$\psi_K(a) = e + a$$

对于每个 $a \in S$ 成立. 注意 $\psi_K(T)$ 是核 K 中元素的一个序列,长度为

$$|\psi_K(T)|=|T|=D(S)+\kappa(S)-\varepsilon\geqslant D(K)+\kappa(S)$$

因为 $|\kappa(S)|\geqslant|K|$ 且 $\exp(K)=\exp(S)|\kappa(S)$,由定理 2,知存在 T 的一个子序列 T',满足

$$|T'|=\kappa(S)$$

使得 $\psi_K(T')$ 是核 K 的一个零和序列,即

$$\psi_K(\sigma(T'))=\sigma(\psi_K(T'))=e \qquad (14)$$

现在我们可以提出如下断言:

断言　若 $D(S)-\varepsilon\geqslant L(N)$,则 $E(S)\leqslant D(S)+\kappa(S)-\varepsilon$.

因为 $|TT'^{-1}|=D(S)-\varepsilon\geqslant L(N)$,所以

$$\sigma(TT'^{-1})\in K$$

结合式(13)与式(14)可知

$$\begin{aligned}\sigma(TT'^{-1})&=\sigma(TT'^{-1})+e\\&=\sigma(TT'^{-1})+\psi_K(\sigma(T'))\\&=\sigma(TT'^{-1})+(e+\sigma(T'))\\&=(\sigma(TT'^{-1})+\sigma(T'))+e\\&=\sigma(T)+e\\&=\sigma(T)\end{aligned}$$

回忆 $|T'|=\kappa(S)$,断言证毕.

由式(12)及引理 9,当 $\varepsilon=0$ 时应用如上断言,可知

$$E(S)\leqslant D(S)+\kappa(S)$$

接下来证明,当 S/K 有一个至多为 3 的幂零指数时,$E(S)\leqslant D(S)+\kappa(S)-1$.取 $\varepsilon=1$,由如上断言,不失一般性,可假定 $D(S)\leqslant L(N)$.因为 K 非平凡,可知 $D(K)\geqslant 2$.结合 $L(N)\leqslant 3$ 与式(12)及引理 9,可得结论

$$D(S)=L(N)=3$$

且 $D(K)=2$ 蕴含

$$K = C_2$$

是两元素群. 取 T 的一个子序列 T', 长度为

$$|T''| \leqslant D(S) - 1$$

且

$$\sigma(T'') = \sigma(T)$$

若 $|T''| = D(S) - 1$, 证毕. 现在假设

$$|T''| < D(S) - 1$$

等价地

$$|TT''^{-1}| > \kappa(S)$$

由式 (13) 可知

$$\sigma(T'') \in K \qquad (15)$$

因此

$$\sigma(\psi_K(TT''^{-1})) = \psi_K(\sigma(TT''^{-1})) = e + \sigma(TT''^{-1}) = e$$

因为 $\exp(S) = \exp(K) = 2$, 我们可以找到 TT''^{-1} 的一个子序列 U, 其长度为 $\kappa(S)$, 使得

$$\sigma(\psi_K(U)) = e$$

因为 $T'' \mid TU^{-1}$, 由式 (15) 可知 $\sigma(TU^{-1}) \in K$, 所以

$$\begin{aligned}
\sigma(TU^{-1}) &= \sigma(TU^{-1}) + e \\
&= \sigma(TU^{-1}) + \sigma(\psi_K(U)) \\
&= \sigma(TU^{-1}) + \psi_K(\sigma(U)) \\
&= \sigma(TU^{-1}) + e + \sigma(U) \\
&= \sigma(T) + e \\
&= \sigma(T)
\end{aligned}$$

定理证毕.

参考文献

[1] GAO W D, GEROLDINGER A. Zero-sum problems in finite Abelian groups: A survey[J]. Expo. Math ,2006,

24：337-369.

[2] GRYNKIEWICZ D J. Structural additive theory [M]. Berlin：Springer,2013.

[3] BASS J. Improving the Erdös-Ginzburg-Ziv theorem for some non-Abelian groups [J]. J. Number Theory, 2007, 126：217-236.

[4] GAO W D, LI L Y. The Erdös-Ginzburg-Ziv theorem for finite solvable groups[J]. J. Pure Appl. Algebra,2010,214：898-909

[5] GEROLDINGER A, GRYNKIEWICZ D J. The large Davenport constant Ⅰ：Groups with a cyclic index 2 subgroup[J]. J. Pure Appl. Algebra ,2013,217：863-885.

[6] GRYNKIEWICZ D J. The large Davenport constant Ⅱ：General upper bounds[J]. J. Pure Appl. Algebra,2013, 217(12)：2221-2246.

[7] ERDÖS P, GINZBURG A, ZIV A. A theorem in additive number theory[J]. Bull. Res. Council. Israel, 1961,10F：41-43.

[8] ROGERS K. A combinatorial problem in Abelian groups [J]. Proc. Camb. Phil. Soc. ,1963,59：559-562.

[9] GAO W D. A combinatorial problem on finite Abelian groups[J]. J. Number Theory,1996, 58：100-103.

[10] GAO W D. On zero-sum subsequences of restricted size Ⅱ [J]. Discrete Math. ,2003,271：51-59.

[11] ADHIKARI S D, CHEN Y G. Davenport constant with weights and some related questions, Ⅱ [J]. J. Comb. Theory, Ser. A,2008, 115(1)：178-184.

[12] ADHIKARI S D, CHEN Y G, FRIEDTANDER J B, et al. Contributions to zero-sum problems [J]. Discrete Math. ,2006,306(1)：1-10.

[13] ADHIKARI S D, RATH P. Davenport constant with

weights and some related questions [J]. Integers: Electron. J. Comb. Number Theory ,2006,6:A30.

[14] GEROLDINGER A，HALTER-KOCH F. Non-unique factorizations：Algebraic，combinatorial and analytic theory[M]. New York：Chapman and Hall/CRC,2006.

[15] GRYNKIEWICZ D J，MARCHAN L E，ORDAZ O. A weighted generalization of two theorems of Gao [J]. Ramanujan J. ,2012,28(3),323-340.

[16] LUCA F. A generalization of a classical zero-sum problem [J]. Discrete Math. ,2007,307:1672-1678.

[17] YUAN P Z，ZENG X N. Davenport constant with weights[J]. Eur. J. Comb. ,2010,31:677-680.

[18] GRILLET P A. Commutative semigroups [M]. Amsterdam：Kluwer Academic，2001.

[19] GRILLET P A. On subdirectly irreducible commutative semigroups[J]. Pac. J. Math. ,1977,69:55-71.

[20] SCHWARZ S. Contribution to the theory of torsion semigroups[J]. Czechoslov. Math. J. ,1953,3:7-21.

[21] THIERRIN G. Sur quelques propriétés de certaines classes de demi-groupes [J]. C. R. Acad. Sci. Paris , 1954,239:1335-1337.

[22] TAMURA T，KIMURA N. On decompositions of a commutative semigroup[J]. Kodai Math. Semin. Rep. , 1954,6:109-112.

[23] KLEITMAN D J，ROTHSCHILD B R，SPENCER J H. The number of semigroups of order n[J]. Proc. Amer. Math. Soc. ,1976,55:227-232.

[24] REES D. On semi-groups[J]. Proc. Camb. Phil. Soc. , 1940,36:387-400.

[25] WANG G Q，GAO W D. Davenport constant for semigroups[J]. Semigroup Forum ,2008,76:234-238.

第三篇

Erdös-Ginzburg-Ziv 定理与图论

Erdös-Ginzburg-Ziv 定理与关于星图和匹配图的 Ramsey 数[①]

第
9
章

1. 前言

在文献[1]中，Erdös，Ginzburg 和 Ziv 给出了如下定理的一个简短且优美的证明.

EGZ 定理　若 $a_1, a_2, \cdots, a_{2m-1}$ 是一个由 $2m-1$ 个模 m 的剩余构成的序列，则存在 m 个数 $1 \leqslant i_1 < i_2 < \cdots < i_m \leqslant 2m-1$，使得

$$a_{i_1} + a_{i_2} + \cdots + a_{i_m} \equiv 0 (\bmod m)$$

在文献[2]中，Olson 使用了一些巧妙且基本的方法，通过将 m 阶循环群替换为任意 m 阶群，推广了上述定理，并得到一个类似的结论.

---

①　编译自 On the Erdös-Ginzburg-Ziv theorem and the Ramsey numbers for stars and matchings，作者 A. Bialostocki，P. Dierker.

Olson 提出了一个猜想,进一步推广了他的定理,在文献[3]中,Harborth 证明了 EGZ 定理的另一个推广.有关问题的进一步讨论见文献[4].1990 年,美国的 A. Bialostocki 和 P. Dierker 两位教授从组合的方向推广了 EGZ 定理.

注意,如果 EGZ 定理中的 a_i 取 0 或 1,那么利用鸽笼原理即可推导出该定理的结论.因此,EGZ 定理可以看作鸽笼原理的推广.受此启发,我们进一步发展了 EGZ 定理与 Ramsey 理论之间的联系.也就是说,我们证明了两个主要定理,它们既是 EGZ 定理的推广,也是 Ramsey 理论中一个著名定理的推广.

在第二部分中,我们证明了两个引理,由此引出下面的内容.

定理 1　令 m 是一个偶数,若 $c:e(K_{2m-1}) \rightarrow \{0, 1, \cdots, m-1\}$ 是一个映射,它将有 $2m-1$ 个顶点的完全图的边映射成 $\{0, 1, \cdots, m-1\}$,则在 K_{2m-1} 中存在一个星图 $K_{1,m}$,且边 $e_1, e_2, \cdots, e_m$ 使得

$$c(e_1) + c(e_2) + \cdots + c(e_m) \equiv 0 (\mathrm{mod}\ m)$$

在定理 1 中,如果 c 取值于集合 $\{0, 1\}$,那么该结论就是关于偶星图的著名的 Ramsey 数,参见文献[5].因此,定理 1 推广了定理:对于偶数 m,每个 $2-$着色 K_{2m-1} 包含一个单色 $K_{1,m}$.值得注意的是,EGZ 定理推广了定理:对于奇数 m,每个 $2-$着色 K_{2m} 包含一个单色 $K_{1,m}$.

在第三部分中,我们证明了两个引理,并引出下面的内容.

定理 2　设 m 是一个整数,若 $c:e(K^r_{(r+1)m-1}) \to \{0,1,\cdots,m-1\}$ 是一个映射,它将一个有 $(r+1)m-1$ 个元素的集合 S 的所有 $r-$ 子集映射成 $\{0,1,\cdots,m-1\}$,则存在 S 的 m 个两两不相交的 $r-$ 子集 $Z_1,Z_2,\cdots,Z_m$,使得

$$c(Z_1) + c(Z_2) + \cdots + c(Z_m) \equiv 0 \pmod{m}$$

同样,在定理 2 中,如果 c 取值于集合 $\{0,1\}$,那么该结论就是超图中关于匹配图的著名的 Ramsey 数,参见文献[6,7]. 因此,定理 2 推广了如下定理:$(r+1)m-1$ 个顶点上的每个 $2-$ 着色完全一致,$r-$ 超图包含 m 个相同着色的两两不相交的超边.此外,在定理 2 中取 $r=1$,就得到 EGZ 定理.

CD 定理　设 p 是一个素数,令 A,B 是基数分别为 a 与 b 的模 p 的剩余集合,则集合 $A+B = \{x+y \mid x \in A, y \in B\}$ 的基数至少是 $\min\{p, a+b-1\}$.

与本节内容研究方向一致的更多问题与结果参见文献[8-11].

2. 星图

下面的引理是当 m 为素数时,EGZ 定理的推广.

引理 1　设 m 是一个素数,若 $a_1,a_2,\cdots,a_{2m-1}$ 是一个由 $2m-1$ 个模 m 的剩余构成的序列,则存在 m 个数 $1 \leqslant i_1 < i_2 < \cdots < i_m \leqslant 2m-1$,使得

$$a_{i_1} + a_{i_2} + \cdots + a_{i_m} \equiv 0 \pmod{m} \tag{1}$$

此外,如果对于两个数 j,k,我们有 $a_j \neq a_k$,那么我们可以选择 $i_1,i_2,\cdots,i_m$,使得 j 和 k 不同时在它们当中,且满足同余式(1).

证明　如果所有的 a_i 都模 m 同余,那么对于 i_1, $i_2,\cdots,i_m$ 的每一种选择,都满足同余式(1),此外,引理的一部分也得到满足. 否则,令 j,k 满足 $a_j \neq a_k$. 从序列 $a_1,a_2,\cdots,a_{2m-1}$ 中删除 a_j,a_k,然后以如下方式重新排列余下的元素:它们中前 v_1 个元素模 m 同余,接下来的 v_2 个元素模 m 同余,依此类推,直到最后 v_u 个元素模 m 同余,其中 $v_1 \geqslant v_2 \geqslant \cdots \geqslant v_u$. 将重新排列的序列设为 $b_1,b_2,\cdots,b_{2m-3}$. 若 $v_1 \geqslant m$,则 $b_1,b_2,\cdots,b_m$ 满足同余式(1),且引理的一部分也得到满足. 因此,我们可以假设 $v_1 < m$. 令 $A_0 = \{a_j,a_k\}$, $A_i = \{b_i,b_{i+m-1}\}(i=1,2,\cdots,m-2)$,且 $A_{m-1} = \{b_{m-1}\}$. 因为 $v_1 < m$,所有的集合 $A_i(i=1,2,\cdots,m-2)$ 都由两个模 m 的不同剩余构成. 由 Cauchy-Davenport 定理,在集合 $A_0 + A_1 + \cdots + A_{m-1}$ 中,模 m 的不同剩余的个数为 m. 这里,0 表示 m 个 a_i 的和,且 a_j,a_k 不全在其中.

引理 2　设 m 是一个整数,$m \geqslant 3$. 若 $a_1,a_2,\cdots$, a_{2m-2} 是由 $2m-2$ 个模 m 的剩余构成的序列,并且不存在 m 个指标 $1 \leqslant i_1 < i_2 < \cdots < i_m \leqslant 2m-2$,使得

$$a_{i_1} + a_{i_2} + \cdots + a_{i_m} \equiv 0(\bmod\ m)$$

则存在两个模 m 的剩余类,使得 $m-1$ 个 a_i 属于其中一类,其余 $m-1$ 个 a_i 属于另一类.

证明　我们先来证明 m 为素数时的情形. 我们将证明:如果 a_i 中有 3 个不同的剩余,那么存在 m 个指标 $1 \leqslant i_1 < i_2 < \cdots < i_m \leqslant 2m-2$,使得

$$a_{i_1} + a_{i_2} + \cdots + a_{i_m} \equiv 0(\bmod\ m)$$

令 x,y,z 为序列中出现的 3 个不同的剩余类,并设 x

是最常见的剩余类. 从序列 $a_1, a_2, \cdots, a_{2m-2}$ 中删去等于 x 的一个元素, 等于 y 的一个元素以及等于 z 的一个元素, 并将序列中剩余的元素按如下方式排列: 前 s_1 个元素等于 x, 接下来的 s_2 个元素相等, 再接下来的 s_3 个元素也相等, 依此类推, 其中 $s_2 \geqslant s_3 \geqslant \cdots \geqslant s_k$. 我们上面所说的"相等"皆指"模 m 相等". 易得 $s_i \leqslant m - 2(i = 1, 2, \cdots, k)$. 令重新排列的序列为 $b_1, b_2, \cdots, b_{2m-5}$. 定义

$$A_i = \{b_i, b_{i+m-2}\} (i = 1, 2, \cdots, m-3)$$

且 $A_{m-2} = \{b_{m-2}\}$.

令 $B = \{x+y, x+z, y+z\}$. 因为 $|A_i| = 2(i = 1, 2, \cdots, m-3)$, $|B| = 3$, 利用 Cauchy-Davenport 定理, 我们可得集合 $A_1 + A_2 + \cdots + A_{m-2} + B$ 中存在 m 个不同的剩余类. 这就完成了引理 2 在 m 为素数的情况下的证明.

接下来我们证明: 如果引理 2 对一个整数 $m(m \geqslant 3)$ 成立, 那么它对整数 mp(p 是一个素数) 也成立. 设 $a_1, a_2, \cdots, a_{2mp-2}$ 是模 mp 的剩余的一个序列. 由 EGZ 定理, 在前 $2m-1$ 个 a_i 中有 m 个 a_i 的和模 m 余 0, 因此具有形式 $k_1 m$. 从序列中删除这 m 个 a_i, 并将此过程应用于剩余的序列. 经过 $2p-2$ 次上述步骤, 得到 $2p-2$ 个不相交的子序列 $t_1, t_2, \cdots, t_{2p-2}$, 其长度皆为 m, 且和分别具有形式 $k_1 m, k_2 m, \cdots, k_{2p-2} m$, 剩下一个长度为 $2m-2$ 的子序列, 即 $b_1, b_2, \cdots, b_{2m-2}$.

如果在 a_i 中有 3 个模 m 的不同剩余, 那么我们可以应用上述过程, 使这 3 个不同的剩余在 b_i($m \geqslant 4$)

中.如果 $m=3$,那么上面的论证不能保证这 3 个不同的剩余在 b_i 中.然而,应用上面的步骤 $2p-3$ 次,最终只剩下 7 个元素,其中 3 个是模 3 的不同剩余.通过简单的验证,我们可以找到两个不相交的集合,每个集合中有 3 个元素,其和模 3 余 0.因为我们假设引理 2 对 m 成立,所以它可以应用于 b_i,得到 m 个 b_i 的和模 m 余 0.因此,我们得到长度为 m 的 $2p-1$ 个子序列,且其和具有形式

$$k_1 m, k_2 m, \cdots, k_{2p-1} m$$

将 EGZ 定理应用于 $k_1, k_2, \cdots, k_{2p-1}$(视为模 p 的剩余),我们得到它们中的 p 个之和模 m 余 0.因此,我们得到 mp 个 a_i 之和模 mp 余 0,矛盾.

因此,我们可以假设 a_i 属于两个模 m 的剩余类,即 r 与 s.定义 R,S 分别为同余于 r,s 的 b_i 的子序列.令 R',S' 分别为同余于 r,s 的其余元素的子序列.如果 R 中的所有元素与 R' 中的所有元素模 mp 同余于 c,且 S 中的所有元素与 S' 中的所有元素模 mp 同余于 d,不存在 mp 个元素,其和模 mp 余 0,那么 $mp-1$ 个 a_i 模 mp 余 c,其余 $mp-1$ 个 a_i 模 mp 余 d,即得引理结论.因此,我们可以假设在某个子序列 t_w 中存在一个 a',且在 $b_1, b_2, \cdots, b_{2m-2}$ 中存在一个 b' 使得

$$a' \not\equiv b' (\bmod mp), a' \equiv b' (\bmod m)$$

令 t_w^* 是通过将 t_w 中的元素 a' 替换为 b' 而得到的一个子序列,并令 t_w^* 中元素的和具有形式 $k_w^* m$.因为 $a' \not\equiv b' (\bmod mp)$,所以 $k_w^* \not\equiv k_w (\bmod p)$.将引理 1 应用于序列 $k_1, k_2, \cdots, k_w, \cdots, k_{2p-2}, k_w^*$,我们得到一个子序列

（包含 p 个元素），其元素和模 p 余 0，并且 k_w 与 k_w^* 不同时出现在该子序列中．因此，可得 mp 个 a_i，其和模 mp 余 0，矛盾．为了完成证明，我们还需检验 $m = 4$ 的情形，这很容易．引理 2 证毕．

定理 1 的证明　设 c 是从 $e(K_{2m-1})$ 到 $\{0,1,\cdots, m-1\}$ 的一个映射，这是定理的一个反例．因为 K_{2m-1} 中每个顶点的度为 $2m-2$，且 $2m-1$ 个顶点上不存在 $(m-1)-$ 正则图，因此 c 的象集中至少有三个元素．

此外，如果从一个顶点出发的三条边被 c 映射成 3 个模 m 的不同剩余，那么由引理 2 即可推出定理 1．因此，我们可以假设每个顶点都与边相关联，且被映射成两个不同的剩余类．我们可以断言这两个剩余类具有相反的奇偶性．事实上，我们可能假设一个剩余类是 0．如果另一个剩余类是偶数，比如 a，那么 $\dfrac{m}{2}$ 条 $a-$ 着色边与 $\dfrac{m}{2}$ 条 $0-$ 着色边产生一个模 m 的零和星图 $K_{1,m}$．利用这些边的奇偶性，我们可以推导出 $e(K_{2m-1})$ 的一个 $2-$ 着色．如果这种着色避开了单色星图 $K_{1,m}$，那么它就与 $2-$ 着色 $K_{1,m}$（m 为偶数）的 Ramsey 数为 $2m-1$ 相矛盾．定理 1 证毕．

3. 匹配图

引理 3　设 G 是一个图，它的顶点集对应于 $S = \{1,2,\cdots,n\}$（$n \geqslant r$）的所有 $r-$ 子集，其中，如果 S 的相应子集的交集具有基数 $r-1$，那么两个顶点相邻，故 G 是连通的．

证明　令 X 与 Y 是 S 的两个 $r-$ 子集. 容易看出, 如果 $|X \cap Y|=d(0 \leqslant d \leqslant r-1)$, 那么我们可以找到 $r-d$ 个 S 的 $r-$ 子集, 比如 $A_0, A_1, \cdots, A_{r-d}$ 使得

$$A_0 = X$$

$$|A_3 \cap A_{i+1}|=r-1 \quad (i=0,1,\cdots,r-d-1)$$

$$A_{r-d}=Y$$

引理 4　设 $n \geqslant 2, r \geqslant 2$. 如果 $S=\{1,2,\cdots,(r+1)n-2\}$ 的所有 $r-$ 子集被划分为类, 那么以下两个结论必有一个成立:

（1）存在 S 的 n 个两两不相交的 $r-$ 子集, 比如 $A_1, A_2, \cdots, A_n$ 都属于一类;

（2）存在 S 的 $2n-2$ 个 $r-$ 子集, 比如 $A_1, A_2, \cdots, A_{n-1}, B_1, B_2, \cdots, B_{n-1}$, 使得对于所有 $i,j(1 \leqslant i < j \leqslant n-1)$:

a. $|A_i \cap B_i|=r-1$;

b. A_i 与 B_i 属于两个不同的类;

c. $(A_i \cup B_i) \cap (A_j \cap B_j) = \varnothing$.

证明　对 n 采用归纳法证明. 如果 $n=2$, 那么由引理 3 即知引理 4 成立. 假设引理 4 对大于 1 且小于 n 的整数都成立, 考虑 $(r+1)n-2$ 元集 S. 假设不存在满足（1）的 S 的 $r-$ 子集. 由引理 3, 存在 S 的两个 $r-$ 子集, 比如 X,Y, 属于两个不同的类, 且 $|X \cap Y|=r-1$. 令 $S'=S \backslash (X \cup Y)$. 因为 $|S'|=(r+1)(n-1)-2$, 我们可以应用归纳假设. 如果存在 $2n-4$ 个 S' 的 $r-$ 子集, 比如 $A_2, A_3, \cdots, A_{n-1}, B_2, B_3, \cdots, B_{n-1}$, 满足 $|A_i \cap B_i|=r-1, A_i, B_i$ 属于两个不同的类, 且对于 $i,j(2 \leqslant$

$i < j \leqslant n-1$), $(A_i \bigcup B_i) \bigcap (A_j \bigcup B_j) = \varnothing$, 那么将这些子集与 X, Y 结合在一起, 即得引理 4. 因此, 存在 $n-1$ 个不相交的 S 的 $r-$ 子集, 比如 $A_1, A_2, \cdots, A_{n-1}$, 都属于同一类. 令 $T_0 = S \backslash (\bigcup\limits_{i=1}^{n-1} A_i)$. 显然

$$|T_0| = (r+1)n - 2 - r(n-1) = n + r - 2$$

令 $C_1 = A_1 \bigcup \{x_1, x_2, \cdots, x_r\}$, 其中 $\{x_1, x_2, \cdots, x_r\} \subseteq T_0$. 如果 C_1 的所有 $r-$ 子集属于一类, 那么取不相交的两个子集与 $A_2, \cdots, A_{n-1}$ 结合, 就可获得满足 (1) 的 S 的 n 个 $r-$ 子集. 因此我们可以假设存在 C_1 的两个 $r-$ 子集, 比如 A_1', B_1', 满足 $|A_1' \bigcap B_1'| = r-1$, 且 A_1', B_1' 属于两个不同的类. 令 $T_1 = (T_0 \bigcup A_1) \backslash (A_1' \bigcup B_1')$, 且 $C_2 = A_2 \bigcup \{x_1, x_2, \cdots, x_r\}$, 其中 $\{x_1, x_2, \cdots, x_r\} \subseteq T_1$. 类似地, 可得 C_2 的两个 $r-$ 子集, 比如 A_2', B_2', 使得 $|A_2' \bigcap B_2'| = r-1$, 且 A_2', B_2' 属于两个不同的类. 继续以这种方式定义 $T_i = (T_{i-1} \bigcup A_i) \backslash (A_i' \bigcup B_i'), C_{i+1} = A_{i+1} \bigcup \{x_1, x_2, \cdots, x_r\}$, 其中 $\{x_1, x_2, \cdots, x_r\} \subseteq T_i$. 经过 $n-1$ 步, 我们得到满足 (2) 的 $2n - 2$ 个集合 $A_1', A_2', \cdots, A_{n-1}', B_1', B_2', \cdots, B_{n-1}'$.

定理 2 的证明　我们首先证明 $m = p$ (p 为一个素数) 时定理成立. 根据引理 4, 如果存在 S 的 p 个两两不相交的 $r-$ 子集, 比如 $Z_1, Z_2, \cdots, Z_p$, 使得 $c(Z_1) = c(Z_2) = \cdots = c(Z_p)$, 则证明完毕. 否则, 令 $D_i = \{c(A_i), c(B_i)\}$ ($i = 1, 2, \cdots, p-1$), 其中 A_i, B_i 满足引理 4 的第 2 个断言. 此外, 令

$$D_p = \{c(S \backslash \bigcup\limits_{i=1}^{p-1} (A_i \bigcup B_i))\}$$

147

根据 Cauchy-Davenport 定理,我们得到集合 $D_1 +$ $D_2 + \cdots + D_p$ 中的 p 个不同的剩余.因此 0 在其中且对于一个素数 p,定理 2 证毕.

接下来我们证明如果这个定理对整数 m_1 与每个 r 以及整数 m_2 与每个 r 都成立,那么它对整数 $m_1 m_2$ 与每个 r 也成立.考虑映射 $c : e(K^r_{(r+1)m_1 m_2 - 1}) \rightarrow \{0, 1, \cdots,$ $m_1 m_2 - 1\}$.这个映射导出一个映射 c',即

$$c' : e(K^r_{(r+1)m_1 m_2 - 1}) \rightarrow \{0, 1, \cdots, m_1 - 1\}$$

定义为 $c'(X) \equiv c(X) (\bmod m_1)$.对 m_1 应用定理,可得 S 的每个子集 $A_i (\mid A_i \mid = (r+1)m_1 - 1)$ 包含 m_1 个不相交的 $r -$ 子集 $B_1^i, B_2^i, \cdots, B_{m_i}^i$,使得

$$\sum_{j=1}^{m_1} c'(B_j^i) = k_i m_1$$

因此,我们得到一个映射 c'',即

$$c'' : e(K^{(r+1)m_1 - 1}_{(n+1)m_1 m_2 - 1}) \rightarrow \{0, 1, \cdots, m_i - 1\}$$

其中 $c''(A_i) = k_i (\bmod m_2)$.对 m_2 应用定理,即可得到 m_2 个不相交的 $((r+1)m_1 - 1) -$ 子集 A_{i_j},使得

$$\sum_{j=1}^{m_2} c''(A_{i_j}) \equiv 0 (\bmod m_2)$$

因此,S 的 $r -$ 子集 $B_1^i, \cdots, B_{m_1}^{i_j} (j = 1, 2, \cdots, m_2)$ 具有所需的特性.

参考文献

[1] ERDÖS P,GINZBURG A,ZIV A. Theorem in additive number theory[J]. Bull. Res. Council Israel,1961,10F: 41-43.

［2］ OLSON J E. On a combinatorial problem of Erdös，Ginzburg and Ziv［J］. J. Number Theory ,1976,8:52-57.

［3］ HARBORTH H. Ein Extremalproblem für Gitterpunke［J］. J. Reine Angew. Math. ,1973,262/263:356-360.

［4］ ALON N. Tools from higher algehra，in：R Grabam，A. Grötschel and L. Lovász, eds., Handbook of Combinatorics［M］. Amsterdam:North-Holland, 1991.

［5］ BURR S A，ROBERTS J A. On Ramsey numbers for sars［J］. Utilitas Math. ,1973,4:217-220.

［6］ ALON N，FRANKL P，LOVÁSZ L. The chromatic number of Kneser hypergraphs［J］. Trans. Amer. Math. Soc. ,1986,298:359-370.

［7］ COCKAYNE E J，LORIMER P J. The Ramsey numbers for stripes［J］. J. Austral. Math. Soc. Ser. A，1975，19:252-256.

［8］ BIALOSTOCKI A，CARO Y，RODITTY Y. On zero sum Turán numbers［J］. Ars. Combin. ,1990,29A:117-127.

［9］ BIALOSTOCKI A，DIERKER P. Zero sum Ramsey theorems［J］. Congr. Numer. ,1990,70:119-130.

［10］ BIALOSTOCKI A，DIERKER P. On zero sum Ramsey numbers：small graphs［J］. Ars Combin. ,1990,29A:193-198.

［11］ BIALOSTOCKI A，DIERKER P. On zero sum Ramsey numbers：multiple copies of a graph［J］. J. Graph Theory，1994,18:143-151.

［12］ DAVENPORT H. On the addition of residue classes［J］. J. London Math. Soc. ,1935,10:30-32.

Erdös-Ginzburg-Ziv 定理 在超图中的推广①

第

10

章

序列 S 的一个 n - 集分割（n-set partition）是 S 的 n 个非空子序列的集合，它们两两不相交，使得 S 的项恰好属于其中一个子序列，并且每一个子序列中的项都是不同的，其结果是它们可以被视为集合. 对一个序列 S，子序列 S' 和集合 T，$|T \cap S|$ 表示 S 中项 x 的数量，$x \in T$，$|S|$ 表示 S 的长度，$S \backslash S'$ 表示通过删除 S' 中的所有项得到的 S 的子序列. 2002 年，美国加利福尼亚理工学院的 David J. Grynkiewicz 教授证明了下面两个加性数论结论.

---

① 编译自 *An extension of the Erdös-Ginzburg-Ziv Theorem to hypergraphs*，作者 David J. Grynkiewicz.

（1）令 S 为由 Abel 群 G 的元素组成的有限序列. 若存在一个 $n-$ 集分割 $A=A_1,\cdots,A_n$，使得

$$\Big|\sum_{i=1}^{n}A_i\Big|\geqslant\sum_{i=1}^{n}\mid A_i\mid-n+1$$

则存在一个 S 的子序列 S'，$\mid S'\mid\leqslant\max\{\mid S\mid-n+1,$ $2n\}$，$n-$ 集分割 $A'=A'_1,\cdots,A'_n$，使得

$$\Big|\sum_{i=1}^{n}A'_i\Big|\geqslant\sum_{i=1}^{n}\mid A'_i\mid-n+1$$

此外，如果对所有的 i 和 j，有 $\mid\mid A_i\mid-\mid A_j\mid\mid\leqslant1$，或对所有的 i，有 $\mid A_i\mid\geqslant3$，那么 $A'_i\subseteq A_i$.

（2）令 S 是 m 阶有限 Abel 群 G 的元素组成的序列，并假设存在 $a,b\in G$，使得

$$\mid(G\backslash\{a,b\})\cap S\mid\leqslant\lfloor\frac{m}{2}\rfloor$$

若 $\mid S\mid\geqslant2m-1$，则存在一个 S 的 $m-$ 项零和子序列 S'，$\mid\{a\}\cap S'\mid\geqslant\lfloor\frac{m}{2}\rfloor$ 或 $\mid\{b\}\cap S'\mid\geqslant\lfloor\frac{m}{2}\rfloor$.

令 $\mathscr{H}$ 为连通的有限 $m-$ 一致超图，并令 $f(\mathscr{H})$（令 $f_{2S}(\mathscr{H})$）为最小的整数 n，使得对 $m-$ 完全一致超图 $\mathscr{K}_n^m$ 的顶点的每一个 $2-$ 着色（用循环群 $\mathbf{Z}_m$ 的元素着色），存在一个与 $\mathscr{H}$ 同构的子超图 $\mathscr{K}$，其中的每条边都是单色的（对 $\mathscr{K}$ 的每条边 e，e 上的着色之和为 0）. 作为上述定理的一个推论，我们知道如果 $\mathscr{H}$ 的每一个子超图 $\mathscr{H}'$ 都包含一条边，且其顶点至少有一半在 $\mathscr{H}'$ 中是一阶的，或若 $\mathscr{H}$ 由两条相交的边组成，那么 $f_{2S}(\mathscr{H})=f(\mathscr{H})$. 这扩展了 Erdös-Ginzburg-Ziv 定理，即当 $\mathscr{H}$ 是单边时的情形.

1. 引言

令 $(G, +, 0)$ 为 Abel 群. 若 $A, B \subseteq G$, 则它们的和集 $A + B$ 是所有可能的成对的和, 即 $\{a + b \mid a \in A, b \in B\}$. 如果 S 是 G 的元素的序列, 那么 S 的 n - 集分割就是 S 的 n 个非空子序列的集合, 它们两两不相交, 使得 S 的每一项恰好属于其中一个子序列, 并且每一个子序列的项都是不同的. 因此这些子序列可以看作集合. 如果一个序列所有项的和是零, 那么这个序列是零和序列. 对序列 S 和集合 T, 我们用 $|T \cap S|$ 表示 S 中项 x 的数量, $x \in T$. 同时, 若 S 是一个集合, 则用 $|S|$ 表示 S 的基数, 若 S 是一个序列, 则用 $|S|$ 表示 S 的长度. 若 S' 是 S 的一个子序列, 则 $S \backslash S'$ 表示通过删除 S' 中的所有项得到的 S 的子序列.

令 $\mathscr{H}$ 为一个 m - 一致超图, 将 $\mathscr{H}$ 的顶点集记为 $V(\mathscr{H})$, 边集记为 $E(\mathscr{H})$. 若 $\Delta : V(\mathscr{H}) \rightarrow \mathbf{Z}_m$ 是由 m 阶循环群对 $\mathscr{H}$ 的顶点着色, 则当每个 $e \in E(\mathscr{H})$ 都满足 $\sum_{v \in e} \Delta(v) = 0$ 时, $\mathscr{H}$ 是边向零和. 一阶顶点是指精确地包含在一条边上的顶点. 最后, 令 $\mathscr{K}_n^m$ 为 n 个顶点上的完全 m - 一致超图.

我们从 Erdös-Ginzburg-Ziv 定理开始.

Erdös-Ginzburg-Ziv 定理(EGZ) 令 G 是 m 阶的 Abel 群, S 为 G 的元素的序列. 若 $|S| \geqslant 2m - 1$, 则 S 包含一个 m - 项零和子序列.

注意到, 如果 S 是循环群 $\mathbf{Z}_m$ 中 0 和 1 的序列, 那么 S 的 m - 项单色子序列与 m - 项零和子序列完全对

应. 因此 Erdös-Ginzburg-Ziv 定理可以认为是对 m 只鸽子和 2 个鸽笼的鸽笼原理的推广. 通过使用 $\mathbf{Z}_m$ 中的元素的着色替换使用两个元素的着色, 并寻找零和子结构, 而不是单色子结构, 可以推广几个 Ramsey 型的问题. 如果选定 m 为所讨论的特定子结构的大小, 那么零和 Ramsey 数总能给出单色 Ramsey 数的上界. 然而, 在许多情况下, 这两个数实际上是相等的. 这类问题被称为零和推广. 例如, 涉及寻找单零和子结构的问题[9,21,4], 以及涉及寻找多个互不关联的零和子结构的问题[5,14]. 相关问题的证明可以在文[6] 中找到. 然而, 直到最近, 我们还不知道, 即使是涉及不连续结构的两个最简单的零和 Ramsey 问题 —— 即两个有公共顶点的单独的零和 m 子序列, 或恰好有两个公共顶点 —— 也是零和推广. 这两种情况都是零和推广[2], 这就产生了零和推广的其他重叠结构的问题.

下面我们用超图语言将上述思想形式化: 令 $f(\mathscr{H})$ (或 $f_{zs}(\mathscr{H})$) 为使得 $\mathscr{K}_n^m$ 的顶点为二色 (被 $\mathbf{Z}_m$ 的元素着色) 的最小整数 n, 存在一个子超图 $\mathscr{K}$ 同构于 $\mathscr{H}$, 使得 $\mathscr{K}$ 的每一条边 e 都是单色的, 那就是说所有顶点的颜色都相同 (对于 $\mathscr{K}$ 中的每条边 e,e 的颜色之和为 0), 从鸽笼原理可以清楚地看出 $f(\mathscr{H}) \leqslant 2 \mid V(\mathscr{H}) \mid -1$, 若 $\mathscr{H}$ 是连通的, 则等式成立.

在这种情形下, Erdös-Ginzburg-Ziv 定理变成: 如果 $\mathscr{H}$ 是一条边, 那么 $f_{zs}(\mathscr{H}) = f(\mathscr{H})$, 也就是说 $\mathscr{H}$ 边可零和推广.

本章中,我们通过证明下面的定理,尝试对边缘零和推广的超图进行分类.

定理 1 令 $\mathscr{H}$ 是连通的有限 m——致超图. 如果 $\mathscr{H}$ 的任意一个子超图 $\mathscr{H}'$ 都包含 $\mathscr{H}$ 上至少一半一阶顶点的边,那么 $\mathscr{H}$ 边零和推广.

定理 2 如果 $\mathscr{H}$ 是由两个相交的 m-集组成的超图,那么 $\mathscr{H}$ 是边零和推广.

我们将在第 5 节中看到,存在每条边都至少有 $\lceil \frac{m}{2} \rceil - 2$ 个一阶顶点的,但没有进行边的零和推广的 m——致超图. 因此定理 1 中一阶顶点的界最多可以改进一次,然后必须寻求更精细的性质来确定 H 边零和是否可以推广.

我们将定理 1 和定理 2 作为对文[13]中最新的一个定理(在本章中称为定理 5) 的简单推论. 下面两个来自加性数论中的一般定理,我们将在第 3 节和第 4 节中分别证明. 定理 3 表明,我们可以从一个 n-集分割中提取一些元素,同时保持集合分区的和集相对不受影响 —— 这是一种在零和应用中非常有用的方法,因为它释放了可能无法进一步使用的其他术语. 定理 4 是 Erdös-Ginzburg-Ziv 定理的一个改进,它说明在长度为 $2m-1$ 的两色序列中,有一个单色的 m 项零和子序列. 定理 3 的证明是利用文[11]中临界对的 Kemperman Structure 定理(KST) 的最新体系(即一个 Abel 群的有限子集对 (A,B),$|A+B| \leqslant |A| + |B| - 1$[16,定理 5.1 和 3.4,P. 81—82]),而定理 4 的

154

证明利用了 Gao 和 Hamidoune 的文[10]中首次引用的方法.

定理 3　令 S 为 Abel 群 G 的一个有限元素的序列,若 f 有一个 $n-$ 集分割, $A=A_1,\cdots,A_n$,使得

$$\left|\sum_{i=1}^{n}A_i\right|\geqslant\sum_{i=1}^{n}|A_i|-n+1 \tag{1}$$

则存在 S 的一个子序列 S',满足长度 $|S'|\leqslant\max\{|S|-n+1,2n\}$,还有一个 $n-$ 集分割 $A'=A'_1,\cdots,A'_n$,使得

$$\left|\sum_{i=1}^{n}A'_i\right|\geqslant\sum_{i=1}^{n}|A_i|-n+1.$$ 此外,若对所有的 i 和 j 有 $||A_i|-|A_j||\leqslant 1$,或对所有的 i 有 $|A_i|\geqslant 3$,则 $A'_i\subseteq A_i$.

定理 4　令 S 是由 m 阶有限 Abel 群的元素组成的序列. 假设存在 $a,b\in G$,使得 $|(G\backslash\{a,b\})\cap S|\leqslant\lfloor\frac{m}{2}\rfloor$. 若 $|S|\geqslant 2m-1$,则存在一个 S 的 m 项零和子序列 S',满足 $|\{a\}\cap S'|\geqslant\lfloor\frac{m}{2}\rfloor$ 或 $|\{b\}\cap S'|\geqslant\lfloor\frac{m}{2}\rfloor$.

注意序列 $S=(\underbrace{0,\cdots,0}_{n\text{个}},\underbrace{1,\cdots,1}_{n\text{个}},\underbrace{2,\cdots,2}_{n'\text{个}})$,其中 $n'\leqslant n,G=\mathbf{Z}_m$,表明了在定理 3 中 $|S'|$ 的上界在 $|S|\leqslant 3n$ 时是紧的. 序列 $S=(\underbrace{0,\cdots,0}_{m-1\text{个}},\underbrace{1,\cdots,1}_{m-1\text{个}}\lceil\frac{m}{2}\rceil)$, $G=\mathbf{Z}_m$ 表明了定理 4 中表示的下界 $\lfloor\frac{m}{2}\rfloor$ 也是紧的,虽然这个定理在比 $|(G\backslash\{a,b\})\cap S|\leqslant\lfloor\frac{m}{2}\rfloor$ 条件弱的条件下仍然成立.

2. 预备知识

令 $A,B \subseteq G$，其中 G 是一个 Abel 群. 我们用 $v_c(A,B)$ 表示 $c=a+b, a \in A, b \in B$ 的数量，用 $\eta_b(A,B)$ 表示，使得 $v_c(A,B)=1$ 的 $c \in A+b$ 的数量. 如果对于 G 的非平凡子群 H_a，集合 $A(A \subseteq G)$ 是一致的，那么我们说 A 是 H_a—周期的，否则，集合 A 是非周期的. 如果 A 是 H_a—周期的，那么我们说 A 是最大的 H_a—周期，H_a 是周期 A 的最大子群. 在这种情况下，$H_a = \{x \in G \mid x+A=A\}$. H_a 有时也称为 A 的稳定子. 若 $A+B$ 是 H_a—周期的，则 A 的 H_a—孔是元素 $\alpha \in (A+H_a) \backslash A$（其中子群 H_a 是平凡的）. 我们将用 $\phi_a : G \rightarrow G/H_a$ 表示自然同态.

我们从 Kneser 定理[18,16,19,17,20,15] 开始讨论. m 为素数的情况称为 Cauchy-Davenport 定理[7].

Kneser 定理　令 G 是一个 Abel 群，并令 $A_1, A_2, \cdots, A_n$ 为有限集合，且为 G 的非空子集. 若 $\sum\limits_{i=1}^{n} A_i$ 是最大的 H_a—周期，则

$$\left| \sum_{i=1}^{n} \phi_a(A_i) \right| \geqslant \sum_{i=1}^{n} |\phi_a(A_i)| - n + 1$$

否则，上面的不等式对 ϕ_a 恒等式成立.

注　如果 A 是最大 H_a—周期，那么 $\phi_a(A)$ 是非周期的. 同样的，如果 $A+B$ 是最大 H_a—周期，且 $\rho = |A+H_a| - |A| + |B+H_a| - |B|$ 是 A 和 B 中孔的数量，那么 Kneser 定理就意味着 $|A+B| \geqslant |A| + |B| - |H_a| + \rho$. 因此，如果 A 或 B 包含 H_a—陪集中

的唯一一个元素,那么 $|A+B| \geqslant |A|+|B|-1$. 一般来说,如果 ρ 是 A_i 中孔的总数,那么

$$\left| \sum_{i=1}^{n} A_i \right| \geqslant \sum_{i=1}^{n} |A_i| - (n-1)|H_a| + \rho$$

下面是 Cauchy-Davenport 定理[11,12] 的一个最新的复合模拟.

定理 5　令 S 是 m 阶 Abel 群 G 中的元素序列,带有一个 $n-$集分割 $P=P_1,\cdots,P_n$,并令 p 为 m 的最小质因数,则以下两个结论必有一个成立.

(1) 存在一个 S 的 n 集分割 $A=A_1,A_2,\cdots,A_n$,使得

$$\left| \sum_{i=1}^{n} A_i \right| \geqslant \min\{m,(n+1)p,|S|-n+1\}$$

此外,若 $n' \geqslant \dfrac{m}{p}-1$ 且为整数,使得 P 含有至少 $n-n'$ 个基数为 1 的集,若

$$|S| \geqslant n+\frac{m}{p}+p-3$$

则我们可以假设在集 A 中至少存在 $n-n'$ 个基数为 1 的集.

(2)① 存在 $\alpha \in G$ 和下标为 a 的一个非平凡子群 H_a,使得 S 中有至多 $m-2$ 项不属于陪集 $\alpha+H_a$.

② 存在一个由 $\alpha+H_a$ 中的项组成的 S 中的一个 $n-$集分割 $A_1,A_2,\cdots,A_n$,使得 $\sum\limits_{i=1}^{n} A_i = n\alpha+H_a$.

使用 $n-$集分割时,下面两个简单的命题很有帮助,其证明可以在文[3]中找到. 在文[3]中,仅对命题

2 在 $|B|=1$ 和 $r'=r$ 时进行了说明,但这里给出的证明也证明了更一般的陈述.

命题 1 当且仅当 S 中的每一个元素的阶不大于 n,且 $|S| \geqslant n$ 时,序列 S 有一个 $n-$集分割 A. 此外,一个具有 $n-$集分割的序列 S 有一个 $n-$集分割 $A'=A_1$,$A_2,\cdots,A_n$ 对所有 i 和 $j(1 \leqslant i \leqslant j \leqslant n)$,有 $||A_i|-|A_j|| \leqslant 1$.

命题 2 设 S 为 Abel 群 G 中元素的有限序列,B 为 G 的有限非空子集,令 $A=A_1,A_2,\cdots,A_n$ 为 S 的一个 $n-$集分割,其中 $|B+\sum_{i=1}^{n} A_i|-|B|+1=r$,且 $\max_i \{|B+A_i|-|B|+1\}=s$. 此外,令 $a_1,\cdots,a_n$ 为 S 的一个子序列,使得对 $i=1,2,\cdots,n$ 满足 $a_i \in A_i$,令 r' 为整数,且 $1 \leqslant r' \leqslant r$.

(1) 存在 S 的一个子序列 S',S' 的一个 $n-$集分割 $A'=A_1',\cdots,A_n'$,它是 $n-$集分割 A 的子序列,使得对于 $n' \leqslant r-s+1$,有 $|B+\sum_{i=1}^{n'} A_i'|=|B+\sum_{i=1}^{n} A_i|$.

(2) 存在 S 的一个长度至多为 $n+r'-1$ 的子序列 S',以及 S' 的一个 $n-$集分割 $A'=A_1',A_2',\cdots,A_n'$,其中 $A_i' \subseteq A_i(i=1,2,\cdots,n)$,使得 $|B+\sum_{i=1}^{n} A_i'|=|B|-1+r'$. 此外,$a_i \in A_i'(i=1,2,\cdots,n)$.

下面的引理最初是用来证明 Kneser 定理[17,18,20]的.

Kneser 引理 令 C_0 为一个 Abel 群的有限子集. 若 $C_0=C_1 \bigcup C_2$,$C_i \neq C_0(i=1,2)$,则 $\min_{i=1,2} \{|C_i|+$

$| H_{k_i} | \} \leqslant | C_0 |+| H_{k_0} |$,其中,若 C_i 是非周期的,则 H_{k_i} 是平凡群. 若 C_i 是 H_{k_i}—周期的$(i=0,1,2)$,则 H_{k_i} 是最大的群.

我们还需要下面的定理[17].

定理 6　令 G 是一个群,设 $A,B \subseteq G$ 为有限子集,若 $| A+B |=| A |+| B |-\rho$,则对所有的 $c \in A+B$,有 $v_c(A,B) \geqslant \rho$.

最后,还要使用下面的基本定理[20].

定理 7　令 G 为一个有限 Abel 群,设 $A,B \subseteq G$. 若 $| A |+| B |>| G |$,则 $A+B=G$.

3. 集合分拆的排除定理

令 G 为 Abel 群,H_a 为非平凡子群. 若 $A \subseteq G$,则具有拟周期 H_a 的一个 A 的准周期性分解将一个分割 $A=A_1 \bigcup A_0$ 分成两个不相交的子集(可能为空),使得 A_1 是 H_a—周期的或是空的,A_0 是 H_a—陪集的一个子集. 一个集 $A(A \subseteq G)$ 是准周期的,如果 A 有一个准周期分解 $A=A_1 \bigcup A_0$,且 A_1 非空. 如果 A_0 不是准周期的,那么这样的分解就被还原了,拟周期分解在临界对的 KST 描述中起着重要作用. 如果 A 是有限的,并且有一个拟周期分解 $A_1 \bigcup A_0$,那么 A 有一个约化的拟周期分解 $A_1' \bigcup A_0'$,$A_0' \subseteq A_0$,公差为 d 的等差数列最多为 $|\langle d \rangle|-2$ 项就是非拟周期集的一个例子. 一个有孔的周期集,即存在 $\alpha \in G \backslash A$ 的集 A,使得 $A \bigcup \{\alpha\}$ 为最大限度 H—周期,H 的每个一阶子群都有一个简化的拟分解周期. 下面的命题[11] 可以看出,准周期分解在其他方面是正则的.

命题 1　若 $A_1 \bigcup A_0$,知 $A_1' \bigcup A_0'$ 都是 Abel 群 G 的子集 A 的约化拟周期分解,A_1 是最大的 $H-$ 周期,A_1' 是最大的 $L-$ 周期,则:$(1)A_1 = A_1'$,$A_0 = A_0'$;$(2)H \bigcap L$ 是平凡的,$A_0 \bigcap A_0' \neq \varnothing$,$|H|$ 和 $|L|$ 是素数,存在 $a \in G \backslash A$,使得 $A_0 \bigcup \{a\}$ 是一个 $H-$ 陪集,$A_0' \bigcup \{a\}$ 是一个 $L-$ 陪集,$A \bigcup \{a\}$ 是 $(H+L)-$ 周期的.

$n = 2$ 时,我们有定理 $3^{[11]}$ 的下述陈述.

定理 8　令 G 是 Abel 群,$A,B \subseteq G$ 是有限子集,满足 $|A| \geqslant 2$,$|B| \geqslant 3$.若 $|A+B| \geqslant |A|+|B|-1$,则以下两个结论必有一个成立:

(1) 存在 $b \in B$,使得 $|A+(B \backslash \{b\})| \geqslant |A|+|B|-1$.

(2)① $|A+B| = |A|+|B|-1$;

② 存在 $a \in A$,使得 $A \backslash \{a\}$ 是 H_a- 周期的;

③ 存在 $\alpha \in G$,使得 $B \subseteq \alpha + H_a$.

定理 9　令 G 为 Abel 群,$A,B,C_1,\cdots,C_r \subseteq G$ 为有限子集,$|B| \geqslant 3$,若

$$|A+B| > |A|+|B|-1$$

$$\left| A+B+\sum_{i=1}^{r} C_i \right|$$

$$\geqslant |A|+|B|+\sum_{i=1}^{r}|C_i|-(r+2)+1$$

$$\left| A+\sum_{i=1}^{r}C_i \right| \geqslant |A|+\sum_{i=1}^{r}|C_i|-(r+1)+1$$

则存在 $b \in B$,使得

$$|A+(B \backslash \{b\})| \geqslant |A|+|B|-1$$

$$|A + (B \backslash \{b\}) + \sum_{i=1}^{r} C_i|$$

$$\geqslant |A| + |B| + \sum_{i=1}^{r} |C_i| - (r+2) + 1$$

我们注意到,定理 8 的结论(2)包含 $|A +
(B \backslash \{b\})| \geqslant |A| + |B| - 2, b \in B, |A| > |B|$,因此
通过互换 A 和 B 的位置,我们可以知道(1)是成立的,
我们现在开始证明定理 3.

定理 3 的证明　　假设 $|S| \geqslant 2n+1, n \geqslant 2$,定理是
显然的. 我们还可以假设 $n \geqslant 3$,因为 $n = 2$ 的情况符合
定理 8. 令 $|S| = sn + r$,其中 $s \geqslant 2, 0 \leqslant r < n$. 如果定理
3 的其余部分不成立,我们不妨假设 n 是从所有满足(1)
的 S 的 $n-$ 集分割中选择的,使得 A 中最小基数集 A_i
的基数 s' 是最大的,在满足以上条件的情况下,A 中具
有基数 s' 的 A_i 的数量最小. 再假定 A_i 的基数不递减,
$|A_i| \geqslant s + 2 (i \geqslant k_2), |A_i| \leqslant \min\{2, s-1\} (i < k_1)$.

其余的证明过程可分为两种情形. 第 1 种情形:当
所有集合 A_i 的基数至少为 3,或所有集合的基数都等
于 2 或 3 时. 在这些条件下,我们在情形 1b 中证明,除
非出现高度限制条件,否则我们从集合 A_i 中一个一个
地归纳移除项. 在这些限制条件下,我们在情形 1a 中
证明了我们可以一次完成剩余项的删除. 注意到,情
形 1b 中的归纳语句的复杂性源于定理 8 中的特殊情
况,如果没有这个问题,归纳过程会很顺利. 最后,情
形 2 处理的是集合分割 A 不能简化为满足情形 1 的条
件时的情形. 如果 Cauchy-Davenport 界并不适用于 A
的每个子序列,那么与情形 1a 类似的论证就非常简单

了. 情形 2 的大部分内容都表明, 一个集合分割 A 很难满足 Cauchy-Davenport 定理的所有条件, 并且不能被还原为一个具有更多的最小基数集或更少的最小基数集集合分割.

情形 1a: 假设 $k_1 = 1$, 若 $s = 2$, 则 $k_2 = n$ (如果定理 3 的进一步部分的任何一个条件成立, 那么这种情形成立). 进一步假设, 允许重新确定下标, 存在 S 的一个子序列 S' 的 n — 集分割 $A' = A'_1, \cdots, A'_n$ 及整数 $l (2 \leqslant l \leqslant n)$, 使得

$$\Big| \sum_{i=1}^{n} A'_i \Big| \geqslant \sum_{i=1}^{n} | A_i | - n + 1 \qquad (2)$$

其中 $A'_i \subseteq A_i$, $\sum_{i=1}^{l} A'_i$ 是最大的 H_a — 周期, $\sum_{i=1}^{l} | A'_i | = | A_1 | + \sum_{i=2}^{l} \max\{2, | A_i | - 1\}$, $| A_1 | = \min_i \{| A_i |\}$, $A'_i = A_i (i > l)$, $| A'_l | \geqslant \max\{2, | A_l | - 1\}$.

$$\Big| \sum_{i=1}^{l-1} A'_i \Big| \geqslant \sum_{i=1}^{l-1} | A_i | - (l-1) + 1 \qquad (3)$$

$$\Big| \sum_{i=1}^{l} A'_i \Big| < \sum_{i=1}^{l} | A_i | - l + 1 \qquad (4)$$

令 b 为整数, 使得

$$b | H_a | < \sum_{i=1}^{n} | A_i | - n + 1 \leqslant (b+1) | H_a | \qquad (5)$$

令 ρ 为整数, 使得

$$\Big| \sum_{i=1}^{l} A'_i \Big| = \Big| \sum_{i=1}^{l-1} A'_i \Big| + | A'_l | - 1 - \rho \qquad (6)$$

令 $s_2 = \sum_{i=l+1}^{n} |A_i|, s_1 = \sum_{i=1}^{l} |A_i|, s_1' = \sum_{i=1}^{l} |A_i'|.$

因为 $|A_l'| \geqslant |A_l| - 1, A_l' \subseteq A_l$，考虑到式（3），（4）和（6），于是 $0 \leqslant \rho \leqslant |A_l| - 1$. 此外，由定理 6，知存在一个基数为 ρ 的真子集 $T \subseteq A_l'$，使得 $\sum_{i=1}^{l-1} A_i' + (A_l \backslash T) = \sum_{i=1}^{l} A_i'.$

令 S'' 为被 $A_i' = A_i$ 分割的 S' 的最小长度的子序列，其中 $i \geqslant l+1$，它带有一个 $(n-l)-$ 集分割 $B' = B_1, \cdots, B_{n-l}$，使得

$$\left| \sum_{i=1}^{l} \phi_a(A_i') + \sum_{i=1}^{n-l} \phi_a(B_i) \right| \geqslant b+1$$
$$B_i \subseteq A_{i+l}$$

（因为 $\sum_{i=1}^{l} A_i'$ 为 $H_a -$ 周期，所以这样的子序列存在于式（2）和式（5）中. 因为

$$\sum_{i=1}^{l} |A_i'| = |A_1| + \sum_{i=2}^{l} \max\{2, |A_i| - 1\}$$

又因为 $|A_1| = \min_i\{|A_i|\}, A_1' \subseteq A_i, k_1 = 1, k_2 = n.$ 若 $s = 2$，因为 $\sum_{i=1}^{l} A_i'$ 是 $H_a -$ 周期的，鉴于式（5）和最后一段的结论，证明将是完整的，除非

$$s_2 - s_2' \leqslant n - l - 1 - \rho \qquad (7)$$

其中 $s_2' = |S''|$. 因此 $l < n.$ 由 S'' 的极小性，有 $|B_j| = |\phi_a(B_j)|$，此外，对 $x \in B_j, |B_j| \geqslant 2$，有

$$\eta_{\phi_{a(x)}} \left(\sum_{i=1}^{l} \phi_a(A_i') + \sum_{i=1}^{j-1} \phi_a(B_i), \phi_a(B_j) \right) \geqslant 1 \quad (8)$$

因为 $A'_i \subseteq A_i$，$\sum\limits_{i=1}^{l} A'_i$ 是 H_a — 周期的，又因为 $|A'_l| \geqslant |A_l| - 1$，由式(3)，(5)，(6)，(8)，我们可以从指数最大的集合 B_j 中的集 S'' 中删除一个元素，使得 $|B_j| \geqslant 2$（因为 $k_1 = 1$，$A'_i \subseteq A_i$，这种集合满足式(7)），并且与 S'' 的极小性矛盾，除非

$$(s'_2 - (n-l) - 1)|H_a| \leqslant s_2 - (n-l) + \rho \quad (9)$$

应用估值 $|H_a| \geqslant 2$，由式(9)推出

$$s'_2 \leqslant (s_2 - s'_2) + \rho + (n-l) + 2 \quad (10)$$

然而，由式(7)和式(10)有

$$s'_2 \leqslant 2(n-l) + 1 \quad (11)$$

因此证明完成，除非 $\rho = 0$，且不等式(11)等号成立当且仅当 $|H_a| = 2$ 时.

如果 $|A'_l| \geqslant 3$，那么因为 $\rho = 0$，$\sum\limits_{i=1}^{l} A'_i$ 是最大的 H_a — 周期，由式(6)，命题1和定理8，我们可以从 A'_l 中移除一个多余的元素，此时证明是完整的，否则 A'_l 是一个最大的 H'_a — 周期，其中 $H'_a \leqslant H_a$. 由于 $|H_a| = 2$，因此，A'_l 是最大的 H_a — 周期. 若 $|A'_l| = 2$，因为 $\rho = 0$，$\sum\limits_{i=1}^{l} A'_i$ 是最大的 H_a — 周期，所以由式(6)和 Kneser 定理有 $|\phi_a(A'_l)| = 1$，由于 $|H_a| = 2$，因此 A'_l 是 H_a — 周期的. 不管 A'_l 的势是多少，我们都可以假设 A'_l 是 H_a — 周期的. 因此，并不存在集合 $A'_j (j < l)$，$|\phi_a(A'_j)| < |A'_j|$，否则我们可以在不改变和集的情况下从 A'_j 中删除一个多余的元素，证明完成. 之后，因为 $\sum\limits_{i=1}^{l} A'_i$ 是

最大的 H_a — 周期，$|H_a|=2$，由 Kneser 定理和式（4）有

$$s_1 - l \geqslant |\sum_{i=1}^{l} A_i'| \geqslant 2(s_1' - l + 1 - |A_l'|) + |A_l'|$$

因为 $A_i' \subseteq A_i, k_1 = 1, s_1' = \sum_{i=1}^{l} |A_i'| = |A_1| + \sum_{i=2}^{l} \max\{2, |A_i| - 1\}$，有

$$s_1 \leqslant s_1' + l - 1 \tag{12}$$

因此，由

$$s_1 - l \geqslant 2(s_1' - l + 1 - |A_l'|) + |A_l'|$$

有

$$s_1' \leqslant 2l - 3 + |A_l'|$$

若 $|A_l'| = 2$，则由式（11）可知证明完成. 于是我们假设 $|A_l'| > 2$，因为 A_l' 是 H_a — 周期的，$|H_a| = 2$，因此 $|A_l'| \geqslant 4$. 若 $s = 2, k_2 = n$，因为 $A_l' \subseteq A_l$，因此 $s \geqslant 3$. 由于

$$s_1' \leqslant 2l - 3 + |A_l'|$$

所以

$$\sum_{i=1}^{l-1} |A_i'| \leqslant 2(l-1) - 1$$

因此，由 $s \geqslant 3, k_1 = 1, A_i' \subseteq A_i$，有 $s_1 \geqslant s_1' + l$，与式（12）矛盾.

情形 1b：假设 $k_1 = 1$，若 $s = 2$，则 $k_2 = n$. 下面我们对参数 l 进行归纳，$1 \leqslant l \leqslant n$. 从 $l-1$ 到 l 归纳假设，我们可以从集合 $A_i (i \leqslant l-1)$ 中删除一些元素，构造新的非空集合 A_i'，使得

$$\sum_{i=1}^{l-1} |A_i'| = |A_1| + \sum_{i=2}^{l-1} \max\{2, |A_i| - 1\}$$

$$| A_1 | = \min_i \{ | A_i | \}$$

于是式（2）和式（3）在 $A_i' = A_i (i > l-1)$ 时成立，于是 $| A_{l-1}' | \geqslant \max \{2, | A_{l-1} | -1\}$；此外，若 $l-1 > 1$，则式（3）中的等号成立，且

$$\sum_{i=1}^{l-1} A_i' = H \bigcup \{b\} \tag{13}$$

其中 H 是最大的 H_a — 周期，$b \notin H$，$| H_a | > 2$，则

$$\left| \sum_{i=1}^{(l-1)-1} A_i' \right| \geqslant \sum_{i=1}^{(l-1)-1} | A_i | - ((l-1)-1) + \varepsilon$$

$$\tag{14}$$

若 $| A_{l-1}' | > 3$，$| A_{l-1}' | = | A_{l-1} |$，则 $\varepsilon = 0$；若 $| A_{l-1}' | \leqslant 3$ 或 $| A_{l-1}' | = | A_{l-1} | -1$，则 $\varepsilon = 1$。$l = 1$ 时的情形是显然的。还要注意 $l = n$ 的情况，完成了证明，所以一旦归纳完成，情形 1 的证明就完成了。进一步注意，式（3）中参数 $l-1$ 的情形暗示式（14）中参数 l 的情形（代替 $l-1$）。

假设存在一个集合 $A_r, (r > l-1)$，使得

$$\left| \sum_{i=1}^{l-1} A_i' + A_r \right| < \sum_{i=1}^{l-1} | A_i | + | A_r | - l + 1$$

由式（3）有

$$\left| \sum_{i=1}^{l-1} A_i' + A_r \right| < \left| \sum_{i=1}^{l-1} A_i' \right| + | A_r | - 1$$

由 Kneser 定理可以推出 $\sum_{i=1}^{l-1} A_i' + A_r$ 是最大的 H_a — 周期，由定理 6（对 $| A_r | \geqslant 3$）我们可以通过从 A_r 中移除元素 x 来构造一个新的集合 A_r'，使得

$$\sum_{i=1}^{l-1} A_i' + A_r = \sum_{i=1}^{l-1} A_i' + A_r'$$

因此重新排序后，满足了情形 1a 的条件，我们可以假设

$$| \sum_{i=1}^{l-1} A'_i + A_r | \geqslant \sum_{i=1}^{l-1} | A_i | + | A_r | - l + 1$$

因此，我们可以假设 $| A_r | > 2 (r > l-1)$，于是归纳就完成了.

假设存在一个集 $A_r (r > l-1)$，使得

$$| \sum_{i=1}^{l-1} A'_i + A_r | < | \sum_{i=1}^{l-1} A'_i | + | A_r | - 1$$

接下来，由定理 6，我们可以通过移除 A_r 中的元素 x 来构造一个新的集合 A'_r，使得

$$\sum_{i=1}^{l-1} A'_i + A_r = \sum_{i=1}^{l-1} A'_i + A'_r$$

若

$$| \sum_{i=1}^{l-1} A'_i + A_r | \geqslant \sum_{i=1}^{l-1} | A_i | + | A_r | - l + 1$$

归纳法就完成了，否则我们就减弱至上一段中的条件. 我们假设对所有的 $r > l-1$，有

$$| \sum_{i=1}^{l-1} A'_i + A_r | \geqslant | \sum_{i=1}^{l-1} A'_i | + | A_r | - 1$$

假设不等式（3）是严格的，进一步假设

$$| \sum_{i=1}^{l-1} A'_i + \sum_{i=l+1}^{n} A_i | < | \sum_{i=1}^{l-1} A'_i | + \sum_{i=l+1}^{n} | A_i | - (n-l+1) + 1$$

因此，根据定理 6，存在一个集合 $A_r (r \geqslant l+1)$，使得

$$\sum_{i=1}^{l-1} A'_i + \sum_{i=l+1}^{n} A_i = \sum_{i=1}^{l-1} A'_i + \sum_{\substack{i=l+1 \\ i \neq r}}^{n} A_i + (A_r \backslash \{x\}) \quad (x \in A_r)$$

根据定理 8 和上一段的结论,可知存在 $x \in A_r$,使得

$$\left| \sum_{i=1}^{l-1} A_i' + (A_r \backslash \{x\}) \right| \geqslant \left| \sum_{i=1}^{l-1} A_i' \right| + |A_r| - 2$$

因此,不等式(3)是严格的,因为

$$\sum_{i=1}^{l-1} A_i' + \sum_{i=l+1}^{n} A_i = \sum_{i=1}^{l-1} A_i' + \sum_{\substack{i=l+1 \\ i \neq r}}^{n} A_i + (A_r \backslash \{x\})$$

所以当 $A_l' = A_r \backslash \{x\}$ 时,归纳假设完成. 我们假设

$$\left| \sum_{i=1}^{l-1} A_i' + \sum_{i=l+1}^{n} A_i \right| \geqslant \left| \sum_{i=1}^{l-1} A_i' \right| + \sum_{i=l+1}^{n} |A_i| - (n-l+1) + 1$$

因为不等式(3)是严格的,并鉴于情况 1b($r=l$ 的条件下)中第三段的结论,由定理 6,有

$$\left| \sum_{i=1}^{l-1} A_i' + (A_l \backslash \{x\}) \right| \geqslant \sum_{i=1}^{l} |A_i| - l + 1$$

对至多有一个 $(x_0) x \in A_l$. 令 $A_l' = A_l \backslash \{x\}$,$x \in A_l$,$x \neq x_0$,归纳是完整的,除非

$$\left| \sum_{i=1}^{l-1} A_i' + (A_l \backslash \{x\}) + \sum_{i=l+1}^{n} A_i \right| < \sum_{i=1}^{n} |A_i| - n + 1$$

根据式(3)中的严格不等式和上一段的结论,有

$$\left| \sum_{i=1}^{l-1} A_i' + (A_l \backslash \{x\}) + \sum_{i=l+1}^{n} A_i \right|$$
$$< \left| \sum_{i=1}^{l-1} A_i' + \sum_{i=l+1}^{n} A_i \right| + |(A_l \backslash \{x\})| - 1$$

令 $A_l' = A_l \backslash \{x\}$,$x' \in A_l \backslash \{x, x_0\}$,由定理 6 知,归纳法是完备的. 我们假设不等式(3)成立(因为 $|A_l| \geqslant 3$).

假设存在一个集 $A_r (r > l - 1)$,使得

$$\left| \sum_{i=1}^{l-1} A_i' + A_r \right| = \left| \sum_{i=1}^{l-1} A_i' \right| + |A_r| - 1$$

因为
$$|A_1'| \leqslant |A_1| \leqslant |A_r|, |A_r| \geqslant 3$$
由定理 8 可知归纳完成,或对 $\alpha \in G, l > 2$,式(13)成立,有
$$|H_a| > 2, A_r \subseteq \alpha + H_a$$
因为式(3)中等式成立,然后由归纳假设,式(14)成立.因为式(3)中等式成立,又因为
$$|A_{l-1}'| \geqslant |A_{l-1}| - 1$$
存在一个子集 $H' \subset H \cup \{b\}$,其基数至多为 $|A_{l-1}'| + 1 - \varepsilon$,使得
$$\sum_{i=1}^{l-2} A_i' = \beta + (H \cup \{b\}) \backslash H', \beta \in G$$

假设 $|H_a| > |A_{l-1}'| + 2 - \varepsilon$.因为 H 是 H_a —周期的,又因为
$$|H'| \leqslant |A_{l-1}'| + 1 - \varepsilon$$
若 H_a —陪集 $\gamma + H_a$ 至少包含
$$\sum_{i=1}^{l-1} A_i' = H \cup \{b\}$$
中两个元素,则 H_a —陪集 $(\beta + \gamma) + H_a$ 将至少包含 $\sum_{i=1}^{l-2} A_i'$ 中的两个元素.因为 $|A_{l-1}'| \geqslant 2$,式(13)有
$$|\phi_a(A_{l-1}')| > 1, b \notin H'$$
若两种情况都成立,则 $H \cup \{b\}$ 将至少包含与 $H \cup \{b\}$ 相交的每一个 H_a —陪集中的两个元素,矛盾.由最后两句话的结论,有
$$\phi_a\left(\sum_{i=1}^{l-2} A_i'\right) = \phi_a\left(\sum_{i=1}^{l-1} A_i'\right)$$

由

$$| \phi_a(A'_{l-1}) | > 1$$

根据定理 6,应用模 H_a 有

$$v_{\phi_{a(b)}}(\sum_{i=1}^{l-2} \phi_a(A'_i), \phi_a(A'_{l-1})) \geqslant 2$$

因此,有两个元素 $c, d \in \sum\limits_{i=1}^{l-2} A'_i$,它们是不同的模 H_a,每一个都可以用 A'_{l-1} 的某个元素求和得到陪集 $b+H_a$ 中的元素. 因此,如果用 c 表示的陪集类至少有 x 个元素包含在 $\sum\limits_{i=1}^{l-2} A'_i$ 中,那么 b 的任何陪集类都必须在 $\sum\limits_{i=1}^{l-1} A'_i$ 中包含至少 x 个元素,d 也是如此. 由式(13)我们知道 b 是 $\sum\limits_{i=1}^{l-1} A'_i$ 中 H_a-陪集的唯一元素. 因此,根据前两句话,c 和 d 都必须是它们在 $\sum\limits_{i=1}^{l-2} A'_i$ 中的陪集类的唯一元素. 然而,由这一段的第二句可以看出,如果一个陪集类至少包含 $\sum\limits_{i=1}^{l-1} A'_i$ 中的两个元素,则 $\sum\limits_{i=1}^{l-2} A'_i$ 的相应的陪集类必包含至少两个元素. 由于这不是两个不同的陪集类 c 和 d 的情况,因此在 $\sum\limits_{i=1}^{l-1} A'_i$ 中必然有两个不同的陪集类,这与式(13)矛盾. 因此,我们假设 $| H_a | \leqslant | A'_{l-1} | + 2 - \varepsilon$.

因为 $| A_r | \geqslant 3$,A_r 是 H_a-陪集的一个子集,于是

$$3 \leqslant | A_r | \leqslant | H_a | \leqslant | A'_{l-1} | + 2 - \varepsilon \qquad (15)$$

令 $x \in A'_{l-1}$,若

$$\sum_{i=1}^{l-2} A_i' + (A_{l-1}' \backslash \{x\}) = \sum_{i=1}^{l-2} A_i' + A_{l-1}'$$

令 $A_{l-1}' = A_{l-1}' \backslash \{x\}, A_l' = A_r$，则归纳完成. 因此对所有的 $x \in A_{l-1}'$ 有

$$\eta_x \left(\sum_{i=1}^{l-2} A_i', A_{l-1}' \right) \geqslant 1$$

假设对至少两个不同的 $x_1, x_2 \in A_{l-1}', \eta_{x_i} \left(\sum_{i=1}^{l-2} A_i', A_{l-1}' \right) = 1$ 成立. 因此，对于任一 x_i，例如 x_1，由式 (13) 有

$$\left| \phi_a \left(\sum_{i=1}^{l-2} A_i' + (A_{l-1}' \backslash \{x_1\}) \right) \right| = \left| \phi_a \left(\sum_{i=1}^{l-1} A_i' \right) \right|$$

$$(16)$$

因为 $|A_r| \geqslant 3, A_r$ 是 H_a — 陪集的一个子集，且

$$\eta_{x_1} \left(\sum_{i=1}^{l-2} A_i', A_{l-1}' \right) = 1$$

由式 (13) 和定理 7 有

$$\sum_{i=1}^{l-2} A_i' + (A_{l-1}' \backslash \{x_1\}) + A_r = \sum_{i=1}^{l-1} A_i' + A_r, |A_r| > 3$$

令

$$A_{l-1}' = A_{l-1}' \backslash \{x_1\}, A_l' = A_r$$

归纳法完成. 因此假设 $|A_r| = 3$. 因为 A_r 是 H_a — 陪集的一个子集，由式 (13) 和式 (16)，可知

$$\left(\sum_{i=1}^{l-2} A_i' + (A_{l-1}' \backslash \{x_1\}) \right) + A_r$$

有准周期分解 $B_1 \cup B_0, |B_0| = 3$. 由命题 1，有

$$\left(\sum_{i=1}^{l-2} A_i' + (A_{l-1}' \backslash \{x_1\}) \right) + A_r$$

不能含有一个约简的拟周期分解 $B_1' \bigcup B_0'$，$|B_0'| = 1$，B_1' 是最大的 H_a—周期，$|H_{a'}| > 2$，既然是这样，我们从第 3 节开始时的说明中就可以得出 $B_1' \bigcup B_0'$ 的唯一性，$B_0' \subseteq B_0$，$B_0 \backslash B_0'$ 是 $H_{a'}$ 周期的，与 $|B_0 \backslash B_0'| = 2 < |H_{a'}|$ 矛盾. 当 $(\sum_{i=1}^{l-2} A_i' + (A_{l-1}' \backslash \{x_1\})) + A_r$，$|H_a| > 2$ 时，式(13) 不成立. 因此，由

$$\sum_{i=1}^{l-2} A_i' + (A_{l-1}' \backslash \{x_1\}) + A_r = \sum_{i=1}^{l-1} A_i' + A_r$$

再令 $A_{l-1}' = A_{l-1}' \backslash \{x_1\}$，$A_l' = A_r$，归纳完成. 我们可以假设 $\eta_x(\sum_{i=1}^{l-2} A_i', A_{l-1}') \geqslant 2$，$x \in A_{l-1}'$.

由式(14) 有

$$\left| \sum_{i=1}^{l-1} A_i' \right| \geqslant \sum_{i=1}^{l-2} |A_i| - (l-2) + \varepsilon + 2(|A_{l-1}'| - 1)$$

$$(17)$$

由 ε 的定义，及 $|A_{l-1}'| \geqslant \max\{2, |A_{l-1}| - 1\}$ 知，这与式(3) 中等式成立相矛盾，除非 $|A_{l-1}'| = 2$ 及式(17) 中等式成立. 对 $x_1, x_2 \in A_{l-1}'$，有

$$\eta_{x_i}(\sum_{i=1}^{l-2} A_i', A_{l-1}') \leqslant 2$$

因为 $|A_{l-1}'| = 2$，通过归纳法，假设 $\varepsilon = 1$，由式(15) 有 $|H_a| = 3$. 因为

$$|A_{l-1}'| = 2, \eta_{x_i}(\sum_{i=1}^{l-2} A_i', A_{l-1}') \leqslant 2$$

由式(13)，知 x_1 和 x_2 中至少有一个可使式(16) 成立. 因为 A_r 是 H_a—陪集的一个子集，$|A_r| \geqslant 3$，$|H_a| =$

3,于是 A_r 是一个 H_a — 陪集

$$\sum_{i=1}^{l-1} A'_i + A_r = \sum_{i=1}^{l-2} A'_i + (A'_{l-1} \setminus \{x_1\}) + A_r$$

其中 $\sum_{i=1}^{l-2} A'_i + (A'_{l-1} \setminus \{x_1\}) + A_r$ 是 H_a — 周期的. 由于命题 2 中周期集的补集是非周期的,因此 $\sum_{i=1}^{l-2} A'_i + (A'_{l-1} \setminus \{x_1\}) + A_r$ 时,式 (13) 不成立,令 $A'_{l-1} = A'_{l-1} \setminus \{x_1\}$,并令 $A'_l = A_r$,归纳完成. 我们可以假设,对所有的 $r > l-1$,有

$$\left| \sum_{i=1}^{l-1} A'_i + A_r \right| \neq \left| \sum_{i=1}^{l-1} A'_i \right| + | A_r | - 1$$

因此,根据情况 1b 的结论,任一集合 $A_r (r > l-1)$ 满足

$$\left| \sum_{i=l'}^{l-1} A'_i + A_r \right| > \left| \sum_{i=1}^{l-1} A'_i \right| + | A_r | - 1 \qquad (18)$$

令 $B_1, \cdots, B_{l'}$ 为 $A_l, \cdots, A_n$ 的一个非空子序列,若

$$\left| \sum_{i=1}^{l-1} A'_i + \sum_{i=1}^{l'} B_i \right| \leqslant \left| \sum_{i=1}^{l-1} A'_i \right| + \sum_{i=1}^{l'} | B_i | - (l'+1) + 1 \qquad (19)$$

则由式 (18) 和定理 6 可知,存在一个集合 B_w 满足

$$\sum_{i=1}^{l-1} A'_i + \sum_{\substack{i=l \\ i \neq w}}^{l'} B_i + (B_w \setminus \{x\}) = \sum_{i=1}^{l-1} A'_i + \sum_{i=l}^{l'} B_i, x \in B_w$$

由式 (18) 和定理 8,可以找到 $x \in B_w$ 使 $A'_l = B_w \setminus \{x\}$,归纳完成. 对任意的 l',我们可以假设式 (19) 不成立. 因为 $| A_l | \geqslant 3$,由式 (18) 可知,在定理 9 中令

$$A = \sum_{i=1}^{l-1} A'_i, B = A_l, C_i = A_{l+i}$$

归纳完成.

情况 2：若 $s \neq 2$，假设 $k_1 \neq 1$；若 $s = 2$，假设 $k_1 \neq 1$ 或 $k_2 \neq n$. 令 s' 为集合 A_i 最小的势，通过假设 $s' \leqslant 2$，令 $k \leqslant n$ 为指数，满足 $|A_i| \geqslant s' + 2, i \geqslant k$. 令 A_j 是一个满足条件 $|A'_j| = s'$ 的子集. 对 $j \geqslant k, t \in A_j \backslash A_{j'}$，我们可以移除 A_j 中的 t，并把 t 放到 A'_j 中构造一个新的集 $A'_{j'}, |A'_{j'}| > |A_{j'}|$. 因此

$$\eta_t \left(\sum_{i=1}^{l} A_{b_i}, A_j \right) \geqslant 1 \qquad (20)$$

其中 $A' = (A_{b_1}, \cdots, A_{b_l})$ 是 $A = (A_1, \cdots, A_n)$ 的任意非空子序列，不包含项 A_j，否则

$$\left| \sum_{\substack{i=1 \\ i \neq j, j'}}^{n} A_i + (A_{j'} \bigcup \{t\}) + (A_j \backslash \{t\}) \right| \geqslant \sum_{i=1}^{n} |A_i| - n + 1$$

$$(21)$$

与 A 的极值假设相矛盾. 由式(20)和定理 6 有

$$\left| \sum_{i=1}^{l} A_{b_i} + (A_j \backslash A'_j) \right| \geqslant \left| \sum_{i=1}^{l} A_{b_i} \right| + |(A_j \backslash A'_j)| - 1$$

$$(22)$$

其中 $A' = (A_{b_1}, \cdots, A_{b_l})$ 是 $A = (A_1, \cdots, A_n)$ 的不包含项 A_j 的非空子序列，A'_j 是 $A \backslash A_{j'}$ 的一个真子集. 假设

$$\left| \sum_{i=1}^{l} A_{b_i} \right| \geqslant \sum_{i=1}^{l} |A_{b_i}| - l + 1 \qquad (23)$$

对 $A = (A_1, \cdots, A_n)$ 的任一非空子集 $A' = (A_{b_1}, \cdots, A_{b_l})$. 因为 $|A_j| - |A_{j'}| \geqslant 2$，则在式(22)和式(23)中令 $A'_j = \{t\}, A' = A \backslash (A_j)$，可知式(21)成立，与最初对 A 的极值的假设相矛盾，除非在 $A'_j = \{t\}, A' = A \backslash (A_j)$

时，式(22) 和式(23) 中等式成立，且

$$\Big| \sum_{\substack{i=1 \\ i \neq j}}^{n} A_i + (A_j \setminus \{t\}) \Big| = \sum_{i=1}^{n} |A_i| - n \qquad (24)$$

对任一 $t \in A_j \setminus A_{j'}$ 成立. 然而，因为式(21) 不成立，由 Kneser 定理和式(24)，有

$$\sum_{\substack{i=1 \\ i \neq j}}^{n} A_i + (A_j \setminus \{t\}) = \sum_{\substack{i=1 \\ i \neq j, j'}}^{n} A_i + (A_j \setminus \{t\}) + (A_{j'} \bigcup \{t\})$$

是最大的 H_{a_i} 一周期. 由在式(20) 中令 $A' = A \setminus (A_j)$，每一个 $t \in A_j \setminus A_{j'}$ 都是 A_j 中 H_{a_i} 一陪集的独有元素.

假设 $A_{j'}$ 不包含同一个 H_{a_i} 一陪集的元素 t，则 t 是 $A_{j'} \bigcup \{t\}$ 中 H_{a_i} 一陪集的唯一一个元素. 由

$$\sum_{\substack{i=1 \\ i \neq j}}^{n} A_i + (A_j \setminus \{t\}) = \sum_{\substack{i=1 \\ i \neq j, j'}}^{n} A_i + (A_{j'} \bigcup \{t\}) + (A_j \setminus \{t\})$$

是最大 H_{a_t} 一周期，由 Kneser 定理，有

$$\Big| \sum_{\substack{i=1 \\ i \neq j, j'}}^{n} A_i + (A_{j'} \bigcup \{t\}) + (A_j \setminus \{t\}) \Big|$$

$$\geqslant \Big| \sum_{\substack{i=1 \\ i \neq j, j'}}^{n} A_i + (A_j \setminus \{t\}) \Big| + | (A_{j'} \bigcup \{t\}) | - 1$$

由式(22)，(23) 及 $A'_j = \{t\}, A' = A \setminus (A_{j'}, A_j)$，知式 (21) 成立，矛盾. 于是我们假设 $\phi_{a_t}(t) \in \phi_{a_t}(A_{j'})$. 因此，对任一 $t \in A_j \setminus A_{j'}$ 都是 A_j 中 H_{a_t} 一陪集的唯一元素(由情况 2)，有 $A_{j'} \not\subseteq A_j$. 因此，$|A_j \setminus A_{j'}| \geqslant 3$.

由式 (20)，(22) $-$ (24) 及 $A_{j'} = \{t_1, t_2\}, A' = A \setminus (A_j)$，有

$$\left| \sum_{\substack{i=1 \\ i \neq j}}^{n} A_i + (A_j \backslash \{t_1, t_2\}) \right| = \sum_{i=1}^{n} |A_i| - n - 1$$

$$(25)$$

对每对不同的 $t_1, t_2 \in A_j \backslash A_{j'}$. 因此, 由式 (20), (24) 及 $A' = A \backslash (A_j)$, 有

$$\eta_t \left(\sum_{\substack{i=1 \\ i \neq j}}^{n} A_i, A_j \right) = 1, t \in A_j \backslash A_{j'}$$

因为 $\sum_{\substack{i=1 \\ i \neq j}}^{n} A_i + (A_j \backslash \{t\})$ 是周期的, $\sum_{i=1}^{n} A_i$ 是周期集中的不相交并集, 称为 T, $\sum_{i=1}^{n} A_i$ 中所有的这样的元素在和集 $\sum_{\substack{i=1 \\ i \neq j}}^{n} A_i + A_j$ 中都只有一种表示方法, 用 t 表示.

因为 $\eta_t \left(\sum_{\substack{i=1 \\ i \neq j}}^{n} A_i, A_j \right) = 1$, 有这样一个元素 $\sum_{i=1}^{n} A_i$, 称为 x, 它在和集 $\sum_{\substack{i=1 \\ i \neq j}}^{n} A_i + A_j$ 中只有一种表示方法, 用 t 表示. 因为 $\sum_{i=1}^{n} A_i = T \cup \{x\}$ 是 $\sum_{i=1}^{n} A_i$ 的递减的拟周期分解. 任何周期集都有一个约化的拟周期, 非周期部分为空, 因此通过命题 1 可以给出约简拟周期分解的特征. $\sum_{i=1}^{n} A_i$ 不可以含有约化的拟周期分解 $T \cup \{x\}$, 以及非周期部分为空的拟周期分解. 因此 $\sum_{i=1}^{n} A_i$ 必须为非周期的.

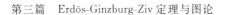

接下来,应用 Kneser 定理,并设 $C_0 = \sum\limits_{i=1}^{n} A_i$,$C_1 = \sum\limits_{\substack{i=1 \\ i \neq j}}^{n} A_i + (A_j \setminus \{t_1\})$,$C_2 = \sum\limits_{\substack{i=1 \\ i \neq j}}^{n} A_i + (A_j \setminus \{t_2\})$,其中 t_1 和 t_2 是 $A_j \setminus A_{j'}$ 中的任意一对不同的元素. 因为 $C_0 = \sum\limits_{i=1}^{n} A_i$ 是非周期的.(由前面的部分可知)在引理中有 $|H_{k_0}| = 1$. 也由引理中定义的符号 $H_{a_{t_1}} = H_{k_1}$,$H_{a_{t_2}} = H_{k_2}$,对每一个 $t \in A_j \setminus A_{j'}$,$\eta_t(\sum\limits_{\substack{i=1 \\ i \neq j}}^{n} A_i, A_j) = 1$,包括 t_1 和 t_2,有 $|C_1| = |C_2| = |C_0| - 1$. 由 Kneser 引理给出的不等式有 $|H_{k_1}| \leqslant 2$ 或 $|H_{k_2}| \leqslant 2$. 在它们的定义中,H_{k_1} 和 H_{k_2} 都是非平凡的,于是得到 $|H_{k_1}| = 2$ 或 $|H_{k_2}| = 2$. 如果 $A_j \setminus A_{j'}$ 中的两个不同的元素 t_1 和 t_2 满足 $|H_{k_1}| \neq 2$ 和 $|H_{k_2}| \neq 2$,那么应用上面的结论会产生矛盾. 因此我们假设 $|H_{a_t}| = 2$,$t \in A_j \setminus A_{j'}$.

令 $t \in A_j \setminus A_{j'}$,$t \neq t_0$. 因为 $\sum\limits_{i=1}^{n} A_i$ 是非周期的,所以每一个集合 A_i 都是非周期的. 因为 $|H_{a_t}| = 2$,又因为 $\sum\limits_{\substack{i=1 \\ i \neq j}}^{n} A_i + A_j \setminus \{t\}$ 是最大的 H_{a_t} — 周期,所以由 Kneser 定理后的注我们有

$$\left| \sum_{\substack{i=1 \\ i \neq j}}^{n} A_i + (A_j \setminus \{t\}) \right|$$

$$= \sum_{\substack{i=1 \\ i \neq j}}^{n} |A_i| + |A_j \setminus \{t\}| - (n-1)|H_{a_t}| + \rho$$

$$= \sum_{i=1}^{n} |A_i| - 2n + 1 + \rho$$

其中 ρ 是集合 $A_j \backslash \{t\}$ 中集合 $A_i (i \neq j)$ 的 H_{a_t} 一孔的数量. 每一个集合 A_i 都是周期的, 每一个集合 $A_i (i \neq j)$ 都包含至少一个 H_{a_t} 一孔, $\rho \geqslant n-1$, 应用

$$\left| \sum_{\substack{i=1 \\ i \neq j}}^{n} A_i + A_j \backslash \{t\} \right| \geqslant \sum_{i=1}^{n} |A_i| - 2n + 1 + (n-1)$$

$$= \sum_{i=1}^{n} |A_i| - n$$

由式(24)我们知道这个不等式中的等式成立, 每一个集合 $A_i (i \neq j)$ 必包含一个 H_{a_t} 一孔, $A_j \backslash \{t\}$ 不包含 H_{a_t} 一孔. 因此, 每一个集合 A_i 都是一个周期集合 T 和一个不相交元素 x 的并集. 然而, 由于 $|H_{a_t}| = 2$, 将包含 x 的 H_{a_t} 一陪集中的另一个元素添加到集合 A_i 中, 将完成陪集的构造, 并得到 H_{a_t} 一周期集. 因此 A_i 是有孔的 H_{a_t} 一周期集. 因为 $\phi_{a_t}(t) \in \phi_{a_t}(A_{j'})$ (由情况 2 的第三段), $t \notin A_{j'}$, 有 $A_{j'} \bigcup \{t\}$ 是 H_{a_t} 一周期的, 若 $t' \in A_j \backslash A_{j'}, t' \neq t$, 则 $\phi_{a_t}(t') \notin \phi_{a_t}(A_{j'})$.

因为任一集 A_i 都是有孔的 H_{a_t} 一周期集, $|H_{a_t}| = 2$, 对任一 $i (i \leqslant n)$, $|A_i|$ 是奇数. 由于 $s' \leqslant 2$, 于是 $s' = 1$, 于是不存在集合 A_i, 使 $|A_i| = s' + 1 = 2$.

假设

$$\left| \sum_{\substack{i=1 \\ i \neq j, j'}}^{n} A_i + (A_j \backslash \{t, t'\}) + (A_{j'} \bigcup \{t, t'\}) \right|$$

$$\leqslant \sum_{i=1}^{n} |A_i| - n \tag{26}$$

对不同的 $t, t' \in A_j \backslash A_{j'}, t \neq t_0$ 成立. 由 Kneser 定

理,有

$$\sum_{\substack{i=1 \\ i \neq j, j'}}^{n} A_i + (A_j \backslash \{t, t'\}) + (A_{j'} \bigcup \{t, t'\})$$

是最大的 $H_{a'}$ 一周期.

假设式(26) 中的不等式是严格的,因为

$$\sum_{\substack{i=1 \\ i \neq j}}^{n} A_i + (A_j \backslash \{t, t'\})$$

$$\subseteq \sum_{\substack{i=1 \\ i \neq j, j'}}^{n} A_i + (A_j \backslash \{t, t'\}) + (A_{j'} \bigcup \{t, t'\})$$

由式(25),有

$$\sum_{\substack{i=1 \\ i \neq j, j'}}^{n} A_i + (A_j \backslash \{t, t'\}) + (A_{j'} \bigcup \{t, t'\})$$

$$= \sum_{\substack{i=1 \\ i \neq j}}^{n} A_i + (A_j \backslash \{t, t'\})$$

因此,由式(24) 和式(25),有

$$\sum_{\substack{i=1 \\ i \neq j, j'}}^{n} A_i + (A_j \backslash \{t, t'\}) + (A_{j'} \bigcup \{t, t'\})$$

是一个有孔的 H_{a_t} 一周期集.因此由定理 8 有

$$\sum_{\substack{i=1 \\ i \neq j, j'}}^{n} A_i + (A_j \backslash \{t, t'\}) + (A_{j'} \bigcup \{t, t'\})$$

不是周期集,这与

$$\sum_{\substack{i=1 \\ i \neq j, j'}}^{n} A_i + (A_j \backslash \{t, t'\}) + (A_{j'} \bigcup \{t, t'\})$$

是 H_{a_t} 一周期集矛盾,因此,我们可假设式(26)中等式
成立.

因为

$$\sum_{\substack{i=1 \\ i \neq j}}^{n} A_i + (A_j \backslash \{t, t'\})$$

$$\subseteq \sum_{\substack{i=1 \\ i \neq j, j'}}^{n} A_i + (A_j \backslash \{t, t'\}) + (A_{j'} \bigcup \{t\})$$

由式(25) 有

$$\left| \sum_{\substack{i=1 \\ i \neq j, j'}}^{n} A_i + (A_j \backslash \{t, t'\}) + (A_{j'} \bigcup \{t\}) \right|$$

$$\geqslant \sum_{i=1}^{n} |A_i| - n - 1$$

假设

$$\left| \sum_{\substack{i=1 \\ i \neq j, j'}}^{n} A_i + (A_j \backslash \{t, t'\}) + (A_{j'} \bigcup \{t\}) \right| > \sum_{i=1}^{n} A_i - n - 1$$

因为

$$\sum_{\substack{i=1 \\ i \neq j, j'}}^{n} A_i + (A_j \backslash \{t, t'\}) + (A_{j'} \bigcup \{t\})$$

$$\subseteq \sum_{\substack{i=1 \\ i \neq j, j'}}^{n} A_i + (A_j \backslash \{t\}) + (A_{j'} \bigcup \{t\})$$

所以由式(24) 有

$$\sum_{\substack{i=1 \\ i \neq j, j'}}^{n} A_i + (A_j \backslash \{t, t'\}) + (A_{j'} \bigcup \{t\})$$

$$= \sum_{\substack{i=1 \\ i \neq j, j'}}^{n} A_i + (A_j \backslash \{t\}) + (A_{j'} \bigcup \{t\})$$

$$= \sum_{\substack{i=1 \\ i \neq j}}^{n} A_i + (A_j \backslash \{t\})$$

因此由式(26) 可得

180

$$\sum_{\substack{i=1 \\ i \neq j, j'}}^{n} A_i + (A_j \backslash \{t, t'\}) + (A_{j'} \bigcup \{t\})$$

$$= \sum_{\substack{i=1 \\ i \neq j, j'}}^{n} A_i + (A_j \backslash \{t, t'\}) + (A_{j'} \bigcup \{t, t'\})$$

是最大的 H_{a_t} 一周期. 因为 $\phi_{a_t}(t') \notin \phi_{a_t}(A_{j'})$（由情况 2），又因为 t 是 A_j 的 H_{a_t} 一陪集唯一的元素（由情况 2），因为 $|H_{a_t}| = 2$，任一集 A_i 都是有孔的 H_{a_t} 一陪集（由情形 2），由 Kneser 定理（通过计算孔的数量）有

$$\left| \sum_{\substack{i=1 \\ i \neq j, j'}}^{n} A_i + (A_j \backslash \{t, t'\}) + (A_{j'} \bigcup \{t, t'\}) \right|$$

$$\geqslant \sum_{i=1}^{n} |A_i| - n + 2$$

与式（26）矛盾. 因此我们可假设

$$\left| \sum_{\substack{i=1 \\ i \neq j, j'}}^{n} A_i + (A_j \backslash \{t, t'\}) + (A_{j'} \bigcup \{t\}) \right| = \sum_{i=1}^{n} A_i - n - 1$$

因为式（26）中的等式成立，所以有

$$\sum_{\substack{i=1 \\ i \neq j, j'}}^{n} A_i + (A_j \backslash \{t, t'\}) + (A_{j'} \bigcup \{t\})$$

是由 $H_{a'}$ 一周期集

$$\sum_{\substack{i=1 \\ i \neq j, j'}}^{n} A_i + (A_j \backslash \{t, t'\}) + (A_{j'} \bigcup \{t, t'\})$$

是穿孔得到的，因此由定理 8 和它是非周期的. 因为 $A_{j'} \bigcup \{t\}$ 是 H_{a_t} 一周期（由情况 2），所以

$$\sum_{\substack{i=1 \\ i \neq j, j'}}^{n} A_i + (A_j \backslash \{t, t'\}) + (A_{j'} \bigcup \{t\})$$

是周期的，矛盾. 所以我们可假设式（26）不成立，即

$$\left| \sum_{\substack{i=1 \\ i \neq j, j'}}^{n} A_i + (A_j \backslash \{t, t'\}) + (A_{j'} \bigcup \{t, t'\}) \right|$$

$$\geqslant \sum_{i=1}^{n} |A| - n + 1 \tag{27}$$

对不同的 $t, t' \in A_j \backslash A_{j'}, t \neq t_0$ 成立.

若 $|A_j| - |A_{j'}| > 2$, 由式 (27) 有, 将 t 和 t' 从 A_j 移到 $A_{j'}$ 得到的分割满足式 (1), 并且包含阶小于 s' 的集合, 这与最初假定的 A 的极值条件相矛盾. 我们可以假设 $|A_j| - |A_j'| = 2$, 因此有 $|A_j| = s' + 2 = 3$. 由于 A_j 和 $A_{j'}$, $|A_j| \geqslant s' + 2$, $|A_{j'}| = s'$, 是任意的, 又因为不存在满足 $|A_i| = s' + 1$ 的集合 A_i (由情况 2), 使 $|A_i| = 1 (i < k)$, $|A_i| = 3 (i \geqslant k)$. 因此, 在 $s = 2$ 时将情况 1 应用到 $(n - k + 1)$ — 集分割 $A_k, A_{k+1}, \cdots, A_n$ 完成证明. 于是我们假设式 (23) 不成立.

因为式 (23) 不成立. 令 l 为最小整数, 允许改变符号

$$\left| \sum_{i=1}^{l} A_i \right| < \sum_{i=1}^{l} |A_i| - l + 1 \tag{28}$$

由 Kneser 定理有 $\sum_{i=1}^{l} A_i$ 是最大 H_a — 周期. 因为 $s' \leqslant 2$, 由式 (20), 定理 2 以及 l 的极小性, 我们有 $|A_i| \leqslant s' + 1 \leqslant 3 (i \leqslant l)$. 因此, 由 Kneser 定理和 l 的极小性, 对每一个 $A_i (i \leqslant l)$ 都在 H_a — 陪集内. 因为 $\sum_{i=1}^{l} A_i$ 是 H_a — 周期的, 所以 $\sum_{i=1}^{l} A_i$ 是一个 H_a — 陪集. 令 b, s_1, s_2 如情况 1a 所定义, 因为 $\sum_{i=1}^{l} A_i$ 是 H_a — 陪集, 所以由命

题 2(2)，我们可以移除 $A_i(i \leqslant l)$ 中集合的元素，得到一个新的非空集合 A_i'，使得

$$s_1' \stackrel{\text{def}}{=\!=} \sum_{i=1}^{l} |A_i'| \leqslant |H_a| + l - 1, \sum_{i=1}^{l} A_i' = \sum_{i=1}^{l} A_i$$

设 S' 是由 A_i 划分的 S 项的最小长度子序列，其中 $i \geqslant l+1$，还有一 $(n-l)$ — 集分割 $B' = B_1, \cdots, B_{n-l}$，使得

$$\left| \sum_{i=1}^{n-l} \phi_a(B_i) \right| \geqslant b + 1$$

（因为 $\displaystyle\sum_{i=1}^{l} A_i'$ 是 H_a — 陪集，这样的子序列由式（1）和式（5）组成）. 由命题 6(2) 有 $|S'| \leqslant (n-l) + b$.

令 $s_2' = |S'|$，当 $s \geqslant 3$ 时，$r' = r$，当 $s = 2$ 时，$r' = n - 1$，注意到，证明将是完整的，除非

$$s_2' + s_1' \geqslant (s-1)n + r' + 2 \tag{29}$$

因此，由前两段的结论，有

$$(s-1)n + r' + 2 \leqslant |H_a| + l - 1 + (n-l) + b$$

应用

$$(s-1)n \leqslant \frac{s-1}{s-2}(|H_a| + b - r' - 3)$$

$$\leqslant 2(|H_a| + b - r' - 3) \quad (s \geqslant 3)$$

有

$$n \leqslant |H_a| + b - 2 \quad (s = 2)$$

由式（5），有

$$b|H_a| \leqslant 2|H_a| + 2b - 5$$

应用

$$(b-2)|H_a| \leqslant 2b - 5 \quad (b \leqslant 1)$$

因为 $|A_i| \leqslant s' + 1 \leqslant 3 (i \leqslant l)$，由 l 的极小性，有 $|A_i| = 2$ 或 $|A_i| = 3 (i \leqslant l)$. 因此，式(28)，对 $A_i (i \leqslant l)$ 应用命题 2(2)，得到集合 $A'_i \subseteq A_i$ 使得对一些 r 有

$$\sum_{i=1}^{l} A'_i = \sum_{i=1}^{l} A_i$$

$$\left| \sum_{i=1}^{l} A'_i \right| = \sum_{i=1}^{l} |A'_i| - l + 1$$

对一些 r 有 $|A'_r| \leqslant 2$. 并且使情形 1 对于满足 $|A'_i| > 1$ 的那些 A'_i 组成的 A'_i 的子序列成立，因此，由于 $|A'_r| \leqslant 2$ 对一些 r 成立，我们可假设 $s'_1 \leqslant 2l$. 因为 $b \leqslant 1, s'_2 \leqslant (n-l) + b$，所以 $s'_1 + s'_2 \leqslant n + l + 1$，由式(29)有 $n + l + 1 \geqslant 2n + 1$，其中 $n \leqslant l$，这与式(1)或式(28)矛盾，证明完成.

4. 主要单色零和

给定 $\alpha \in \mathbf{Z}_m$，设 $\overline{a}$ 是 α 的最小正整数，下面我们开始定理 4 的证明，依据 Gao 和 Hamtdoune[10] 的方法.

定理 4 的证明 令 $|\{a\} \cap s| = n_0$，$|\{b\} \cap s| = n_1, t = |S| - n_0 - n_1$，不妨假设 $|S| = 2m - 1, n_1 \leqslant n_0 \leqslant m - 1, a = 0$. 因此，由假设

$$t \leqslant \left\lfloor \frac{m}{2} \right\rfloor \tag{30}$$

于是

$$\left\lceil \frac{m}{2} \right\rceil \leqslant m - t \leqslant n_1 \leqslant n_0 \leqslant m - 1 \tag{31}$$

由鸽笼原理，有

$$m - \left\lfloor \frac{t+1}{2} \right\rfloor \leqslant n_0 \tag{32}$$

184

令 c 是 b 的阶数，设 $c < m$，l 是使得 $\lfloor \frac{t+1}{2} \rfloor \leqslant l$，$c \mid l$ 最小的整数. 注意到 $l \leqslant \lfloor \frac{t+1}{2} \rfloor + c - 1$. 若 $c < \frac{m}{3}$，则由式（30）有

$$l \leqslant \lfloor \frac{m+2}{4} \rfloor + \frac{m}{4} - 1 \leqslant \lceil \frac{m}{2} \rceil$$

另外，若 $c \geqslant \frac{m}{3}$，则由式（30）有 $\lfloor \frac{t+1}{2} \rfloor \leqslant c$，$l = c \leqslant \lceil \frac{m}{2} \rceil$. 由式（31）和式（32），在这两种情形下，选择 l 项等于 b，$m - 1$ 项等于 0，证明完成. 假设 $c = m$，G 是循环的，不妨设 $b = 1$.

令 $W = w_1, w_2, \cdots, w_l$ 为 S 不等于 0 或 1 的项的子序列，又令 $\sum_{i=1}^{l} w_i = w$. 观察到 m 项序列在条件 $w \geqslant 1$ 下

$$(\underbrace{0, \cdots, 0}_{\overline{w} - l \text{个}}, \underbrace{1, \cdots, 1}_{m - \overline{w} \text{个}}, w_1, \cdots, w_l)$$

是零和的. 由式（31），若 $\overline{w} \geqslant \lfloor \frac{m}{2} \rfloor + l$，则

$$\overline{w} \geqslant n_0 + l + 1 \tag{33}$$

若 $l \leqslant \overline{w} \leqslant \lceil \frac{m}{2} \rceil$，则

$$\overline{w} \leqslant m - n_1 - 1 \tag{34}$$

证明完成.

令 $Y = y_1, \cdots, y_{r_y}$ 为由项 y_i 组成的 S 的子序列，使得 $1 < \overline{y_i} \leqslant \frac{m}{2}$，令 $Z = z_1, \cdots, z_{r_z}$ 为由项 z_i 组成的 S 的

子序列,使得 $\frac{m}{2} < \overline{z_i} \leqslant m-1$. 应用式(33), $W = \{Z_i\}$,

如果对所有 i 有 $\overline{z_i} \geqslant n_0 + 2$. 因为 $\frac{m}{2} < \overline{z_i} \leqslant m-1$, 根据

(30), (32) 和(33) 三式应用于 $W = z_1, \cdots, z_{l-1}$. 从 $l-1$

到 l 有一个简单的归纳式 $\lfloor \frac{m}{2} \rfloor + l \leqslant \overline{\sum_{i=1}^{l} z_i}, l \in \{1, \cdots,$

$r_z\}$, 因为 $\frac{m}{2} < \overline{z_i} \leqslant m-1$, 所以 $\overline{\sum_{i=1}^{l} z_i} \leqslant m-l$. 因此, 由

满足 $W = z$ 的式(33), 有

$$r_z \leqslant \frac{m - n_0 - 1}{2} \qquad (35)$$

令 $Y' = y_1', \cdots, y_l'$ 为 Y 的子序列, 长度为 l. 接下来,

我们用归纳法来证明从 $l-1$ 到 l 的情形, 有

$$\overline{\sum_{i=1}^{l} y_i'} \leqslant \lfloor \frac{m}{2} \rfloor + l - 1 \qquad (36)$$

$l \in \{1, \cdots, r_y\}$. $l = 1$ 的情形符合 Y 的定义. 因为 $2m-1 = n_0 + n_1 + t$, 所以应用式(34), $W = \{y_i\}$, 对所有 i 有

$\overline{y_i'} \leqslant t - m + m_0$. 因此, 根据归纳假设, 可以得出结论

$$n_0 - \lceil \frac{m}{2} \rceil + l - 2 + t \geqslant \overline{\sum_{i=1}^{l} y_i'} \qquad (37)$$

如果式(36) 不成立, 应用式(33), $W = Y'$, 有

$$\overline{\sum_{i=1}^{l} y_i'} \geqslant n_0 + l + 1$$

由式(37) 可推出 $t \geqslant \lceil \frac{m}{2} \rceil + 3$, 与式(30) 矛盾. 于是我

们可假设式(36) 成立.

我们继续证明

$$\overline{\sum_{i=1}^{l} y_i'} = \sum_{i=1}^{l} \overline{y_i'} \qquad (38)$$

因为$\overline{y_i'} \leqslant \dfrac{m}{2}$,可知式(38)在$l=1,l=2$时成立. 归纳假

设(38)对$l-1$成立,其中$l \geqslant 3$,令$j,j' \in \{1,\cdots,l\}$为

不同的指数,由式(36)和归纳假设可知

$$\sum_{\substack{i=1 \\ i \neq j}}^{l} \overline{y_i'} = \overline{\sum_{\substack{i=1 \\ i \neq j}}^{l} y_i'} \leqslant \lfloor \frac{m}{2} \rfloor + l - 2$$

应用估计$\overline{y_i'} \geqslant 2, i \neq j'$,有

$$\overline{y_{j'}'} \leqslant \lfloor \frac{m}{2} \rfloor + l - 2 \qquad (39)$$

其中,$j' \in \{1,\cdots,l\}$. 由式(39),归纳假设和式(36),有

$$\sum_{i=1}^{l} \overline{y_i'} = \overline{y_l'} + \sum_{i=1}^{l} \overline{y_i'} = \overline{y_l'} + \overline{\sum_{i=1}^{l-1} y_i'}$$

$$\leqslant \lfloor \frac{m}{2} \rfloor - l + 2 + \lfloor \frac{m}{2} \rfloor + l - 2$$

$$= 2\lfloor \frac{m}{2} \rfloor \leqslant m$$

立即可得式(38).

由式(32)和式(35),有

$$r_y \geqslant \frac{3t+1}{4} \qquad (40)$$

令l为使Y的满足$\sum_{i=1}^{l} y_i' \leqslant \lceil \dfrac{m}{2} \rceil$的子序列$Y' = y_1',\cdots,y_l'$

存在的最大整数. 因为$2m-1=n_0+n_1+t, \overline{y_i} \geqslant 2$,由

式(34)和式(38),有

$$2l \leqslant \sum_{i=1}^{l} \overline{y'_i} \leqslant n_0 + t - m \qquad (41)$$

因为 $m - n_0 \geqslant 1$，所以 $l \leqslant \dfrac{t-1}{2}$. 由式（40）可知，存在 Y 的至少 $\lceil \dfrac{t+3}{4} \rceil$ 项不在最大子序列 Y' 中，此外，因为 $l \geqslant 1$，所以有 $t \geqslant 3$，令 $A = a_1, \cdots, a_{[(t+3)/4]}$ 为 $Y \backslash Y'$ 的一个子序列. 设 α 满足 $\sum_{i=1}^{l} y'_i = n_0 + t - m - \alpha$. 由式（41）可知 $\alpha \geqslant 0$. 由 Y' 的极大性，知对每个 $y \in Y \backslash Y'$，有

$$\overline{y} \geqslant \lceil \dfrac{m}{2} \rceil + m - n_0 - t + 1 + \alpha$$

通过考虑的上界和下界，有

$$\sum_{a \in A} \overline{a} + \sum_{y' \in Y} \overline{y'}$$

由式（36）和式（38）有

$$\lceil \dfrac{t+3}{4} \rceil (\lceil \dfrac{m}{2} \rceil + m - n_0 - t + 1 + \alpha) + (n_0 + t - m - \alpha)$$

$$\leqslant \lfloor \dfrac{m}{2} \rfloor + l + \lceil \dfrac{t+3}{4} \rceil - 1$$

因为 $\alpha \geqslant 0, t \geqslant 3, m - n_0 \geqslant 1$，由式（30）可知，若 m 是奇数或 $m - n_0 \geqslant 2$ 或 $t < \lfloor \dfrac{m}{2} \rfloor$，上面的不等式意味着 $l \geqslant \dfrac{t+2}{2}$，与 $l \leqslant \dfrac{t-1}{2}$ 矛盾. 由式（30），我们可以假设 m 是偶数，$t = \dfrac{m}{2}$，$n_0 = m - 1$，由式（35）有 $r_y = \dfrac{m}{2}$. 因此，对所有的 i 有 $y_i = 2$. 由式（31）选择 $\dfrac{m}{2}$ 项等于 0，$\dfrac{m}{2}$ 项等于 2，证明完成.

5. Erdös-Ginzburg-Ziv 定理的应用

先从下面的简单命题开始,这个命题很容易通过对 s 的归纳而得到证明.

命题3 令 m 和 s 都为正整数,S 为 m 阶有限群的元素序列,若 $|S| \geqslant m+2s-1$,则存在 S 的两个不相交的 S 项的子序列,它们的和相等.

作为定理 3,4 和 5 的一个简单推论,我们现在准备将 Erdös-Ginzburg-Ziv 定理扩展到一类超图中.

定理 10 令 $\mathcal{H}$ 为一个有限 m 一致超图,$e \in E(\mathcal{H})$,$\mathcal{H}'$ 为通过移除边 e 和 e 上全部的单阶顶点得到的子超图. 若 $f_{zs}(\mathcal{H}') \leqslant 2|V(\mathcal{H})|-1$,且 e 有至少 $\lceil \dfrac{m}{2} \rceil$ 个单阶顶点,则 $f_{zs}(\mathcal{H}) \leqslant 2|V(\mathcal{H})|-1$.

证明 用 S 表示由着色 $\Delta: V \to \mathbf{Z}_m$ 给出的序列,其中 $n=|V(\mathcal{H})|$,$V=V(K_{2n-1}^m)$. s 为 e 中非单阶顶点的个数,注意到假设 $s \leqslant \lfloor \dfrac{m}{2} \rfloor$,我们假设 S 中项的重数至多为 $n-1$,否则将会产生一个 $\mathcal{H}$ 的边缘零和副本. 若存在一个子集 $X \subseteq V$,使得 $|X| \leqslant s-2 \leqslant \lfloor \dfrac{m}{2} \rfloor -2$,$|\Delta(V \backslash X)| \leqslant 2$,则保留用 a_i 着色的 $n-m$ 项,其中 $a_i \in \Delta(V \backslash X)$,并应用定理 4 到剩下的 $2m-1$ 项中,可知 $\mathcal{H}$ 存在一个边的零和副本,e 的顶点由定理 4 给出的零和序列着色,其他所有的边都是单色的. 此外,因为 $s \leqslant \lfloor \dfrac{m}{2} \rfloor$,由命题 1 可知存在一个 S 的 $(2n-m)$ -集分割 P,它含有至少 $2n-2m+s$ 个基数为 1 的集合. 因为

189

$s \leqslant \lfloor \frac{m}{2} \rfloor$,所以应用定理 5 到 P 可以得到两种情况.

若定理 5(1) 成立,则可设 A 为(1)给出的集合的分割,A' 为从 A 中删除 $2n-2m+s$ 个基数为 1 的集合所得到的 $(m-s)$-集分割.应用定理 3,从集合分割 A' 中得到一个 $(m-s)$-集分割 A'',其至多包含 S 的 $2(m-s)$ 项,其和集为 $\mathbf{Z}_m$.这剩下的至少 $2n-1-2(m-s)=2(n-m+s)-1 \geqslant 2 \mid V(\mathcal{H}') \mid -1$ 个顶点不包含在 A'' 的任何项中.因为 $f_{zs}(\mathcal{H}) \leqslant 2 \mid V(\mathcal{H}') \mid -1$,所以存在一个 $\mathcal{H}'$ 的边零和副本不包含 A'' 的任何顶点.因为 $(m-s)$-集分割 A'' 中项的和集是 $\mathbf{Z}_m$,所以我们可以找到 $m-s$ 个 A'' 的顶点与 $\mathcal{H}'$ 的顶点构成的 $\mathcal{H}$ 的一个边零和副本.

如果定理 5(2) 成立,那么存在一个指数为 a 的非平凡真子群 H_a,使得 S 中至多 $a-2$ 项取自陪集 $\alpha + H_a$,不妨假设 $\alpha = 0$.此外,存在 S 的一个子序列 S',长度至多为 $2n-1-(a-2)$,它带有一个 $(2n-m)$-集分割 $P' = P'_1, \cdots, P'_{2n-m}$,且满足 $\sum\limits_{i=1}^{2n-m} P'_i = H_a$.因为 $\frac{m}{a} \leqslant m-s \leqslant 2n-m$,在命题 2(2) 之后应用命题 2(1),可知存在一个 S' 的子序列 S'' 满足 $\mid S'' \mid \leqslant m-s+\frac{m}{a}-1$,它有一个 $(m-s)$-集分割 P'',它的项的和是 H_a.因为至少还有 S 的 $2n-1-(m-s+\frac{m}{a}-1)-(a-2) \geqslant 2n-1-2(m-s)$ 项没在集合分割 P'' 中,这些项都取自 H_a,这样就和前面一样完成了证明.

现在我们证明我们的主要结果.

定理 1 的证明 如果 $\mathscr{H}$ 是一条边，这是对 Erdös-Ginzburg-Ziv 定理的重述. 因此定理 1 的上界由定理 10 和对边数的归纳（放宽连通性条件）得到，而连通 $\mathscr{H}$ 的下界是平凡的.

定理 2 的证明 用 S 表示被 $\Delta:V\to \mathbf{Z}_m$ 着色的序列，其中 $n=|V(\mathscr{H})|$，$V=V(K_{2n-1}^m)$. 设 $\mathscr{H}$ 的两条边为 A 和 B. 若 $|A\cap B|<\lceil\frac{m}{2}\rceil$，则由定理 1 知证明完成. 接下来，我们可以假设 $|A\cap B|\geqslant\lceil\frac{m}{2}\rceil$. 令 $s=m-|A\cap B|$. 记 $n=m+s$，$|S|=2m+2s-1$，$s\leqslant\lfloor\frac{m}{2}\rfloor$.

我们还可以假设 S 中每一项的重数最多为 $n-1$，这将会产生一个所有边都是单色的 $\mathscr{H}$ 的边零和副本. 若存在子集 $X\subseteq V$，使得 $|X|\leqslant\lceil\frac{m}{2}\rceil-2$，$|\Delta(V\backslash X)|\leqslant 2$，则对任一 $a_i\in\Delta(V\backslash X)$，将被 a_i 着色的 s 项放在一边，对剩下的 $2m-1$ 项应用定理 4，知存在一个 $\mathscr{H}$ 的边零和副本，且 A 的顶点被定理 4 给出的零和序列着色，且 $V(\mathscr{H})\backslash(A\cap B)$ 是单色的. 否则，由命题 1 可知，存在一个 S 的 $(m+2s)$-集分割 P，含有至少 $\lceil\frac{m}{2}\rceil+2s$ 个基数为 1 的集合. 应用定理 5 到 P，得到两种情形.

若定理 5(1) 成立，令 A 是 (1) 给出的集分割，A' 为由 $\lfloor\frac{m}{2}\rfloor$ 集分割中删除 A 中 $\lceil\frac{m}{2}\rceil+2s$ 个基数为 1 的集合构成的新集合. 在集合分割 A' 中应用定理 3 可以得

到一个 $\lceil \frac{m}{2} \rceil$ 一集分割 A''，它包含至多 s 的 m 项，其和集为 $\mathbf{Z}_m$. 这就剩下至少 $m+2s-1$ 个顶点不包含在 A'' 的项中. 由命题 3 可以推出两个不相交的 s 项子序列 S_1 和 S_2，它们的项都不包含在 A'' 中，它们的和等于 t. 因为 $s \leqslant \lfloor \frac{m}{2} \rfloor$，令 T 是长度为 $m-s-\lfloor \frac{m}{2} \rfloor$ 的子序列，其项不包含在 S_1, S_2 或 A'' 中. 令 t' 为 T 中各项的和，若 T 非空，否则令 $t'=0$. 因为 $s \leqslant \lfloor \frac{m}{2} \rfloor$，$A''$ 的和集为 $\mathbf{Z}_m$，我们可以从 A'' 中选取 S 的 $\lfloor \frac{m}{2} \rfloor$ 项，其和为 $-(t+t')$，它与 S_1, S_2 和 T 一起构成了一个 $\mathcal{H}$ 的边零和副本，其中 A'' 和 T 的项都包含在 $A \cap B$ 中.

若定理 5(2) 成立，则存在一个非平凡真子群 H_a，使得 S 中的至多 $a-2$ 项是取自陪集 $\alpha+H_a$ 的，不妨假设 $\alpha=0$. 此外，还存在一个 S 的子序列 S'，其长度至多为 $2n-1-(a-2)$，并带有一个 $(m+2s)$ 一集分割 $P'=P'_1, \cdots, P'_{m+2s}$，满足 $\sum_{i=1}^{m+2s} P'_i=H_a$. 因为 $\frac{m}{a} \leqslant m-s \leqslant m+2s$，由命题 2(1) 和命题 2(2) 可知存在一个 S' 的子序列 S'' 满足 $|S''| \leqslant m-s+\frac{m}{a}-1$，它包含一个 $(m-s)$ 一集分割 P''，其和集是 H_a. 因此，至少有 S 的 $2m+2s-1-(a-2)-(m-s+\frac{m}{a}-1)=m+3s-\frac{m}{a}-a+2 \geqslant \frac{m}{a}+2s-1$ 项没有应用到集合分割 P'' 中，它们取自 H_a. 证明完成.

最后,我们给出一个相当简单的超图的例子,它有 $(\lfloor \frac{m}{2} \rfloor + 3)(\lceil \frac{m}{2} \rceil - 1)$ 个顶点,每条边至少有 $\lceil \frac{m}{2} \rceil - 2$ 个单阶顶点,但这并没有得到边零和的推广,定理 5 和定理 10 给出的 $\lceil \frac{m}{2} \rceil$ 最多可以改进到 $\lceil \frac{m}{2} \rceil - 1$. 令 X 为 $\lfloor \frac{m}{2} \rfloor - 2$ 个顶点的集合,对每一个 X 的 $\lfloor \frac{m}{2} \rfloor + 2$ 个子集 X',定义超图 $\mathscr{H}$ 的一条边 X',由 $\lceil \frac{m}{2} \rceil - 2$ 个与 X 不相交的单阶顶点构成. 对整个图的着色,设 Δ 完全由相同数量被 0 和 1 着色的顶点组成,其中一个顶点被 $\lceil \frac{m}{2} \rceil$ 着色. 因为唯一的单调零和序列为 $(\underbrace{0,\cdots,0}_{\lceil \frac{m}{2} \rceil - 1 个}, \underbrace{1,\cdots,1}_{\lfloor \frac{m}{2} \rfloor 个}, \lceil \frac{m}{2} \rceil)$,所以任何 $\mathscr{H}$ 的边零和副本必须满足 $|\Delta(x)| = 3$,因为不可能有非单色的零和边只使用颜色 0 和 1 着色.

最后,我们注意到,本节中用于获取 $\mathbf{Z}_m$ 的上界颜色的参数对于带有任意阶 m 的 Abel 群 G 同样有效,尽管在非循环情况下,匹配的下界结构不成立.

参考文献

[1] ALON N, DUBINER M. Zero-sum sels of prescribed size, in: Combinatorics[J]. Paul Erdös is Eighty. Bolyai Soc. Math. Stud. , János Bolyai Math. Soc, vol. 1, Budapest, 1993,1:33-50.

［2］BIALOSTOCKI A，GRYNKIEWICZ D．On the intersection of two *m*-sets and the Erdös-Ginzburg-Ziv theorem［J］．Ars Combinatoria，2007，83(0)：335-339．

［3］BIALOSTOCKI A，P DIERKER，GRYNKIEWICZ D，LOTSPIECH M．On some developments of the Erdös-Ginzburg-Ziv Theorem Ⅱ［J］．Acta．Arith．，2003，110(2)：173-184．

［4］BIALOSTOCKI A，BIALOSTOCKI G，SCHAAL D．A zero-sum theorem［J］．J．Combin．Theory Ser．，2003，A101(1)：147-152．

［5］BIALOSTOCKI A，ERDÖS P，LEFMANN H．Monochromatic and zero-sum sets of nondecreasing diameter［J］．Discrete Math．，1995，137(1-3)：19-34．

［6］CARO Y．Zero-sum problems — a survey［J］．Discrete Math．，1996，152(1-3)：93-113．

［7］DAVENPORT H．On the addition of residue classes［J］．J．London Math．Soc．，1935，10：30-32．

［8］ERDÖS P，GINZBURG A，ZIV A．Theorem in additive number theory［J］．Bull．Res．Council Isracl，1961，(10F)：41-43．

［9］FUREDI Z，KLEITMAN D．On zero-trees［J］．J．Graph Theory，1992(16)：107-120．

［10］GAO W D，HAMTIDOUNE Y O．Zero sums in abelian groups［J］．Combin．Probab．Comput．，1998，7(3)：261-263．

［11］GRYNKIEWICZ D．Quasi-periodic decompositions and the Kemperman Structure Theorem［J］．European J．of Combin．，2005，26(5)：559-575．

［12］GRYNKIEWICZ D，SABAR R．Monochromatic and zero-

sum sets of nondecreasing modified-diameter [J]. Electronic Journal of Combinatorics，2006，13(1)：1-19.

[13] GRYNKIEWICZ D. On a partition analog of the Cauchy-Davenport Theorem[J]. Acta. Math. Hungar，2005，107 (1-2)：161-174.

[14] GRYNKIEWICZ D. On four colored sets with nondecreasing diameter and the Erdös-Ginzburg-Ziv Theorem[J]. J. Combin. Theory，Ser. ，2002，A100(1)：44-60.

[15] HALBERSTAM H，ROTH K F. Sequences[M]. New York：Springer-Verlag，1983.

[16] HOU X ，LEUNG K，XIANG Q . A generalization of an addition theorem of Kneser[J] J. Number Theory ，2002，97：1-9.

[17] KEMPERMAN J H B. On small sumsets in an abelian group[J]. Acta. Math. ，1960，103：63-88.

[18] KNESER M. Ein satz über abelsche gruppen mit anwendungen auf die geometrie der zahlen [J]. Math. ， 1955， Z64：429-434.

[19] KNESER M. Abschätzung der asymptotischen dichte von summenmengen[J]. Math. ，1953，Z58：459-484.

[20] NATHANSON M B. Additive Number Theory，Inverse Problems and the Geometry of Sumsets [J]. Graduate Texts in Mathematics，vol. 165. Springer-Verlag，New York，1996.

[21] SCHRIJVER A，SEYMOUR P D. A simpler proof and a generalization of the zero-trees theorem[J]. J. Combin. Theory Ser，1991，A 58(2)：301-305.

带有非减直径的四色集和 Erdös- Ginzburg-Ziv 定理

第 11 章

1. 前言

令 m,r 和 k 是正整数,对有限集 X, $Y \in \mathbf{Z}$, X 的直径用 $\operatorname{diam}(X)$ 表示,定义为 $\max(X) - \min(X)$. 此外,若 $\max(X) < \min(Y)$,则 $X <_p Y$. 令 G 为有限 Abel 群,若 $\sum_{x \in X} \Delta(x) = 0$,则带有染色 $\Delta: X \to G$ 的集 X 称为零和的. 定义 $f(m,r)$(定义 $f_{zs}(m, 2k+s)$,其中 $s=0$ 或 1)为最小的整数 N,使得对所有 $[1,N] = \{1,2,\cdots,N\}$ 都带 r 色(将元素的不相交并集 k 标记为模 m 的循环余群,表示为 $\mathbf{Z}_m^1 \dot\cup \cdots \dot\cup \mathbf{Z}_m^k, s=1, \infty$ 是辅助着色类),存在 m - 元素子集合 B_1, $B_2 \subseteq [1,N]$,使得:(a) 对 $i=1,2$,B_i 是单色的(对 $j \in [1,k]$ 在 $\mathbf{Z}_m^j$ 中 B_i 是单色的,或对 $i = 1,2$,在 ∞ 中是单色的);(b)$B_1 <_p B_2$;(c)$\operatorname{diam}(B_1) \leqslant \operatorname{diam}(B_2)$.

196

任意一对满足(a)－(c)的 m － 元子集 B_1 和 B_2 将为 $f(m,r)$ 的解（$f_{zs}(m,r)$ 的解）. 显然，$f(m,r) \leqslant f_{zs}(m,r)$. 函数在递增时的变化，由 Alon 和 Spencer[1]，Bialostocki 等[2] 和 Brown 等[5] 验证了.

2002 年美国肯塔基的加利福尼亚理工学院的 David J.Gryukiewicz 教授利用经典的 Erdös-Ginzburg-Ziv 定理，将鸽巢原理扩展到零和，通常 $k = [8,17]$.

Erdös-Ginzburg-Ziv **定理**(EGZ)　令 m 为一个正整数，k 为 m 的一个正因子. 若 X 是满足 $|X| \geqslant m + k + 1$ 的集，则对任意着色 $\Delta : X \to \mathbf{Z}_m$，存在一个 m － 元子集 $Y \subseteq X$，使得 $\sum_{y \in Y} \Delta(y) \equiv 0 \bmod(k)$.

我们将在 EGZ 定理中引用上面的结果创建的零和 Ramsey 理论的改进部分. 对结果进行研究，在文[7] 中发现，零和 Ramsey 问题的例子也可以在文[6, 9,16] 中找到. 对这一领域感兴趣的一个主要的原因是确定哪些定理可以在 Erdös-Ginzburg-Ziv 定理的意义下进行推广，即确定什么时候只用两个相异剩余类可以避免零和结构，Bialostocki 等[3] 推测函数 $f_{zs}(m, r)$ 是否可以是一个概述为任意颜色数的 Erdös-Ginzburg-Ziv 定理的问题，即

$$f_{zs}(m,r) = f(m,r) \quad (r > 2)$$

能够确定 $f_{zs}(m,2) = f(m,2) = 5m - 3, f_{zs}(m,3) = f(m,3) = 9m - 7, 12m - 9 \leqslant f(m,4) < 13m - 11$ 也是一般边界. Bolobas 等[4] 改进了 $m = 2$ 时单色情形下的这些边界. Bialostocki,Erdös 和 Lefmann 的论文是已

知的在 Erdös-Ginzburg-Ziv 定理的意义上推广到两个以上的颜色的少数几个例子之一.

由堆垒数论，其中包括 Kneser 定理[13,14] 和 Grynkiewicz[11] 定理，我们通过 Bialostocki,Erdös 和 Lefmann 得到的猜想可以得出 $f_{zs}(m,4) \leqslant f(m,4)$ 的情形,因此等式在另一种情形也是成立的, $f(m,4)$ 和 $f_{zs}(m,4)$ 的精确值在 Grynkiewicz 的文[12]中确定为 $12m-9$.

2 预备知识

令 $(G,+,0)$ 是阶为 m 的有限 Abel 群. 若 $A,B \subseteq G$,则他们的和集 $A+B$ 是所有可能的成对的集合,即 $\{a+b \mid a \in A, b \in B\}$. 集 $A \subseteq G$ 是以指数 x 为周期的或为 H_x—周期的,假设它是 G 的非平凡子群 H_x 的带有指数 x 的 H_x—陪集的并集,否则 A 是非周期的. 此外,如果 $a_1,a_2,\cdots,a_s$ 是由 G 的元素组成的序列 S,则 S 的 n—集分割是 S 的 n 非空子序列,它是成对不相交的序列,其中任一子序列中的项都是不同的. 因此,这些子序列可以看作是集合. 用 $\gcd(a,b)$ 表示 a 和 b 的最大公约数. 若 S 是一个集合,则用 $|S|$ 表示 S 的基数,若 S 是一个序列,则表示 S 的长度. 我们将用到下面的 Kneser[13,14] 定理.

Kneser 定理 令 G 为有限 Abel 群,若 A_1, $A_2,\cdots,A_n$ 是 G 的子集的非空集合,则有

$$\left| \sum_{i=1}^{n} A_i \right| < \min\left\{ |G|, \sum_{i=1}^{n} |A_i| - n + 1 \right\}$$

其中 $\sum_{i=1}^{n} A_i$ 是指数为 $k(k \neq 1)$ 的 H_k—周期.

我们将用到下面的 Grynkiewicz[11] 定理.

定理 1　令 n 是正整数,$a_1,a_2,\cdots,a_s$ 为 m 阶的有限 Abel 群 G 的序列 S 中的元素,其中 $|S|\geqslant n$,且 S 中的每一个元素在 S 中至多出现 n 次,并令 h 为 m 的最小质因数.

(1)存在 S 的一个 n - 集分割 $A_1,A_2,\cdots,A_n$,使得

$$\left|\sum_{i=1}^n A_i\right|\geqslant \min\{m\cdot(n+1)h,|S|-n+1\}$$

(2)① 存在 $\alpha\in G$ 和非平凡的真子群 $H_a\leqslant G,[G:H_a]=a$,使得 S 的不超过 $a-2$ 的项都来自陪集 $\alpha+H_a$;

② 存在一个 S 的由 $\alpha+H_a$ 的项组成的序列,n - 集分割 $A_1,A_2,\cdots,A_n$ 满足

$$\sum_{i=1}^n A_i=n\alpha+H_a$$

下面的两个引理将用来证明存在大直径或小直径的零和 m 元子集.

引理 1　令 ρ 是非负整数,A,B 为带有着色 $\Delta:(A\bigcup B)\to \mathbf{Z}_m$ 的整数的不相交子集. 若:

(1)$1\leqslant |A|\leqslant m-1$;

(2)$|A|+|B|\geqslant 2m-1$;

(3)$\max\{\min(B)-\max(A)-1,\min(A)-\max(B)-1\}\geqslant\rho$,则以下两个结论必有一个成立:

① 一个零和 m - 元子集 $C\subseteq A\bigcup B$,其中 $\mathrm{diam}(C)\geqslant m+p-1$.

② 一个零和 m - 元子集 $C\subseteq B$,其中 $\mathrm{diam}(B)\geqslant \mathrm{diam}(C)\geqslant |A|+|B|-m$.

证明 由 EGZ 可知,存在一个零和 $m-$ 元子集 $C \subseteq A \cup B$. 若 $C \cap A \neq \varnothing, C \cap B \neq \varnothing$,则(1)成立. 否则 B 的 $2m-1-|A|$ 个元素包含一个零和 $m-$ 元子集. 因此,由 B 的第一个元素 $m-1$ 和最后一个元素 $m-|A|$ 组成的子集包含一个零和 $m-$ 元子集,且直径至少为 $m-1+(|B|-(m-|A|)-(m-1))=|A|+|B|-m$,且为非平凡的,因为 $C \subseteq B$,因此至多为 $\mathrm{diam}(B)$.

引理 2 令 $\rho,m \geqslant 2$ 为非负整数,A 为带有着色 $\Delta: A \rightarrow \mathbf{Z}_m$ 的整数集合,$\gamma = |[\min(A),\max(A)] \backslash A|$. 若 $|A| \geqslant 2m+\gamma+\rho$,则以下两个结论必有一个成立:

(1) 一个零和 m 元集 $D \subseteq A$,$\mathrm{diam}(D) \geqslant m+\rho$;

(2) 零和 m 元集 $D_1, D_2 \subseteq A$,其中 $D_1 <_\rho D_2$,$\mathrm{diam}(D_1) \leqslant \mathrm{diam}(D_2)$.

证明 设 P 是由 A 的前 m 个整数组成的,令 $[\min(A), m+\alpha+\min(A)-1]$ 为包含 P 的最小直径子区间,因为 $|A| \geqslant 2m+r+\rho$,Q 为 $m-$ 元子集,因此包含 $A \cap [m+\alpha+\min(A)+\rho, \max(A)]$ 的最大元素和最小元素. 由 EGZ 可知,存在零和 $m-$ 元子集 $D_1 \subseteq P \cup Q \backslash \{\min(Q)\}$ 和 $D_2 \subseteq Q \cup (P \backslash \{\max(P)\})$. 若 $D_1 \cap P \neq \varnothing, D_1 \cap (Q \backslash \{\min(Q)\}) \neq \varnothing$,则(1)成立. 否则,$D_1 \subseteq P$,且 $\mathrm{diam}(D_1) = m+\alpha-1$. 同样的推理也适用于 D_2,可知若(1)不成立,则 $D_2 \subseteq Q, \mathrm{diam}(D_2) \geqslant (2m+r+\rho)-m-\rho-1 = m+r-1$. 由定义可知 $\alpha \leqslant r$,集合 D_1, D_2,满足(2).

3 约化引理

令 $\Delta:X\to C$ 为用一组颜色 C 对一个有限集 X 着色. 对 $C'\subseteq C$ 和 $Y\subseteq X$, 我们应用记号: (a) $\mathrm{first}_n(C')$ 为被 C' 的元素着色的第 n 小的整数; (b) $\mathrm{last}_n(C)$ 为被 C 的元素着色的第 n 大的整数; (c) $\mathrm{first}(C')=\mathrm{first}_1(C')$; (d) $\mathrm{last}(C')=\mathrm{last}_1(C')$; (e) $\mathrm{first}_n(C',Y)$ 为 Y 中被 C' 着色的第 n 小的整数, 若这样的整数不存在, 则 $\mathrm{first}_n(C',Y)=\max(Y)$. 此外, 着色 $\Delta:B\to \mathbf{Z}_m$ 若存在颜色, 则还原为单色, $\Delta':B\to\{0,1\}$, 使得 Δ' 下 $m-$元单色子集的集合是 Δ 下 $m-$元零和子集的集合. 最后, 令 φ 为将序列映射到底层集合的函数(例如 $\varphi(1,1,2,1,3,2)=\{1,2,3\}$). 我们需要用下面的命题来证明引理 3, 它将 $f_{zs}(m,4)$ 的问题简化为 $f(m,4)$ 的问题.

命题 1　G 为有限 Abel 群. 对于 $A,B\subseteq G$, 若 $x,y\in B$, 则

$$|A+B+\{x\}|\leqslant|A+(B\backslash\{y\})+\{x,y\}|$$

证明　很容易证明 $(A+B+\{x\})\subseteq(A+(B\backslash\{y\})+\{x,y\})$.

引理 3　令 $m\geqslant 2$, $\rho\geqslant m-1$ 且为整数, A 为带有着色 $\Delta:A\to\mathbf{Z}_m$ 的整数的子集. 若存在不同的整数 $x,y,z\in A$, 使得

$$\min\{x,z\}-y\geqslant\rho \text{ 或 } x-\max\{y,z\}\geqslant\rho$$

则以下四个结论中必有一个成立:

(1) 存在一个零和 $m-$元子集 $B\subseteq A$, 且 $\mathrm{diam}(B)\geqslant\rho$.

（2）任意子集 $B \subseteq A$，$|B| \geqslant \lfloor \frac{3}{2}m \rfloor$ 包含一个零和 $m-$ 元子集，且 m 为复合的.

（3）若 $\mathrm{last}(\mathbf{Z}_m) - \mathrm{first}_m(\mathbf{Z}_m) < \rho$，$\mathrm{last}_m(\mathbf{Z}_m) - \mathrm{first}(\mathbf{Z}_m) < \rho$，则存在一个 m 元子集 $A' \subseteq A$，使得 $|\Delta(A \backslash A')| = 1$.

（4）着色 Δ 变为单色的.

证明 我们假设 $m > 2$，且

$$|A| \geqslant 2m - 1 \tag{1}$$

因为其他情况（4）是平凡的；又假设 $x - \max\{y, z\} \geqslant \rho$，应用定理 1 可以减少着色 Δ'，其中 $\Delta'(t) = \Delta(-t + N + 1)$，有 $\min\{x, z\} - y \geqslant \rho$. 令 $\mu = |A| - (2m - 2)$，S 为序列 $\Delta(a_1), \Delta(a_2), \cdots, \Delta(a_{2m-2+\mu})$，其中 $a_1 < a_2 < \cdots < a_{2m-2+\mu}$ 都是 A 的元素，S_y，S_z 和 S_x 是 S 的子序列，分别由去掉 S 中的项 $\Delta(y)$ 和 $\Delta(x)$，S 的项 $\Delta(z)$ 和 $\Delta(x)$ 以及去掉 S 的项 $\Delta(x)$ 得到. 由（1）可知 $\mu \geqslant 1$. 如果所有不超过 $m-3$ 的项所组成的序列 S_y（或 S_z）等价于一个剩余类，称为 ω，那么着色

$$\Delta'(t) = \begin{cases} 0, \Delta(t) = \omega \\ 1, \Delta(t) \neq \omega \end{cases}$$

表示 Δ 还原为单色的，可以得出（4）. 因此，我们假设将定理 1 以及 $n = m + \mu - 2$ 应用于序列 S_y 和 S_z.

我们将分三种情形证明：（a）对 S_y 或 S_z，不妨假设 S_y，定理 1 的结论（2）成立；（b）对 S_y 或 S_z，不妨假设 S_y，定理 1 的结论（1）成立，且 $|\varphi(S_y)| \geqslant 3$；（c）对 S_y 和 S_z，$|\varphi(S_y)| \leqslant 2$，$|\varphi(S_z)| \leqslant 2$ 定理 1 的结论（1）

202

成立. 总体的策略是证明由定理 1 的结论 (2) 得出 (2),这意味着,除非在非常严格的着色下,定理 1 的 (1) 才能得出 (1),这时 (3)(情形 (b)) 或 (4)(情形 (c) 和 (b)) 成立.

若 (c) 成立,有两种子情形:(c)(i) $|\varphi(S_x)| \leqslant 2$;(c)(ii)$\Delta(y) \neq \Delta(z)$,$S_x$ 的除 $\Delta(y)$ 和 $\Delta(z)$ 外的每一项都等价于剩余类,称为 α.

情形 (c)(ii). 假设 $m = 3$,$\Delta(x) \neq \alpha$,因为易知 (4),又因为 $\Delta(y) \neq \Delta(z)$,不妨假设 $\Delta(x) \neq \Delta(y)$. 由于 $m > 2$,由 (1) 可知存在 $v \in A$,且 $\Delta(v) = \alpha$. 因此 $\Delta(x) + \Delta(y) + \Delta(v) = 0 + 1 + 2 = 3$,集合 $B = (x, v, y)$,得出 (1).

情况 (c)(i). 对 S_y 有定理 1 的 (1) 成立,因为 $|\varphi(S_x)| \leqslant 2$,由 (1) 可知,存在 S_y 的一个 $n-$ 集分割,$A_1, \cdots, A_{m-2}, B_1, \cdots, B_\mu$,其中 $|A_i| = 2, i \in \{1, 2, \cdots, m-2\}$,$|B_i| = 1, i \in \{1, 2, \cdots, \mu\}$,以及 $\left| \sum_{i=1}^{m-2} A_i \right| \geqslant m - 1$. 若 $\left| \sum_{i=1}^{m-2} A_i \right| = m$,则从两个势为 $m-2$ 的集合 A_i 中的每一个都可以选出一个元素,其和为 $\Delta(x) + \Delta(y)$ 的倒数,得出 (1). 因此 $\left| \sum_{i=1}^{m-2} A_i \right| = m - 1$,$\gcd(m, m-1) = 1$,$\sum_{i=1}^{m-2} A_i$ 是非周期性的,由 Kneser 定理可得 $\left| \sum_{i=1}^{j+1} A_i \right| = \left| \sum_{i=1}^{j} A_i \right| + 1, j \in \{1, 2, \cdots, m-3\}$. 通过一个简单的归纳论证,我们可以证明,只有存在一个固

定量 $q \in \mathbf{Z}_m$ 时,才会使得每一个 A_i 都有形式 $\{\alpha_i, \alpha_i + \varepsilon\}$,$\alpha_i \in \mathbf{Z}_m$. 因为 $\left| \sum\limits_{i=1}^{m-2} A_i \right| = m-1$,可得 $\gcd(m,q)=1$. 因此,$|\varphi(S_x)| \leqslant 2$,$A_i = \{\alpha_i, \alpha_i + q\}$,$i \in \{1,2,\cdots, m-2\}$,且 m — 元零和集在平移过程中加上一个元素或乘以一个与 m 互素的元素都是不变的,我们不妨假设 $\varphi(S_y) = \{0,1\}$,$\Delta(y) = 0$ 或 1. 因此 $\sum\limits_{i=1}^{m-2} A_i = (\mathbf{Z}_m \setminus \{-1\})$ 意味着 $\Delta(x) + \Delta(y) = 1$,否则有 (1). $\Delta(x) = 0$ 或 1,$\varphi(S) = \{0,1\}$,可得 (4).

假设 (b) 成立,由于 $|\varphi(S_y)| \geqslant 3$,当 $n = m + \mu - 3$ 时,我们可以得出定理 1 的 (1) 成立,得出 (1),除非 S_y 中除至多 $(m-2)$ 项外的所有项都等价于一个剩余类,也就是 ω. 由于 $|\varphi(S_y)| \geqslant 3$,我们假设 $m > 3$. 另外,我们假设恰好有包含 $\Delta(x)$ 和 $\Delta(y)$ 在内的 m 项不等于 0,否则有 (4). 由 (c)(1) 中的参数和命题 1,可知存在 S_y 的一个集划分,将其称为 $P = A_1, A_2, \cdots, A_{m-2}$,$B_1, B_2, \cdots, B_\mu$,其中 $|A_i|=2$,$|B_i|=1$,且 $\left| \sum\limits_{i=1}^{m-2} A_i \right| = m-1$,$\varphi(S_y) = \{0,1,-1\}$,在 S_y 中 0 至少出现 $m-2$ 次,-1 和 1 至少出现 $m-2$ 次,$\Delta(y) \neq 0$,$\Delta(x) \neq 0$. 令 t 为使 $\sum\limits_{i=1}^{m-2} A_i = (\mathbf{Z}_m \setminus \{-t\})$ 成立的剩余类. 为了避免形成同时包含 x 和 z 的零和 m 元子集,得出 (1),于是有 $\Delta(x) = t-1$,t 或 $t+1$. 为了避免形成同时包含 x 和 y 的零和 m 元子集,得出 (1),于是有 $\Delta(y) + \Delta(x) = t$. 因为 $\Delta(y) \neq 0$,$\Delta(y) = 1$ 或 -1,不妨假设 $\Delta(y) = 1$. 因此

204

$\Delta(x)=t-1.$

令 a_n 为 S_x 中 -1 的重数，a_p 为 S_x 中 1 的重数. 因为 -1 和 1 都在 S_x 中，$t-1=a_n$，$a_p+a_n=m-1$，且

$$1\leqslant a_n\leqslant m-2 \tag{2}$$

因为 S 中除了 m 项，其余都为 0，因此或者有 $v\in([1,\mathrm{first}_m(\mathbf{Z}_m)]\bigcap A)$，使得 $\Delta(v)=0$，或者有 $v_1,v_2\in([1,\mathrm{first}_m(\mathbf{Z}_m)]\bigcap A)$，使得 $\Delta(v_1)=1,\Delta(v_2)=-1$. 因为 $m>3$，若 $\Delta(\mathrm{last}(\mathbf{Z}_m))=0,1$ 或 -1，则序列 $(1,-1,\underbrace{0,\cdots,0}_{m-2\text{个}})$ 表示存在一个 m 元零和集 B 包含 $\mathrm{last}(\mathbf{Z}_m)$ 和 v,v_1,v_2 中的一个. 若 $\Delta\mathrm{last}(\mathbf{Z}_m)=\Delta(x)=a_n$，则由 (2) 的序列 $(a_n,\underbrace{-1,\cdots,-1}_{a_n\text{个}},\underbrace{0,\cdots,0}_{m-a_n-1\text{个}})$ 可知，存在一个包含 $\mathrm{last}(\mathbf{Z}_m)$ 和 v,v_1,v_2 中的一个的 m 元零和集 B. 因为 $\mathrm{diam}(B)\geqslant\mathrm{last}(\mathbf{Z}_m)-\mathrm{first}_m(\mathbf{Z}_m)$，有 (1) 或 $\mathrm{last}(\mathbf{Z}_m)-\mathrm{first}_m(\mathbf{Z}_m)<\rho$ 成立. 类似地，(1) 或 $\mathrm{last}_m(\mathbf{Z}_m)-\mathrm{first}(\mathbf{Z}_m)<\rho$ 成立. 若它们在 (1) 中都不成立，令 $A'=\Delta^{-1}(\{1,-1,\Delta(x)\})$，则有 (3) 成立.

假设 (a) 成立，m 是合数，存在一个非平凡陪集 $\alpha+\mathbf{Z}_{m/a}$，使得 S_y 中至多 $a-2$ 项都来自于 $\alpha+\mathbf{Z}_{m/a}$. 我们将陪集 $\alpha+\mathbf{Z}_{m/a}$ 中来自 S 的项称为非例外项，并将所有其他的项都称为例外项. 令 S' 为 S 的长度为 $\lfloor\frac{3}{2}m\rfloor$ 的子序列. 注意到，$m+\dfrac{m}{a}+a-2\leqslant\lfloor\dfrac{3}{2}m\rfloor$ 后面的表达式是 a 中的函数，可以假设 S' 至少有 $m+\dfrac{m}{a}+a-2$ 项. 我们将证明 S' 包含一个 m 项零和子序列，从而得

到（2）并完成证明.

由 EGZ 可以推出长度为 $m+\dfrac{m}{a}-1$ 的任意的非例

外的子序列必包含一个在 $\mathbf{Z}_m$ 中的和为 0 的 m 项子序

列.因此,我们可以假设 S' 包含所有的 a 个例外项和

$m+\dfrac{m}{a}-2$ 个非例外项.我们也可以假设 S' 中的每个

剩余类最多有 $m-1$ 重.因此,由定理 1 可知,存在 $\dfrac{m}{a}$ 的

一个正因子 b 和一个集合划分 $P=B_1,\cdots,B_{\frac{m}{ab}}$,长度为

$2\dfrac{m}{ab}-1$ 的 S' 的例外的子序列,其和为 $\mathbf{Z}_{m/ab}$.若在 S' 中

至少有 $(ab-2)\dfrac{m}{ab}+(\dfrac{2m}{ab}-1)$ 项不包含在 P 中,则把

这些项看作 $\mathbf{Z}_{m/ab}$ 中的元素,反复应用 EGZ $ab-1$ 次,

我们可知 S' 中有一个 m 项零和子序列.因此,我们可

以假设 $b=1$.应用定理 1,将 $n=m-\dfrac{m}{a}$ 应用于 S' 而不

是 P 中的 $m-\dfrac{m}{a}+a-1$ 项,它们可看作是 $\mathbf{Z}_a$ 的元素.

若定理 1(1) 成立,则存在一个集分割 $P'=B_1',B_2',\cdots,$

$B_{m-m/a}'$,使得 $\displaystyle\sum_{i=1}^{m-m/a}\phi_a(B_i')=\mathbf{Z}_a$,其中 ϕ_a 是 $\mathbf{Z}_a$ 上的自然同

态,由于

$$\sum_{i=1}^{m/a}B_i=\mathbf{Z}_{m/a}$$

可知

$$\sum_{i=1}^{m/a}B_i+\sum_{i=1}^{m-m/a}B_i'=\mathbf{Z}_m$$

S' 包含一个 m 项零和子序列. 若定理 1(2) 成立, 既然我们知道 S' 的 $m-\dfrac{m}{a}-1$ 项在陪集 $\alpha+\mathbf{Z}_{cm/a}$ 中而不在 P 中, 又由 $m-\dfrac{m}{a}-1>\dfrac{a}{c}-2$, 可知存在唯一一个除数 $\dfrac{c}{a}$, 使得 S' 中除了不超过 $\dfrac{a}{c}-2$ 个元素外均来自于陪集 $\alpha+\mathbf{Z}_{cm/a}$. 对 $\alpha+\mathbf{Z}_{cm/a}$ 中的项应用 EGZ, 可知 S' 中长度为 $m+\dfrac{m}{a/c}-1+(\dfrac{a}{c}-2)\leqslant\lfloor\dfrac{3}{2}m\rfloor$ 的任意子序列必包含一个零和 m 项子序列, 证明完成.

引理 4　令 ρ 和 $m\geqslant 2$ 为非负整数, A,B 为带有着色 $\Delta:(A\bigcup B)\to\mathbf{Z}_m$ 的整数的不相交子集. 假设:

(1)$0\leqslant|A|\leqslant m-1$.

(2)$|A|+|B|\geqslant\lfloor\dfrac{3}{2}m\rfloor$.

(3)$\max\{\min(B)-\max(A)-1,\min(A)-\max(B)-1\}\geqslant\rho$.

若对 Δ 有引理 3 的(2)成立, 则有以下二者之一成立:

(i) 一个零和 m 元子集 $C\subseteq A\bigcup B$, 且 $\operatorname{diam}(C)\geqslant m+\rho-1$.

(ii) 一个零和 m 元子集 $C\subseteq B$, 且 $\operatorname{diam}(B)\geqslant\operatorname{diam}(C)\geqslant|A|+|B|-\lfloor\dfrac{m}{2}\rfloor-1$.

证明　证明为引理 1 的证明的简单版本.

4. $f_{zs}(m,4)=f(m,4)$ 的证明

为了简单起见, 着色 $\Delta:[1,N]\to C$ 将用字符串

$\Delta(1)\Delta(2)\Delta(3)\cdots\Delta(N)$ 表示，x^i 表示长度为 i 的字符串 $xx\cdots x$，对正整数 m,r 和 k，定义 $f'(m,r)$ 为（定义 $f'_{zs}(m,2k+s)$，其中 $s=0$ 或 1）最小的整数 N，使得对每一个 $[1,N]$ 都带有 r 种颜色（含有 $\mathbf{Z}_m^1\bigcup\cdots\bigcup\mathbf{Z}_m^k$ 的元素，若 $s=1$，通过一个可加色类 ∞）.（i）存在一个单色的（$\mathbf{Z}_m^j$ 中的零和，$j\in[1,k]$ 或 ∞ 中是单色的）m 元子集 $B\subseteq[1,N]$，其中 $\mathrm{diam}(B)\geqslant r(m-1)$；或（ii）存在 $f(m,r)$（$f_{zs}(m,r)$）的一个解. 任何一对满足条件（ii）的子集 B_1 和 B_2，或任何满足（i）的子集 B，都将被称为 $f'(m,r)$ 的一个解（称为 $f'_{zs}(m,r)$ 的一个解）. 下面的定理建立了 $f(m,r)$ 和 $f'(m,r)$ 之间的关系.

定理 2 令 m 和 $r(r\geqslant2)$ 为正整数，有
$$f(m,r)=f'(m,r)+r(m-1)+1$$

证明 当 $m=1$ 时，定理是显然的. 我们假设 $m>1$，首先
$$f(m,r)\leqslant f'(m,r)+r(m-1)+1$$
令
$$\Delta:[1,f'(m,r)+r(m-1)+1]\to\{1,\cdots,r\}$$
为一个着色. 根据鸽笼原理，必有一个 m 元单色集 $C\subseteq[1,r(m-1)+1]$，其中 $\mathrm{diam}(C)\leqslant r(m-1)$. 因此，在区间
$$[r(m-1)+2,f'(m,r)+r(m-1)+1]$$
中有整数 $f'(m,r)$，由 $f'(m,r)$ 的定义，可得 $f(m,r)$ 的解. 因此
$$f(m,r)\leqslant f'(m,r)+r(m-1)+1$$
接下来，我们说明

$$f(m,r) \geqslant f'(m,r) + r(m-1) + 1$$

我们构造一个着色

$$\Delta : [1, f'(m,r) + r(m-1)] \to \{1, \cdots, r\}$$

它避免 $f(m,r)$ 的任何解. 令 Δ 受限于

$$[r(m-1) + 2, f'(m,r) + r(m-1)]$$

并避免对 $f'(m,r)$ 的任何解的着色. 易知

$$B \subseteq [1, f'(m,r) + r(m-1)]$$

其中

$$B = [r(m-1) + 2, 2r(m-1) + 1]$$

定义 A 为

$$A = \{t \mid \Delta(t) = c,\ t \leqslant \mathrm{first}'_{m-1}(c, B),\ c \in \{1, \cdots, r\}\}$$

定义 $A' \subseteq [2, r(m-1) + 1]$ 是由集合 A 中减去 $r(m-1)$ 个元素得到的, 并且对每一个 $x \in A'$, 定义 $\Delta(x)$ 为 $\Delta(x + r(m-1))$. 由 A', A 和 $\Delta(A')$ 的定义, 有 $|\Delta^{-1}(c) \cap A'| \leqslant m-1, c \in \{1, \cdots, r\}$. 因此由它我们可以定义 Δ 在 $[2, r(m-1) + 1] \backslash A'$ 上, 于是对每一个 $c \in \{1, \cdots, r\}$ 有

$$|\Delta^{-1}(c) \cap [2, r(m-1) + 1]| \leqslant m-1$$

最后, 定义 $\Delta(1)$ 为 $\Delta(r(m-1) + 1)$, 这就完成了 Δ 的定义. 接下来我们证明 Δ 避免了 $f(m,r)$ 的任何解.

假设子集 $B_1 <_p B_2$ 是 $f(m,r)$ 的一个解. 由 Δ 的定义, 有

$$\min(B_1) \in [1, r(m-1) + 1] \tag{3}$$

唯一的单色 m 元子集 C, 它包含在 $[1, r(m-1) + 1]$ 中, 使得

$$\max(C) = r(m-1) + 1,\ \min(C) = 1$$

这意味着

$$B_2 \subseteq [r(m-1)+2, f'(m,r)+r(m-1)] \quad (4)$$

如果

$$D \subseteq [r(m-1)+2, f'(m,r)+r(m-1)]$$

是一个 m 元子集,那么

$$\operatorname{diam}(D) < r(m-1)$$

用式(4)表示

$$\operatorname{diam}(B_1) < r(m-1) \qquad (5)$$

从 Δ 的定义还可以看出:如果 F 是一个单色 m 元子集,那么

$$F \bigcap [1, r(m-1)+1] \neq \varnothing, \operatorname{diam}(F) \geqslant r(m-1)$$

与式(3)和式(5)矛盾.

引理 5 令 m 和 $r(r \geqslant 2)$ 是正整数,$f'_{zs}(m,r) = f'(m,r)$,则 $f_{zs}(m,r) = f(m,r)$.

证明 定理对 $m=1$ 是显然的.不等式 $f(m,r) \leqslant f_{zs}(m,r)$ 对任意着色 $\Delta: A \to \mathbf{Z}_m$ 易得 $\Delta(A) \subseteq \{0,1\}$ 的每一个零和 m 元素也是一个单色 m 元子集.因此由定理 2 有 $f_{zs}(m,r) \leqslant f'_{zs}(m,r)+r(m-1)+1$.这个不等式由 EGZ 得出,上界的论证由定理 2 的证明得出.

定理 3 令 m 是一个正整数,则有 $f_{zs}(m,4) = f(m,4)$.

证明 定理对 $m=1$ 是显然的.我们假设 $m > 1$,由引理 5,我们知道它满足 $f'_{zs}(m,4) = f'(m,4)$.着色 $\Delta: [1, 8m-7] \to \{0,1,2,3\}$ 由字符串[3]

$$0^{m-1} 1^{m-1} 2^{m-1} 0^{m-1} 1^{m-1} 2^{m-1} 3^{2m-1}$$

给出,所以有

$$f'(m,4) \geqslant 8m-6$$

对 $x \geqslant 0$ 有

$$f'(m,4) = 8m-6+x$$

令 $\Delta:[1,8m-6] \rightarrow \mathbf{Z}_m^1 \bigcup \mathbf{Z}_m^2$ 为一个着色,下面结论中必有一个成立:

(ⅰ) 存在一个零和 m 元子集 $B \subseteq [1,8m-6]$,有 $\mathrm{diam}(B) \geqslant 4m-4$;

(ⅱ) 存在零和 m 元子集 $B_1,B_2 \subseteq [1,8m-6]$,其中 $B_1 <_p B_2,\mathrm{diam}(B_1) \geqslant \mathrm{diam}(B_2)$;

(ⅲ) Δ 局限于 $\Delta^{-1}(\mathbf{Z}_m^i)$,对 $i=1,2$ 变为单色的.

一旦有了上面的表述,我们称之为表述一,不等式 $f'_{zs}(m,4) = f'(m,4)$,等式 $f_{zs}(m,r) = f(m,r)$ 都可应用区间 $[1,8m-6]$,$[2,8m-6+1]$,$\cdots$,$[x+1,8m-6+x]$ 由表述一得到的,产生的由相同剩余类着色的整数 $8m-8$ 由(ⅱ)给出,或使着色 $[1,8m-6+x]$ 还原为单色.因为有 $f'(m,4)$ 个整数,所以给出(ⅰ)或(ⅱ).

现在我们开始证明表述一.为了清晰起见,证明过程分为 7 个步骤.假设(ⅰ)和(ⅱ)对 Δ 都不成立.我们不妨设 $[1,2m-1]$ 中有至少 m 个整数被 $\mathbf{Z}_m^1$ 的元素着色.令 $\alpha' \leqslant m-1$ 为 $[1,2n-1]$ 中被 $\mathbf{Z}_m^2$ 的元素着色的整数的个数.令 $\alpha \leqslant \alpha'$ 为比 $\mathrm{first}_m(\mathbf{Z}_m^1)$ 小的被 $\mathbf{Z}_m^2$ 的元素着色的整数个数.因此,$[1,m+\alpha]$ 包含 m 个被 $\mathbf{Z}_m^1$ 的元素着色的整数,α 个被 $\mathbf{Z}_m^2$ 的元素着色的整数,并有 $m+\alpha = \mathrm{first}_m(\mathbf{Z}_m^1)$.最后,令

$$\beta = |\Delta^{-1}(\mathbf{Z}_m^1) \bigcap [4m-3+\alpha,8m-6]|$$

步骤 1　$\alpha' \neq 0$.

假设 $\alpha' = 0$.

步骤 1.1 $|\Delta^{-1}(\mathbf{Z}_m^1) \bigcap [4m-2, 8m-6]| \leqslant m-2$.

若步骤 1.1 为假,则我们可以在 $\rho = 3m-3$ 时应用引理 1,通过令 A 为在 $[4m-2, 8m-6]$ 中被 $\mathbf{Z}_m$ 的元素着色的 $m-1$ 个整数,并令 $B = [1, m] (\alpha' = 0)$,得到 (i),或存在一个零和 M 元集 $F \subseteq [1, m]$,其中 $\mathrm{diam}(F) = m-1$. 在后一种情况下,对 B_2 在 $[m+1, 8m-6]$ 中取任意零和 m 元集(EGZ 保证其存在),令 $B_1 = F$,得出 (ii). 因此

$$|\Delta^{-1}(\mathbf{Z}_m^1) \bigcap [4m-2, 8m-6]| \leqslant m-2$$

步骤 1.2 存在 $v \leqslant m-2$,使得

$$v = |\Delta^{-1}(\mathbf{Z}_m^1) \bigcap [5m-3-v, 8m-6]|$$

令 v 为被 $\mathbf{Z}_m^2$ 中比 $\mathrm{last}_{3m-2}(\mathbf{Z}_m^1)$ 大的元素着色的整数的个数. 因为

$$|\Delta^{-1}(\mathbf{Z}_m^2) \bigcap [4m-2, 8m-6]| \leqslant m-2$$

$$(\text{步骤 } 1.1)$$

满足

$$\mathrm{last}_{3m-2}(\mathbf{Z}_m^1) \in [4m-2, 8m-6], v \leqslant m-2$$

在区间 $[5m-3-v, 8m-6]$ 中有 v 个整数被 $\mathbf{Z}_m^1$ 中的元素着色.

步骤 1.3 存在一个零和 m 元集 $D_1 \subseteq [5m-3-v, 8m-6]$,其中 $\mathrm{diam}(D_1) \geqslant 2m-2-v$.

在区间 $[5m-3-v, 8m-6]$ 中,对被 $\mathbf{Z}_m^2$ 中元素着色的 $3m-2$ 个整数在 $\rho = m-2-v$ 时应用引理 2(步骤 1.2),有 (ii) 成立,或存在一个零和 m 元集 $D_1 \subseteq [5m-3-v, 8m-6]$,且 $\mathrm{diam}(D_1) \geqslant 2m-2-v$.

步骤 1.4 $v=0$.

若 $v=0$,因为 $\alpha'=0$,由 EGZ 可知存在一个零和 m 元子集 $F\subseteq[1,2m-1]$,且 $\mathrm{diam}(F)\leqslant 2m-2$,$D_1$(步骤 1.3)和 F 满足(ii). 因此 $v>0$.

步骤 1.5 存在一个零和 m 元集 $C_1\subseteq[1,2m-1-v]$,且 $\mathrm{diam}(C_1)\leqslant 2m-2-v$.

因为 $v>0$(步骤 1.4),在区间 $[5m-3-v,8m-6]$ 中(步骤 1.2),我们可应用引理 1,通过令 A 是被 $\mathbf{Z}_m^1$ 中元素着色的 v 个元素,及 $B=[1,2m-1-v]$(因为 $\alpha'=0$),得到(i),或存在一个零和 m 元集 $C_1\subseteq[1,2m-1-v]$,且 $\mathrm{diam}(C_1)\leqslant 2m-2-v$.

步骤 1.6 矛盾.

若令 $B_1=C_1$(步骤 1.5),$B_2=D_1$(步骤 1.3),则 (ii) 成立,因此 $\alpha'=0$.

步骤 2 存在不同的 $x,y,z\in\Delta^{-1}(\mathbf{Z}_m^2)$,使得 $\min\{x,z\}-y\geqslant 4m-4$.

由步骤 1 可得 $\mathrm{first}(\mathbf{Z}_m^2)\leqslant 2m-1$. 因此,若这样的 $x,y,z\in\Delta^{-1}(\mathbf{Z}_m^2)$ 不存在,则

$$|[6m-5,8m-6]\cap\Delta^{-1}(\mathbf{Z}_m^2)|\leqslant 1$$

在这种情况下,我们可以应用定理 1($\rho=4m-5$),通过令 A 是由 $[1,2m-1]$ 中被 $\mathbf{Z}_m^1$ 的元素着色的 $m-1$ 个整数,再令 B 是由 $[6m-5,8m-6]$ 中被 $\mathbf{Z}_m^1$ 中元素着色的 $2m-1$ 个整数得出(i),或存在一个零和 m 元子集 $T\subseteq[6m-5,8m-6]$,$\mathrm{diam}(T)\geqslant 2m-2$. 我们也可以在 $\rho=4m-5$ 时应用引理 1,通过令 A 是由 $[1,2m-1]$ 中被 $\mathbf{Z}_m^1$ 的元素着色的 m 个整数,B 是由 $[6m-5,8m-$

6] 中被 $\mathbf{Z}_m^1$ 的元素着色的 $m-1$ 个整数,得出(i),或存在一个零和 m 元子集 $F \subseteq [1, 2m-1]$,$\mathrm{diam}(F) \leqslant 2m-2$. 由 F 和 T 可得(ii),于是可知这样的 $x, y, z \in \Delta^{-1}(\mathbf{Z}_m^2)$ 存在.

步骤 3 $\quad \mathrm{last}_m(\mathbf{Z}_m^2) - \mathrm{first}(\mathbf{Z}_m^2) \geqslant 4m-4$.

由它们的定义 $\alpha' \geqslant \alpha$,由步骤 1 可得 $\mathrm{first}(\mathbf{Z}_m^2) \leqslant 2m-\alpha$. 假设 $\mathrm{last}_m(\mathbf{Z}_m^2) - \mathrm{first}(\mathbf{Z}_m^2) < 4m-4$. 因为 $\mathrm{first}(\mathbf{Z}_m^2) \leqslant 2m-\alpha$,于是有

$$\mid [6m-4-\alpha, 8m-6] \bigcap \Delta^{-1}(\mathbf{Z}_m^1) \mid \geqslant m+\alpha$$

证明的步骤 3 完成了. 在这种情形,我们可以应用引理 1($\rho = 5m-2\alpha-5$),通过令 A 为 $[1, m+\alpha]$ 中被 $\mathbf{Z}_m^1$ 的元素着色的 $m-1$ 个整数,B 为 $[6m-4-\alpha, 8m-6]$ 中被 $\mathbf{Z}_m^1$ 中元素着色的 $m+\alpha$ 个整数得出. 由定义 $\alpha \leqslant m-1$,知(i)也成立. 或存在一个零和 m 元子集 $T \subseteq [6m-4-\alpha, 8m-6]$,$\mathrm{diam}(T) \geqslant m+\alpha-1$. 我们还可以应用引理 1($\rho = 5m-2\alpha-5$),通过令 A 为 $[1, m+\alpha]$ 中被 $\mathbf{Z}_m^1$ 的元素着色的 m 个整数,B 为 $[6m-4-\alpha, 8m-6]$ 中被 $\mathbf{Z}_m^1$ 的元素着色的 $m-1$ 个整数,得出(i),或存在一个零和 m 元子集 $F \subseteq [1, m+\alpha]$,$\mathrm{diam}(F) \leqslant m+\alpha-1$. 由 F 和 T 可得(ii),因此 $\mathrm{last}_m(\mathbf{Z}_m^2) - \mathrm{first}(\mathbf{Z}_m^2) \geqslant 4m-4$.

步骤 4 $\quad \Delta$ 受限于 $\Delta^{-1}(\mathbf{Z}_m^2)$ 还原为单色的.

由步骤 2 我们可以对 $\Delta^{-1}(\mathbf{Z}_m^2)$ 应用引理 3($\rho = 4m-4$). 若由引理 3 可以得到(i),那么(i)成立,矛盾. 若由引理 3 可以得到(iii),这与步骤 3 矛盾. 因此从引理 3 可以看出(ii)不可能发生. 矛盾地假定 $m > 3$,

每一个子集 $B \subseteq \Delta^{-1}(\mathbf{Z}_m^2)$（$\mid B \mid \geqslant \lfloor \frac{3}{2}m \rfloor$）都包含一个 m 元零和子集.

步骤 4.1　$\beta \leqslant m-1$，存在一个零和 m 元集 $D_2 \subseteq [4m-3+\alpha, 8m-6]$，$\mathrm{diam}(D_2) \geqslant \lfloor 2\frac{1}{2}m \rfloor - 2$.

假设 $\beta \geqslant m$. 我们可以应用引理 $1(\rho=3m-3)$，通过令 B 为 $[1, m+\alpha]$ 中被 $\mathbf{Z}_m^1$ 的元素着色的 m 个整数，A 为 $[4m-2+\alpha, 8m-6]$ 中被 $\mathbf{Z}_m^1$ 的元素着色的 $m-1$ 个整数，得出式 (i) 或存在一个 m 元零和集 $F \subseteq [1, m+\alpha]$，$\mathrm{diam}(F) \leqslant m+\alpha-1 \leqslant 2m-2$.

假设 $\beta \geqslant 2m-1$，我们可以应用引理 $1(\rho=3m-3)$，通过令 B 为 $[4m-3+\alpha, 8m-6]$ 中被 $\mathbf{Z}_m^1$ 的元素着色的 $2m-1$ 个整数，A 为 $[1, m+\alpha-1]$ 中被 $\mathbf{Z}_m^1$ 的元素着色的 $m-1$ 个整数，得出 (i)，或存在一个 m 元零和集 $T \subseteq [4m-3+\alpha, 8m-6]$，$\mathrm{diam}(T) \geqslant 2m-2$. T 和 F 满足 (ii)，因此 $\beta \leqslant 2m-2$.

因为 $\beta \leqslant 2m-2$，所以我们可以应用引理 $4(\rho=3m-3)$，通过令 B 为 $[4m-3+\alpha, 8m-6]$ 中被 $\mathbf{Z}_m^2$ 的元素着色的 $4m-2-\alpha-\beta$ 个整数，A 为 $[1, m+\alpha-1]$ 中被 $\mathbf{Z}_m^2$ 的元素着色的 α 个整数，得出 (i). 或存在一个 m 元零和集 $D_2 \subseteq [4m-3+\alpha, 8m-6]$，$\mathrm{diam}(D_2) \geqslant \lceil 3\frac{1}{2}m \rceil - 3 - \beta$.

因为 $\beta \leqslant 2m-2$，所以 D_2 和 F 满足 (ii)，前提是 $a \leqslant \lceil \frac{m}{2} \rceil$. 因此 $a \geqslant \lceil \frac{m}{2} \rceil + 1$. 我们可以应用引理 4

（$\rho=3m-3$），通过令 A 为 $[1,m+\alpha-1]$ 中被 $\mathbf{Z}_m^2$ 的元素着色的 $\lceil\frac{m}{2}\rceil+1<m$ 个整数（因为 $m>3$），B 为 $[4m-3+\alpha,8m-6]$ 中被 $\mathbf{Z}_m^2$ 的元素着色的 $m-1$ 个整数，由于 $|B|<m$，可知 (i) 成立. 因此 $\beta\leqslant m-1$，$\mathrm{diam}(D_2)\geqslant\lceil 2\frac{1}{2}m\rceil-2$.

步骤 4.2 $\left|\Delta^{-1}(\mathbf{Z}_m^2)\bigcap[1,\lfloor 2\frac{1}{2}m\rfloor-1]\right|\leqslant\lfloor\frac{m}{2}\rfloor$.

假设 $\left|\Delta^{-1}(\mathbf{Z}_m^2)\bigcap[1,\lfloor 2\frac{1}{2}m\rfloor-1]\right|\geqslant\lfloor\frac{m}{2}\rfloor+1$.

那么我们可以应用引理 $4(\rho=\lceil 3\frac{1}{2}m\rceil-4)$，通过令 B 为 $[1,\lfloor 2\frac{1}{2}m\rfloor-1]$ 中被 $\mathbf{Z}_m^2$ 的元素着色的 $\lfloor\frac{m}{2}+1\rfloor<m(m>3)$ 个整数，A 为 $[6m-4,8m-6]$ 中被 $\mathbf{Z}_m^2$ 的元素着色的 $m-1$ 个整数（步骤 4.1）得出，因为 $|B|<m$，所以 (i) 成立，矛盾.

步骤 4.3 矛盾.

由步骤 4.2，有 $\left|\Delta^{-1}(\mathbf{Z}_m^1)\bigcap[1,\lfloor 2\frac{1}{2}m\rfloor-1]\right|\geqslant 2m-1$. 因此，由 EGZ 可知，存在一个 m 元零和集 $F\subseteq[1,\lfloor 2\frac{1}{2}m\rfloor-1]$，且 $\mathrm{diam}(F)\leqslant 2\frac{1}{2}m-2$. 那么 F 和 D_2（步骤 4.1）满足 (ii)，矛盾. 因此 Δ 局限于 $\Delta^{-1}(\mathbf{Z}_m^2)$，它必然会还原为单色的.

步骤 5 存在不同的 $x,y,z\in\Delta^{-1}(\mathbf{Z}_m^1)$，使得 $x-\max\{y,z\}\geqslant 4m-4$.

假设这样的 $x,y,z\in\Delta^{-1}(\mathbf{Z}_m^1)$ 不存在.

步骤 5.1 存在 m 元零和集 $D_3 \subseteq [4m + \alpha - 2,$ $8m - 6], \mathrm{diam}(D_3) \geqslant 3m - 3$.

由 α 的定义,可得 $| [1, \alpha + 2] \bigcap \Delta^{-1}(\mathbf{Z}_m^1) | \geqslant 2$. 因此我们可以假设这样的 $x, y, z \in \Delta^{-1}(\mathbf{Z}_m^1)$ 不存在,那么

$$| [4m + \alpha - 2, 8m - 6] \bigcap \Delta^{-1}(\mathbf{Z}_m^1) | = 0$$

假设 $\alpha > 0$,因为

$$| [4m + \alpha - 2, 8m - 6] \bigcap \Delta^{-1}(\mathbf{Z}_m) | = 0$$

我们可以应用引理 1($\rho = 3m - 3$),通过令 A 为 $[1, m + \alpha]$ 中被 $\mathbf{Z}_m^2$ 的元素着色的 α 个整数,B 为 $[4m + \alpha - 2, 8m - 6]$ 中被 $\mathbf{Z}_m^2$ 的元素着色的 $4m - \alpha - 3$ 个整数,得出 (i),或存在一个 m 元零和子集 $T \subseteq [4m + \alpha - 2, 8m - 6], \mathrm{diam}(T) \geqslant 3m - 3$. 步骤 5.1 的证明完成. 因此 $\alpha = 0$.

令 $P = [4m - 2, 5m - 3], Q = [7m - 5, 8m - 6]$. 因为 $\Delta(P \bigcup Q) \subseteq \mathbf{Z}_m^2$,由 EGZ 可知存在一个 m 元零和集 $D_3 \subseteq [4m - 2, 5m - 4] \bigcup Q$. 若 $D_3 \bigcap [4m - 2, 5m - 4] \neq \varnothing, D_3 \bigcap Q \neq \varnothing$,则 $\mathrm{diam}(D_3) \geqslant 3m - 3$. 步骤 5.1 的证明完成. 另外,$Q = D_3$ 是一个 m 元零和集,$\mathrm{diam}(Q) = m - 1$. 多次对集 $P \bigcup [4m - 1, 8m - 6]$ 进行讨论,可知要么存在一个 m 元零和集 $D_3 \subseteq P \bigcup [4m - 1, 8m - 6], \mathrm{diam}(D_2) \geqslant 3m - 3$,这种情况在步骤 5.1 中已经证明了,要么 P 是一个满足 $\mathrm{diam}(P) = m - 1$ 的零元集. 如果 P 和 Q 都是零和的,所以 (ii) 成立,矛盾.

步骤 5.2 矛盾.

我们假设这样的 $x, y, z \in \Delta(\mathbf{Z}_m^1)$ 不存在,如步骤 5.1 的证明所示,$| [4m + \alpha - 2, 8m - 6] \bigcap \Delta^{-1}(\mathbf{Z}_m^1) | = 0$. 由 EGZ,有

$$| [1,3m-2] \bigcap \Delta^{-1}(\mathbf{Z}_m^1) | < 2m-1$$

此外,存在一个 m 元零和集

$$F \subseteq [1,3m-2], \operatorname{diam}(F) \leqslant 3m-3$$

那么 F 和 D_3(由步骤 5.1)满足(ii).因为

$$| [1,3m-2] \bigcap \Delta^{-1}(\mathbf{Z}_m^1) | < 2m-1$$

又因为

$$| [4m+\alpha-2,8m-6] \bigcap \Delta^{-1}(\mathbf{Z}_m^1) | = 0$$

我们可以应用引理 1($\rho=4m-3$),通过令 $A=[7m-4, 8m-6]$,B 为 $[1,3m-2]$ 中被 $\mathbf{Z}_m^2$ 的元素着色的 m 个整数,得出(i),或存在一个 m 元零和集 $F \subseteq [1,3m-2]$,$\operatorname{diam}(F) \leqslant 3m-3$. 那么 F 和 D_3(由步骤 5.1)满足(ii),矛盾. 因此,这样的 $x,y,z \in \Delta^{-1}(\mathbf{Z}_m^1)$ 一定存在.

步骤 6 $\operatorname{last}(\mathbf{Z}_m^1)-\operatorname{first}(\mathbf{Z}_m^1) \geqslant 4m-4$,或不存在一个 m 元子集 $A \subseteq \Delta^{-1}(\mathbf{Z}_m^1)$,使得 $|\Delta(\Delta^{-1}(\mathbf{Z}_m^1)\backslash A)|=1$.

假设相反,由 α 的定义,有

$$\operatorname{first}_m(\mathbf{Z}_m^1)=m+\alpha \leqslant 2m-1$$

因此,我们假设

$$\operatorname{last}(\mathbf{Z}_m^1)-\operatorname{first}_m(\mathbf{Z}_m^1) < 4m-4$$

有

$$| [6m-5,8m-6] \bigcap \Delta^{-1}(\mathbf{Z}_m^1) | = 0$$

由步骤 4,我们可以假设

$$\Delta(\Delta^{-1}(\mathbf{Z}_m^2)) \subseteq \{0,1\}$$

由步骤 1,存在一个整数 $x' \in [1,2m-1]$,使得 $\Delta(x') \in \mathbf{Z}_m^2$.因为

$$| [6m-5,8m-6] \bigcap \Delta^{-1}(\mathbf{Z}_m^1) | = 0$$

若

$$| \Delta([6m-5,8m-6]) | = 1$$

则

$[6m-5,7m-6]$ 和 $[7m-5,8m-6]$

满足(ii). 因此

$$|\Delta([6m-5,8m-6])|=2$$

因为 $|\Delta(\Delta^{-1}(\mathbf{Z}_m^1))|\leqslant 2$, 存在一个 $y'\in[6m-5,8m-6]$, 使得 $\Delta(y')=\Delta(x')$. 因此有至多 $m-1$ 个整数被 $\Delta(x')$ 着色, 此外存在一个包含 x' 和 y' 的 m 元零和集, 得出(i). 否则, 存在至多 $m-1$ 个整数被 $\Delta x\in\mathbf{Z}_m^2$ 着色, 因为 $|\Delta(\Delta^{-1}(\mathbf{Z}_m^1))|\leqslant 2$, 又因为我们假设存在一个 m 元子集 $A\subseteq\Delta^{-1}(\mathbf{Z}_m^1)$, 使得 $|\Delta(\Delta^{-1}(\mathbf{Z}_m^1)\backslash A)|=1$. 因此在 $\Delta^{-1}([1,8m-6])$ 中有两个剩余类 z 和 z', 有 $|\Delta^{-1}(\{z,z'\})|\geqslant(8m-6)-m-(m-1)=6m-5$ 根据鸽巢原理, 对 z 或 z', 不妨假设 $\Delta^{-1}(z)\geqslant 3m-2$. 设 B_1 为 $\Delta^{-1}(z)$ 的前 m 个整数, B_2 为 $\Delta^{-1}(z)$ 连同 $\mathrm{last}(z)$ 的接下来的 $m-1$ 个整数. 我们可以假设 $\mathrm{last}(z)-\mathrm{first}(z)\leqslant 4m-5$, 此外 z 中还存在一个单色, 因此由零和子集 T, $\mathrm{diam}(T)\geqslant 4m-4$, 得出(i). 因为 $\mathrm{last}(z)-\mathrm{first}(z)\leqslant 4m-5$, 又因为 $\Delta^{-1}(z)\geqslant 3m-2$, 有

$$|[\mathrm{first}(z),\mathrm{last}(z)]\backslash(\Delta^{-1}(z))|\leqslant m-2$$

因此

$$(B_1)\leqslant m+(m-2)-1=2m-3$$

此外, 由于

$$|\Delta^{-1}(1)|\geqslant 3m-2$$

因此

$$\mathrm{diam}(B_2)\geqslant(3m-2)-m-1=2m-3$$

集合 B_1 和 B_2 满足(ii), 矛盾.

步骤 7 Δ 局限于 $\Delta^{-1}(\mathbf{Z}_m^1)$ 还原为单色.

由步骤 5, 我们可以对 $\Delta^{-1}(\mathbf{Z}_m^1)$ 应用引理 3($\rho=$

$4m-4$). 如果引理 3 的(1)成立, 得出(1), 矛盾. 如果引理 3 的(3)成立, 这与步骤 6 矛盾. 这足以说明引理 3 的(2)不成立. 由矛盾假定 $m>3$, 每一个子集 $B\subseteq\Delta^{-1}(\mathbf{Z}_m^1)$, $|B|\geqslant\lfloor\frac{3}{2}m\rfloor$ 都包含一个 m 元零和子集. 通过步骤 4, 一旦我们完成了步骤 7 的证明, 及表述一的证明, 这就完成了定理 3.

步骤 7.1 $\beta\leqslant\lfloor\frac{m}{2}\rfloor$.

如果 $\beta\geqslant\lfloor\frac{m}{2}\rfloor+1$, 那么我们可以应用引理 4($\rho=3m-3$), 通过令 A 为 $[1,m+\alpha-1]$ 中被 $\mathbf{Z}_m^1$ 的元素着色的 $m-1$ 个整数, B 为 $[4m+\alpha-3,8m-6]$ 中被 $\mathbf{Z}_m^1$ 的元素着色的 $\lfloor\frac{m}{2}\rfloor+1$ 个整数, 由于 $|B|<m$, 因此(i)成立, 矛盾.

步骤 7.2 存在一个 m 元零和子集 $C_2\subseteq[1,\lfloor2\frac{1}{2}m\rfloor-1]$, $\mathrm{diam}(C_2)\leqslant\lfloor2\frac{1}{2}m\rfloor-2$.

如果 $[1,\lfloor2\frac{1}{2}m\rfloor-1]$ 中至少有 m 个整数被 $\mathbf{Z}_m^2$ 的元素着色, 我们可以应用引理 1($\rho=\lceil3\frac{1}{2}m\rceil-3$), 通过令 B 为 $[1,\lfloor2\frac{1}{2}m\rfloor-1]$ 中被 $\mathbf{Z}_m^2$ 的元素着色的 m 个整数, A 为 $[6m-3,8m-6]$ 中被 $\mathbf{Z}_m^2$ 的元素着色的 $m-1$ 个整数(步骤 7.1), 得出(i), 或存在一个 m 元零和子集 $C_2\subseteq[1,\lfloor2\frac{1}{2}m\rfloor-1]$, $\mathrm{diam}(C_2)\leqslant\lfloor2\frac{1}{2}m\rfloor-2$. 如果在 $[1,\lfloor2\frac{1}{2}m\rfloor-1]$ 中至多存在 $m-1$ 个整数被 $\mathbf{Z}_m^2$

的元素着色,那么至少存在 $\lfloor\frac{3}{2}m\rfloor$ 个整数被 $\mathbf{Z}_m^1$ 中的元素着色. 由步骤 7 的假设知,仍有一个 m 元零和子集 $C_2\subseteq[1,\lfloor 2\frac{1}{2}m\rfloor-1],\mathrm{diam}(C_2)\leqslant\lfloor 2\frac{1}{2}m\rfloor-2.$

步骤 7.3　$\alpha=0.$

假设 $\alpha\neq 0$,由步骤 7.1,我们可以应用引理 1($\rho=3m-3$),通过令 A 为 $[1,m+\alpha-1]$ 中被 $\mathbf{Z}_m^2$ 的元素着色的 $\alpha>0$ 个整数,B 为 $[4m-3+\alpha,8m-6]$ 中被 $\mathbf{Z}_m^2$ 的元素着色的 $4m-2-\alpha-\lfloor\frac{m}{2}\rfloor$ 个整数,得出(i),或存在一个 m 元零和子集 $T\subseteq[4m-3+\alpha,8m-6]$,$\mathrm{diam}(T)\geqslant\lfloor 2\frac{1}{2}m\rfloor-2.T$ 和 C_2(由步骤 7.3)满足(ii),因此 $\alpha=0.$

步骤 7.4　存在 $\mu\leqslant\lfloor\frac{m}{2}\rfloor$,使得 $\mu=|\Delta^{-1}(\mathbf{Z}_m^1)\bigcap[4m-3,5m+\mu-3]|,\Delta(5m+\mu-3)\in\mathbf{Z}_m^2.$

令 μ 为 $[4m-3,8m-6]$ 中被 $\mathbf{Z}_m^1$ 中元素着色的整数的个数比被 $\mathbf{Z}_m^2$ 中元素着色的第 $m+1$ 个整数小的数,由步骤 7.1 和 7.3 可知存在这样的数. 因为 $\beta\leqslant\lfloor\frac{m}{2}\rfloor$(步骤 7.1),又因为 $\alpha=0$(步骤 7.3),有

$$|[4m-3,5m+\mu-3]\bigcap\Delta^{-1}(\mathbf{Z}_m^1)|=\mu$$

$$\mu\leqslant\beta\leqslant\lfloor\frac{m}{2}\rfloor$$

和

$$\Delta(5m+\mu-3)\in\mathbf{Z}_m^2$$

步骤 7.5　存在一个 m 元零和子集 $C_3\subseteq[4m-3,5m+\mu-4],\mathrm{diam}(C_3)\leqslant m+\mu-1.$

由步骤 7.3 和 7.1,以及 μ(步骤 7.4)和 B 的定义,可知 $\mid \Delta^{-1}(\mathbf{Z}_m^2)\ \bigcap\ [\lfloor 6\frac{1}{2}m\rfloor+\mu-4,8m-6]\ \mid\geqslant$

$(8m-6)-(\lfloor 6\frac{1}{2}m\rfloor+\mu-4)+1-(\beta-\mu)=\lceil\frac{3}{2}m\rceil-$

$\beta-1\geqslant\lceil\frac{3}{2}m\rceil-\lfloor\frac{m}{2}\rfloor-1\geqslant m-1$. 因此,我们可应用引

理 $1(\rho=\lfloor\frac{3}{2}m\rfloor-1$,通过令 B 为 $[4m-3,5m+\mu-$

$4])$(步骤 7.4)中被 $\mathbf{Z}_m^2$ 的元素着色的 m 个整数,A 为

$[\lfloor 6\frac{1}{2}m\rfloor+\mu-4,8m-6]$ 中被 $\mathbf{Z}_m^2$ 的元素着色的

$m-1$ 个整数得出存在一个 m 元零和子集 $T\subseteq[4m-$

$3,8m-6]$,$\mathrm{diam}(T)\geqslant\lfloor 2\frac{1}{2}m\rfloor-2$,$T$ 和 C_2(步骤 7.2)

满足 (ii),矛盾. 或存在一个 m 元零和子集 $C_3\subseteq[4m-$

$3,5m+\mu-4]$,$\mathrm{diam}(C_3)\leqslant m+\mu-1$.

步骤 7.6 矛盾.

因为 $\Delta(5m+\mu-3)\in\mathbf{Z}_m^2$(步骤 7.4),由 μ(步骤 7.4)和 β 的定义,有

$\mid[5m+\mu-3,8m-6]\ \bigcap\ \Delta^{-1}(\mathbf{Z}_m^2)\mid$

$\geqslant(8m-6)-(5m+\mu-3)+1-(\beta-\mu)$

$=3m-2-\beta$

由步骤 1,有 $\mid[1,2m-1]\ \bigcap\ \Delta^{-1}(\mathbf{Z}_m^2)\mid>0$,因为 $\mid[5m+\mu-3,8m-6]\ \bigcap\ \Delta^{-1}(\mathbf{Z}_m^2)\mid\geqslant 3m-2-\beta$,由步骤 7.1,我们可应用引理 $1(\rho=3m-3+\mu)$,通过令 A 为 $[1,2m-1]$ 中被 $\mathbf{Z}_m^2$ 的元素着色的 1 个整数,B 为 $[5m+\mu-3,8m-6]$ 中被 $\mathbf{Z}_m^2$ 的元素着色的 $3m-2-\beta$ 个整数得出 (i) 成立,或存在一个 m 元零和子集 $T\subseteq[5m+$

$\mu - 3, 8m - 6], \mathrm{diam}(T) \geqslant 2m - 1 - \beta.$ 因为 $\beta \leqslant \lfloor \dfrac{m}{2} \rfloor$（步骤 7.1）. 又因为 $\mu \leqslant \lfloor \dfrac{m}{2} \rfloor$（步骤 7.4），于是 $\mathrm{diam}(C_3) \leqslant \mathrm{diam}(T).$ 因此，T 和 C_3（步骤 7.5）满足 (ii)，最后一个矛盾.

注　根据 Gao 的文献[10, 定理 2]，由 Olson 和 White[15] 的定理，一个非循环元素的任意序列 $\lfloor \dfrac{3}{2} m \rfloor$，$m$ 阶有限 Abel 群必包含一个零和 m 项子序列. 因此，我们的证明也给出了用 m 阶非循环 Abel 群中的元素着色的上界.

参考文献

[1] ALON N，SPENCER J. Ascending waves[J]. J. Combin. Theory Ser. ，1989，A52：275-287.

[2] BIALOSTOCKI A，BIALOSTOCKI G，CARO Y，YUSTER R. Zero-sum ascending waves[J]. J. Combin. Math. Combin. Comput. ，2000，32：103-114.

[3] BIALOSTOCKI A，ERDÖS P，LEFMANN H. Monochromatic and zero-sum sets of nondecreasing diameter[J]. Discrete Math. ，1995，137：19-34.

[4] BOLLOBAS B，ERDÖS P，JIN G. Strictly ascending pairs and waves，Graph Theory，Combinatorics，and Algorithms[J]. Vols. 1，2. pp. 83-95，Wiley-Interscience Publication Wiley. New York，1995.

[5] BROWN T C，ERDÖS P，FREEDMAN A R. Quasi-progressions and descending waves[J]. J. Combin. Theory Ser. ，1990，A53：81-95.

[6] CARO Y，YUSTER R. The characterization of zero-sum (mod 2) bipartite Ramsey numbers[J]. J. Graph Theory，

1998,29:151-166.

[7] CARO Y. Zero-sum problems — a survey[J]. Discrete Math. ,1996,152:93-113.

[8] ERDÖS P, GINZBURG A, ZIV A. Theorem in additive number theory[J]. Bull. Res. Council Israel, 1961,10F: 41-43.

[9] FÜREDI Z, KLEITMAN D J. On zero-trees[J]. J. Graph Theory,1992,16:107-120.

[10] GAO W D. A combinatorial problem on finite abelian groups[J]. J. Number Theory ,1996,58:100-103.

[11] GRYNKIEWICZ D. On a partition analog of the Cauchy-Davenport Theorem[J]. Acta. Math. Hungar, 2005,107 (1-2):161-174.

[12] GRYNKIEWICZ D. On four color monochromatic sets with nondecreasing diameter[J]. Discrete Mathematics, 2005,290(2/3):165-171.

[13] KNESER M. Ein satz über abelsche gruppen mit anwendungen auf die geometrie der zahlen[J]. Math. , 1955,Z64:429-434.

[14] NATHANSON M B. " Additive Number Theory. Inverse Problems and the Geometry of Sumsets," Graduate Texts in Mathematics, Vol. 165、Springer-Verlag. New York,1996.

[15] OLSON J E, WHITE E T. Sums from a sequence of group elements, in "Number Theory and Algebra," (Hans Zassenhaus, Ed.), pp. 215-222, Academic Press, New York / San Francisco,London,1977.

[16] SCHRIJVER A,SEYMOUR P D. A simpler proof and a generalization of the zero-trees theorem[J]. J. Combin. Theory Ser. ,1991,A58:301-305.

第四篇

一篇以 Erdös-Ginzburg-Ziv
定理为研究对象的博士论文

EGZ 常数和 $C_p \oplus C_p$ 上较长零和自由序列的结构^①

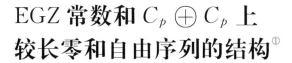

第 12 章

陈省身先生在南开大学创立了南开数学研究所,龙以明院士等众多著名数学家在此开展了多个方向的研究.此研究所的设立全赖陈省身先生强力推进.陈先生是蜚声数坛的泰斗,在台湾九章出版社出版的《微分几何讲义》里介绍道:"…… 陈先生才高八斗,文旌所至,世界数坛为之震动.…… 先生的流风广被,当今之中国数学家可谓人人受惠.…… 陈先生性格淡泊,也以此教人 …… 一代大数学家,高山仰止,不仅是经师而且是人师."

据协助陈省身先生创办南开数学研究所的胡国定回忆说:

---

① 编译自:南开大学博士学位论文,作者范玉双.

227

(20 世纪)80 年代初期,我作为南大副校长几次赴美热切地邀请陈先生回母校工作.后来他终于在 1985 年出任南开数学所第一任所长.名副其实的所长有职有权,让一个美国人来担任,在以往是不能想象的.适逢 1983 年邓小平发表智力引进的重要讲话,才获国务院的正式批准.从此陈先生以其对祖国数学事业的满腔热忱,一开始就全身心地投入南开数学所的筹创,创立与发展.

……陈先生 1985 年在南开大学数学所成立大会的发言中,郑重严肃地表示他将为南开数学所以至中国数学的发展鞠躬尽瘁,死而后已.

……十几年前陈先生已立遗嘱:要将遗产的分配由原来的一分为二(分给两个子女),变为一分为三,加上南开数学所这个"婴儿"(陈先生语).去年已达 87 岁高龄的陈先生毅然捐出他三分之一的财产 —— 一百万美元(包括陈先生从别处募捐而来的部分)—— 立即建立"陈省身基金",专为南开数学所发展之用.

1985 年以来,在陈省身的主持下,经过"偏微分方程""几何和拓扑""计算机数学""复分析"等学术年的卓有成效的活动,以及举办一系列的国际学术会议和"21 世纪中国数学展望学术讨论会".南开数学研究所

已成为一个国际瞩目的数学中心.

1995 年在陈省身的推动下,斯普林格出版社与南开数学所合作出版《组合年刊》,担任该刊执行编辑的是留美青年数学家陈永川. 三年后,陈永川与陈省身的学生 —— 留法青年数学家张伟平,同时被聘为"长江学者".

2013 年在高维东教授的指导下范玉双以 EGZ 常数为研究对象获博士学位,其论文评阅人是孙智伟教授、袁平之教授、陈永高教授、王军教授、洪绍方教授. 由于原论文是英文,不便阅读,因此我们将其译为中文.

§1 引 言

在这一节,我们主要介绍研究的背景以及在接下来的各节中经常使用的符号.

1. 背景

组合数论作为数论的一个重要分支,当所使用的方法具有很强的组合性时,可以处理许多经典问题. 这些问题很宽泛,并且没有明确的界限(参见文献[3,4,6 − 9,11,12,40,41,45,47,50]). 我们在研究中所使用的工具涵盖了数学的许多不同领域,包括组合学、代数几何、图论、Ramsey 理论、概率论、凸几何等.

加性数论是一门发展迅速的组合数论学科,本章的主要目的就是解决这一领域的一些主要问题.

设 G 为一个加性有限 Abel 群,其中 $\exp(G) = n$.

229

我们记：

(1) $D(G)$ 中的最小整数 $l \in \mathbf{N}$，使得 G 上的每一个满足 $|S| \geqslant l$ 的序列 S 都有一个非空的零和子序列.

(2) $s(G)$ 中的最小整数 $l \in \mathbf{N}$，使得 G 上的每一个满足 $|S| \geqslant l$ 的序列 S 都有一个零和子序列 T，$|T| = \exp(G)$.

(3) $\eta(G)$ 中的最小整数 $l \in \mathbf{N}$，使得 G 上的每一个满足 $|S| \geqslant l$ 的序列 S 都有一个非空零和子序列 T，$|T| \leqslant \exp(G)$.

那么 $D(G)$ 被称为 Davenport 常数，$s(G)$ 被称为 G 的 Erdös-Ginzburg-Ziv 常数（简称 EGZ 常数）. 这些是组合数论中的经典不变量，受到了很多的关注（参见文献 [2,5,14,18,22,29,35,43,44,46,48,49,52,57]）. 它们的精确值对于秩最大为 2 的群是已知的. 事实上，我们有如下定理（参见文 [38，定理 5.8.3]）.

定理 1 设 $G = C_{n_1} \oplus C_{n_2}$，$1 \leqslant n_1 \mid n_2$，那么

$$D(G) = n_1 + n_2 - 1, \ s(G) = 2n_1 + 2n_2 - 3$$

$D(G)$ 的结果可以追溯到 20 世纪 60 年代，特殊情况 $n_1 = 1$ 和 $s(C_{n_2}) = 2n_2 - 1$ 是 1961 年的文献 [20] 中证明的著名的 Erdös-Ginzburg-Ziv 定理. 然而，$n_1 = n_2$ 是素数的特殊情况直到 2007 年才被 C. Reiher[55] 解决. 更多的信息可以在研究 [29,36] 中找到. Davenport 常数和 Erdös-Ginzburg-Ziv 常数都有意义深远的推广，对于这些推广形式，已经确定了秩最大为 2 的群的精确值（参见文 [38，6.1 节]，[23]，[37，定理 5.2]，[53]）.

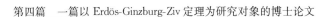

对于秩相对较大的群，情况则大不相同. 即使对于群 $G = C_n \oplus C_n \oplus C_n, n \geqslant 2$，Davenport 常数的精确值（对于一般的 n 来说）也是未知的，且对于 Erdös-Ginzburg-Ziv 常数也是如此. 接下来，我们将重点讨论 Erdös-Ginzburg-Ziv 常数，这将是本章的主要内容. 在 1955 年，N. Alon 和 M. Dubiner[1] 证明了对于每一个正整数 r，都存在一个只依赖于 r 的常数 $c(r)$，使得对于 $n \geqslant 2$，有 $s(C_n^r) \leqslant c(r)$. 为了说明得到精确值的困难程度，让我们考虑特殊情况 $G = \mathbf{F}_3^r$，其中 $\mathbf{F}_3$ 是包含 3 个元素的有限域. 那么 $(s(G) - 2)/2$ 等于仿射空间 $\mathbf{F}_3^r$ 中冠的最大值. 这种冠的最大值在有限几何中已经被研究了几十年，目前只知道 $r \leqslant 6$ 的精确值（参见文献[14,54]）. 在下一个定理中，我们收集了已知的 $s(G)$ 的精确值的情况，在接下来的章节中，我们将给出更多关于上下界的内容.

定理 2 设 G 为有限 Abel 群，n, r 为正整数，a, b 为非负整数.

（1）如果 $G = C_{2^a} \oplus C_{2^b}^{r-1}$，其中 $r \geqslant 2, b \geqslant 1, a \in [1, b]$，那么 $s(G) = 2^{r-1}(2^a + 2^b - 2) + 1$（参见文[15,推论 4.4]）.

（2）$s(C_{3^a 5^b}^3) = 9(3^a 5^b - 1) + 1$，其中 $a + b \geqslant 1$（参见文[32,定理 1.7]）.

（3）$s(C_{3^a}^4) = 20(3^a - 1) + 1$，其中 $a \geqslant 1$（$s(C_3^4)$ 的精确值被多次独立找到，参见文[15,第 5 节]；[15,定理 1.3 和定理 1.4]）.

（4）$s(C_3^5) = 91, s(C_3^6) = 225$（参见文[16，定理

1.2]，[54,定理 16]，命题 4.1).

（5）$s(C_{3\times2^a}^3)=8(3\times2^a-1)+1$，其中 $a\geqslant1$（参见文[32,定理 1.8]).

（6）如果 G 对于一些奇素数 p 是一个 p 阶群，$D(G)=2\exp(G)-1$，那么 $s(G)=4\exp(G)-3$（参见文[60,定理 1.2]).

（7）如果存在某个奇素数 $q\in\mathbf{P}$，使得 $D(G_q)-\exp(G_q)+1\mid\exp(G_q)$，并且对于每一个 $p\in\mathbf{P}\backslash\{q\}$，$G_p$ 是循环的，那么 $s(G)=2(D(G_q)-\exp(G_q))+2\exp(G)-1$（参见文[37,定理 4.2]；$G_p$ 表示 G 的 p 阶 Sylow 子群).

这表明，$s(G)$ 的精确结果是极其稀疏的（对于一些不具有形式 C_n^r 的群 G 的一些精确结果和上界可以在文[15,37]中找到). 在本章中，我们主要研究具有形式 C_n^r 的群，其中 $n,r\in\mathbf{N},n\geqslant2$，并且我们也能得到具有形式 $C_2^r\oplus C_p$ 的群的一个新的上界和下界，其中 $r\geqslant3$ 是一个整数，p 是一个奇数. 更重要的是，$s(C_2^3\oplus C_p)$ 和 $s(C_2^4\oplus C_p)$ 的精确值是由 p 取充分大的奇数时决定的. 我们用一种将直接问题与相关的逆问题相结合的新方法研究 $s(G)$.

自 1975 年以来，有限循环群上的零和自由长序列的结构得到了很好的研究（参见文[10,27,33,58,61]). 例如，每一个在 C_n 上，长度至少为 $\dfrac{n}{2}+1$ 的零和自由序列是比 n 小的正整数的分拆（直到一个整数因子与 n 互质)，这已经被 Savchev 和 Chen[58] 证明，并且

被 Yuan[61] 独立证明了. 但是对于群 $G=C_n \oplus C_n$, G 上的零和自由序列 S 的结构目前只有在 S 的最大长度为 $2n-2$ 时被确定. 在 1969 年, Emde Boas 和 Kruyswijk[19] 推测每一个在 $C_p \oplus C_p$ 上的长度为 $2p-1$ 的最小零和序列包含一些 $p-1$ 次的元素. 在 1999 年, Gao 和 Geroldinger[28] 推测, 同样的结果对于任何群 $C_n \oplus C_n$ 也是成立的. 显然, 上述推测是等价的, 对于每一个在 G 上的长度为 $2n-2$ 的零和自由序列 S 包含至少 $n-2$ 次的元素, 这意味着 S 是一个完整的结构表述. 这种猜想最近通过结合 Reiher[56] 和 Gao, Geroldinger, Grynkiewicz[30] 的两个结果得到解决了. Reiher[56] 使用了大约 40 页纸的篇幅证明了上述猜想对于每个素数 p 都是成立的, Gao, Geroldinger 和 Grynkiewicz[30] 使用了 50 多页纸的篇幅证明了上述猜想是多重的, 即如果对于 $n=k$, $n=l$ 成立, 那么对于 $n=kl$ 也成立. 与循环群的情况不同, 我们甚至不能确定在 $C_n \oplus C_n$ 上的长度为 $2n-3$ 的零和自由序列的结构. 本章通过对文[31] 中使用的方法进行改进, 证明了在 $C_p \oplus C_p$ 上长零和自由序列的最大多重性.

2. 符号和专业术语

我们的符号和术语与文[29], [36] 是一致的. 设 $\mathbf{N}$ 为正整数集, $\mathbf{P} \subseteq \mathbf{N}$ 为素数集, $\mathbf{N}_0 = \mathbf{N} \cup \{0\}$. 对于实数 $a, b \in \mathbf{R}$, 令 $[a,b] = \{x \in \mathbf{Z} \mid a \leqslant x \leqslant b\}$. 在本章中, 所有的 Abel 群都是加性的, 对于 $n \in \mathbf{N}$, 我们用 C_n 表示一个含有 n 个元素的循环群.

设 G 是一个有限 Abel 群, 我们知道 $|G|=1$ 或者

$G \cong C_{n_1} \oplus \cdots \oplus C_{n_r}$,其中 $1 < n_1 \mid \cdots \mid n_r \in \mathbf{N}$,$r = r(G) \in \mathbf{N}$ 是 G 的秩,$n_r = \exp(G)$ 是 G 的指数. 我们用 $|G|$ 表示 G 的基数,用 $\mathrm{ord}(g)$ 表示元素 $g \in G$ 的阶. 为方便起见,记 $C_n^r = C_{n_1} \oplus \cdots \oplus C_{n_r}$,其中 $n_1 = \cdots = n_r = n \in \mathbf{N}$.

设 $\mathscr{F}(G)$ 是以 G 为基的自由 Abel 幺半群. $\mathscr{F}(G)$ 的元素被称作 G 上的序列,且一个序列 $S \in \mathscr{F}(G)$ 可写成下列形式

$$S = g_1 \cdot \cdots \cdot g_l = \prod_{g \in G} g^{v_g(S)}$$

其中对于 $g \in G$,$v_g(S) \in \mathbf{N}_0$. 我们称 $v_g(S)$ 为 g 在 S 上的重数,如果 $v_g(S) > 0$,我们说 S 包含 g. 如果对于所有 $g \in G$,我们有 $v_g(S) = 0$,那么我们称 S 为空序列,并表示为 $S = 1 \in \mathscr{F}(G)$. 如果对于所有 $g \in G$,$v_g(S) \leqslant 1$,那么序列 S 称为无平方序列. 显然,G 的一个无平方序列可看作 G 的一个子集. 设 $g_0 \in G$,$A \subset G$,我们记

$$g_0 + S = (g_0 + g_1) \cdot \cdots \cdot (g_0 + g_l)$$

并且 S 对集 A 的约束记为

$$S_A = \prod_{g \in A} g^{v_g(S)}$$

如果 $v_g(S_1) \leqslant v_g(S)$,那么一个序列 $S_1 \in \mathscr{F}(G)$ 被称作 S 的子序列,其中 $g \in G$,并且用 $S_1 \mid S$ 表示. 如果 $S_1 \mid S$,我们记

$$S \cdot S_1^{-1} = \prod_{g \in G} g^{v_g(S) - v_g(S_1)} \in \mathscr{F}(G)$$

令 $S_1, S_2 \in \mathscr{F}(G)$,我们设

$$S_1 \cdot S_2 = \prod_{g \in G} g^{v_g(S_1) - v_g(S_2)} \in \mathscr{F}(G)$$

对于序列

$$S = g_1 \cdot \cdots \cdot g_l = \prod_{g \in G} g^{v_g(S)} \in \mathcal{F}(G)$$

我们有如下定义：

$|S| = l = \sum_{g \in G} v_g(S) \in \mathbf{N}_0$ 表示 S 的长度.

$h(S) = \max\{v_g(S) \mid g \in G\} \in [0, |S|]$ 表示 S 的重数的最大值.

$\operatorname{supp}(S) = \{g \in G \mid v_g(S) > 0\} \subset G$ 表示 S 的支集.

$\sigma(S) = \sum_{i=1}^{l} g_i = \sum_{g \in G} v_g(S) g \in G$ 表示 S 的和.

$\sum(S) = \{\sum_{i \in I} g_i \mid I \subset [1, l], 1 \leqslant |I| \leqslant l\}$ 表示 S 的所有子和的集.

$\sum_k(S) = \{\sum_{i \in I} g_i \mid I \subset [1, l], |I| = k\}$ 表示 S 的 k 阶子和的集.

我们记 $\sum_{\leqslant k}(S) = \bigcup_{j \in [1,k]} \sum_j(S), \sum_{\geqslant k}(S) = \bigcup_{j \geqslant k} \sum_j(S).$

序列 S 称作：

(1) 零和自由序列, 其中 $0 \notin \sum(S)$.

(2) 零和序列, 其中 $\sigma(S) = 0$.

(3) 短零和序列, 其中 $\sigma(S) = 0$, $|S| \leqslant \exp(G)$.

(4) 最小零和序列, 其中 $S \neq 1, \sigma(S) = 0$, 每个满足 $1 \leqslant |S'| < |S|$ 的 $S' \mid S$ 是零和自由的.

每一个 Abel 群的映射 $\phi: G \to H$ 通过设 $\phi(S) = \phi(g_1) \cdot \cdots \cdot \phi(g_l)$ 可延伸到一个由 G 上的序列到 H 上的序列的映射. 如果 ϕ 是同态, 那么 $\phi(S)$ 是零和序列,

当且仅当 $\sigma(S) \in \mathrm{Ker}(\phi)$.

设 $G = H \oplus K$ 是一个有限 Abel 群. 设 $\phi: G \to H$ 是同态的, 其中 $\mathrm{Ker}(\phi) \simeq K$, 并且 $\psi: G \to K$ 是同态的, 其中 $\mathrm{Ker}(\psi) \cong H$. 如果 $S \in \mathcal{F}(G)$ 使得 $\sigma(\phi(S)) = 0$, 那么 $\sigma(S) = \sigma(\psi(S))$.

设 G 是一个加性有限 Abel 群. 我们在零和理论中定义了一些中心不变量:

(1) $D(G)$ 表示最小的整数 $l (l \in \mathbf{N})$, 使得 G 上的每一个长度为 $|S| \geqslant l$ 的序列 S 中都存在一个非空零和子序列.

(2) $S(G)$ 表示最小的整数 $l (l \in \mathbf{N})$, 使得 G 上的每一个长度为 $|S| \geqslant l$ 的序列 S 中都存在一个长度为 $|T| = \exp(G)$ 的零和子序列 T.

(3) $\eta(G)$ 表示最小的整数 $l (l \in \mathbf{N})$, 使得 G 上的每一个长度为 $|S| \geqslant l$ 的序列 S 中都存在一个长度为 $|T| \leqslant \exp(G)$ 的非空零和子序列 T.

3. 本章概述

设 G 是一个有限 Abel 群, $s(G)$ 是 Erdös-Ginzburg-Ziv 常数. 如果 G 的秩不超过 α, 那么 $s(G)$ 的精确值是已知的 (对于循环群, 这是 Erdös-Ginzburg-Ziv 定理). 对于秩更高的群, 我们所知甚少.

在本章的第 2 节中, 我们重点研究 $G = C_n^r$ 形式的群, 其中 $n, r \in \mathbf{N}, r \geqslant 3$. 我们确定了 C_n^r 形式的群的一些 EGZ 常数. 同时, 我们得到了一个重要且有趣的性质, 也就是性质 D0, 并给出了两个等价的表述.

在第 3 节中,我们重点讨论具有形式 $C_2^r \oplus C_p$ 的群,其中 $r(r \geqslant 3)$ 是整数,p 是奇数. 我们给出了 $s(C_2^r \oplus C_p)$ 的下界和上界,最后确定了 $s(C_2^3 \oplus C_p)$ 的精确值. 证明 $s(C_2^3 \oplus C_p) = 4p + 3$ 的方法不能确定 $s(C_2^r \oplus C_p)(r > 3)$ 的精确值. 因此我们注意到 $\eta(C_2^r \oplus C_p)$,并且当 $p > 3$ 且为奇数时,有 $\eta(C_2^4 \oplus C_p) = 2p + 6$. 根据文[21],我们推导出,当 $p \geqslant 37$ 且为奇数时,有 $s(C_2^r \oplus C_p) = 4p + 5$.

在第 4 节中,我们指出文[31] 中所使用的方法可以被稍微修改一下,以得到 $C_p \oplus C_p$ 上的长零和自由序列的最大重数.

§2　C_n^r 型群的 EGZ 常数

在这一节,我们主要研究 EGZ 常数.

1. C_n^r 型群的 EGZ 常数

设 $G = C_n^r, n, r \in \mathbf{N}, n \geqslant 2$. 与 $s(G)$ 相关的逆问题要求长度为 $s(G) - 1$ 的序列的结构,而这些序列没有长度为 n 的零和子序列. 现有的猜想是上述形式的每个群都满足下面的性质 D(参见文[29,猜想 7.2]).

性质 D　每个在 G 上的长度为 $|S| = s(G) - 1$ 的序列 S 没有长度为 n 的零和子序列,在 G 上都具有 $S = T^{n-1}$ 形式的序列 T.

在 $r = 2$ 时,性质 D 首先由 W. Gao 在文[25] 中研究过,W. A. Schmid 最近完全确定了具有性质 D 的序列的结构(甚至对一般秩为 2 的群也成立;参见文[59,

定理 3.1]). 关于性质 D 及其进一步逆问题的关系的详细概述可以在研究性论文[36,第 5 节]中找到.

假设 $G = C_n^r$ 满足性质 D,那么 $s(G) = c(n-1) + 1$,其中 $c = |T|$,那么我们说 G 关于 c 满足性质 D. 如果 $s(G) = c(n-1) + 1$,其中 $c \in \mathbf{N}$,那么 G 满足下面的性质 D0.

性质 D0(关于 $c \in \mathbf{N}$)   每一个在 G 上具有形式 $S = gT^{n-1}$ 的序列 S 有长度为 n 的零和子序列,其中 $g \in G$,T 是具有长度 $|T| = c$ 的一个序列.

现在我们陈述我们的主要结果.

定理 3   假设 C_m^r 关于 c 满足性质 D,并且 C_n^r 关于 c 满足性质 D0,其中 $m, n, r, c \in \mathbf{N}$. 如果

$$s(C_n^r) \leqslant c(n-1) + n + 1$$

$$n \geqslant (c-1)^2 + 1$$

$$m \geqslant \frac{(c(n-1)+n)(n-1)(n^r - (c-1)) - (c-1)^2}{n - (c-1)^2}$$

那么

$$s(C_{mn}^r) \leqslant c(mn-1) + 1$$

定理 3 的证明将在后面给出. 在证明之后,我们将讨论如何应用定理 3,并且我们将给出一个满足定理 3 假设的群的显式列表. 对于它们,我们会得到 $s(C_{mn}^r) = c(mn-1) + 1$.

引理 1   设 G 为一个有限的 Abel 群.

(1) $s(G) \leqslant |G| + \exp(G) - 1$.

(2) 如果 $H \subset G$ 是一个子群,满足 $\exp(G) = \exp(H)\exp(G/H)$,那么

$$s(G) \leqslant (s(H) - 1)\exp(G/H) + s(G/H)$$

证明 （1）这首先由 W. Gao 在他的论文（中文）中证明. 在文[36,定理 4.2.7] 中也能找到它的证明.

（2）参见文[38,命题 5.7.11].

引理 2 设 $n \in \mathbf{N}, n \geqslant 2$.

（1）$s(C_n^r) \geqslant 2^r(n-1) + 1, r \in \mathbf{N}$.

（2）如果 n 是奇数，那么 $s(C_n^3) \geqslant 9n - 8, s(C_n^4) \geqslant 20n - 19$.

证明 （1）参见文[42,引理 1].

（2）参见文[17],[15,引理 3.4 和定理 1.1].

上面提到的 $s(C_n^3)$ 和 $s(C_n^4)$ 的下界是由 C. Elsholtz 和 Y. Edel 等人证明的. 现有的猜想是，等式适合于所有的奇数（参见文[32]）.

引理 3 设 $G = C_{mn}^r, m, n, r, c \in \mathbf{N}$.

（1）如果 C_m^r 和 C_n^r 关于 c 都满足性质 D，且 $s(G) = c(mn - 1) + 1$，那么 G 满足性质 D.

（2）如果 C_m^r 和 C_n^r 关于 c 满足性质 D0，那么 G 关于 c 也满足性质 D0.

证明 （1）参见文[31,定理 3.2].

（2）设 $S = g_0 \prod_{i=1}^{c} g_i^{mn-1}$ 是 C_{mn}^r 上的一个序列. 我们需要证明 S 有一个长度为 mn 的零和子序列.

设 $\phi : G \to G$ 表示乘以 m，那么

$$\ker(\phi) \cong C_m^r, \phi(G) = mG \cong C_n^r$$

$$\phi(S) = \phi(g_0)\prod_{i=1}^{c} \phi(g_i)^{mn-1}$$

是 $\phi(G)$ 上的一个序列. 对于每个 $i \in [1, c], j \in [1,$

$m-1]$，我们设 $S_{(i-1)(m-1)+j} = g_i^n$. 对于序列

$$T = S\left(\prod_{i=1}^{c}\prod_{j=1}^{m-1}S_{(i-1)(m-1)+j}\right)^{-1}$$

我们得到

$$\phi(T) = \phi(g_0)\prod_{i=1}^{c}\phi(g_i)^{n-1}$$

并且因为 $\phi(G)$ 满足性质 D0，所以 T 有一个子序列 S_0 使得 $\phi(S_0)$ 是长度为 n 的零和序列. 由 $\ker(\phi)$ 满足性质 D0，并且

$$\prod_{k=0}^{c(m-1)}\sigma(S_k) = \sigma(S_0)\prod_{i=1}^{c}\prod_{j=1}^{m-1}\sigma(S_{(i-1)(m-1)+j})$$

$$= \sigma(S_0)\prod_{i=1}^{c}(ng_i)^{m-1}$$

是 $\ker(\phi)$ 上的一个序列，它有一个长度为 m 的零和子序列. 因此，存在一个子集 $I \subset [0, c(m-1)]$，使得 $|I| = m$，$\sum_{k \in I}\sigma(S_k) = 0$，这就意味着 $\prod_{k \in I}S_k$ 是长度为 mn 的 S 的零和子序列.

引理 4　设 $a, b \in \mathbf{N}_0$.

(1) $C_{2^a}^r$ 关于 2^r 满足性质 D，$r \in \mathbf{N}$；

(2) $C_{3^a}^4$ 关于 20 满足性质 D；

(3) $C_{3^a5^b}^3$ 关于 9 满足性质 D.

证明　(1) 显然，C_2^r 满足性质 D，并且定理 2 证明了关于 2^r，性质 D 成立. 再使用引理 3 和定理 2，我们推断 $C_{2^a}^r$ 关于 2^r 满足性质 D.

(2) C_3^r 满足性质 D，参见文 [42，引理 3]，[15，引理 2.3.3]. 由引理 3 和定理 2 知 $C_{3^a}^4$ 关于 20 满足性质 D.

（3）正如上面所提到的，C_3^3 满足性质 D，定理 2 证明了关于 9 性质 D 是成立的。C_5^3 关于 9 满足性质 D 已经在文[32，定理 1.9]中被证明了。因此，由引理 3 和定理 2，知 $C_{3^a 5^b}^3$ 关于 9 满足性质 D.

引理 5　设 $n \in \mathbf{N}$ 是奇数，只能被素数 $p \in \{3,5, 7,11,13\}$ 整除，那么 C_n^3 关于 9 满足性质 D0.

证明　由引理 3 可知，对于所有 $p \in \{3,5,7,11, 13\}$，C_p^3 关于 9 满足性质 D0. 对于 $p \in \{3,5\}$，这可以由引理 4 得到。对于其他素数，这已由 C 语言编写的计算机程序验证（运行时间分别为 $0.03,17$ 和 31 个计算机小时）。

定理 3 的证明　设 $G = C_{mn}^r$，$m,n,r \in \mathbf{N}$，所有假设都如定理 3 所示。假设相反，存在 G 上的一个序列 S 满足 $|S| = c(mn-1)+1$，使得 S 没有长度为 mn 的零和子序列。

设 $\phi: G \to G$ 表示乘以 m，那么 $\mathrm{Ker}(\phi) \cong C_m$，$\phi(G) = mG \cong C_n^r$. 我们从一个简单的观察开始，它将在证明中多次被使用。

A1　假设 $S = T_1 \cdot \cdots \cdot T_{c(m-1)} T'$，其中 $T_1, \cdots, T_{c(m-1)}, T'$ 是 G 上的序列，对于每一个 $i \in [1, c(m-1)]$，$\phi(T_i)$ 的和为零，长度为 $|T_i| = \exp(\phi(G)) = n$. 那么

$$\sigma(T_1) \cdot \cdots \cdot \sigma(T_{c(m-1)}) = \prod_{i=1}^{c} a_i^{m-1}$$

其中 $a_1, \cdots, a_c \in \ker(\phi)$ 是各不相同的。

A1 的证明　由于 S 没有长度为 mn 的零和子序

列,则序列 $\sigma(T_1) \cdot \cdots \cdot \sigma(T_{c(m-1)})$ 也没有长度为 m 的零和子序列. 由 $\mathrm{Ker}(\phi)$ 满足性质 D,断言如下:

首先,我们证明 S 有一个断言 A1 所示的乘积分解,注意

$$| \phi(S) | = c(mn-1)+1$$
$$= (c(m-1)-1)n + c(n-1) + n + 1$$

由 $s(C_n^r) \leqslant c(n-1)+n+1$,$S$ 允许进行乘积分解

$$S = T_1 \cdot \cdots \cdot T_{c(m-1)} T'$$

其中 $T_1, \cdots, T_{c(m-1)}, T'$ 是 G 上的序列,并且对于每一个 $i \in [1, c(m-1)]$,$\phi(T_i)$ 的和为零,长度为 $|T_i| = \exp(\phi(G)) = n$(细节参见文[38,命题 5.7.10]).

我们设

$$\phi(S) = h_1^{r_1} \cdot \cdots \cdot h_t^{r_t}, S = S_1 \cdot \cdots \cdot S_t$$

其中 $h_1, \cdots, h_t \in \phi(G)$ 是互不相同的,$r_1, \cdots, r_t \in \mathbf{N}$,$\phi(S_i) = h_i^{r_i}, i \in [1, t]$. 在必要时重新编号后,存在一个整数 $f \in [0, t]$ 满足

$$\begin{cases} r_i \geqslant (c(n-1)+n)(n-1), & \text{如果 } i \in [1, f] \\ r_i \leqslant (c(n-1)+n)(n-1)-1, & \text{其他情况} \end{cases} \quad (1)$$

A2 对于每一个 $i \in [1, t]$,我们有

$$r_i \leqslant mn + c(m-1) - m, f \geqslant c$$

A2 的证明 假设相反,存在 $i \in [1, t]$,使得 $r_i \geqslant mn + c(m-1) - m + 1$. 由 S_i 的定义,我们有

$$S_i = (g + g_1) \cdot \cdots \cdot (g + g_{r_i})$$

其中 $g \in G, \phi(g) = h_i, g_j \in \mathrm{ker}(\phi), j \in [1, r_i]$. 由

$$s(C_m^r) = c(m-1)+1$$
$$r_i \geqslant m(n-1) + c(m-1) + 1$$

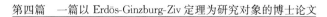

我们有

$$g_1 \cdot \cdots \cdot g_{r_i} = R_0 R_1 \cdots R_n$$

其中 R_j 对于 $j \in [1,n]$ 是长度为 $|R_j| = m$ 的零和序列. 那么移位的序列 $g + R_1 \cdot \cdots \cdot R_n$ 是 S_i 的子序列，使得

$$|g + R_1 \cdot \cdots \cdot R_n| = |R_1 \cdot \cdots \cdot R_n| = mn$$

$$\sigma(g + R_1 \cdot \cdots \cdot R_n) = mng + \sum_{j=1}^{n} \sigma(R_j) = 0$$

这与 S 没有零和子序列的假设矛盾.

结合 r_i 的上界和假设

$$m \geqslant \frac{(c(n-1) + n)(n-1)(n^r - (c-1)) - (c-1)^2}{n - (c-1)^2}$$

$$n > (c-1)^2$$

我们推导出第 c 大的 r_i 至少是

$$\frac{|S| - (c-1)(mn + c(m-1) - m)}{n^r - (c-1)}$$

$$= \frac{c(mn-1) + 1 - (c-1)(mn + c(m-1) - m)}{n^r - (c-1)}$$

$$= \frac{m(n - (c-1)^2) + (c-1)^2}{n^r - (c-1)}$$

$$\geqslant (c(n-1) + n)(n-1)$$

因此 $f \geqslant c$.

A3　对于每一个 $i \in [1, f], S_i = g_i^{v_i} W_i, g_i \in G, |W_i| \leqslant 1$.

A3 的证明　设 $i \in [1, f]$,由

$$|S_i| = r_i \geqslant (c(n-1) + 1)(n-1) > 2n$$

我们可以选择一个 S_i 上的任意子序列 L, $|L| = 2n$. 令

$L = L_1 L_2$，其中 $|L_1| = |L_2| = n$，由 $\phi(S_i) = h_i^{r_i}$，有 $\sigma(L_1), \sigma(L_2) \in \mathrm{Ker}(\phi)$.

由 $|S| = c(mn-1)+1$，对 SL^{-1} 进行乘积分解
$$SL^{-1} = V_0 V_1 \cdot \cdots \cdot V_{cm-c-2}$$
其中 $|V_i| = n, \sigma(V_i) \in \mathrm{Ker}(\phi), i \in [1, cm-c-2]$（我们再次利用文 $[38,$ 命题 $5.7.10]$). 现在由 A1 有
$$\sigma(L_1)\sigma(L_2)\sigma(V_1) \cdot \cdots \cdot \sigma(V_{cm-c-2}) = \prod_{i=1}^{c} a_i^{m-1}$$
其中所有的 $a_i \in \mathrm{Ker}(\phi)$ 是各不相同的. 在必要时重新编号，我们假设
$$\sigma(V_1) \cdot \cdots \cdot \sigma(V_{cm-c-2}) = a_1^{k_1} a_2^{k_2} \prod_{i=3}^{c} a_i^{m-1}$$
其中 $k_1, k_2 \in [m-3, m-1], k_1 + k_2 = 2m-4$. 因此 $\sigma(L_1), \sigma(L_2) \in \{a_1, a_2\}$.

由 $m \geq 4, L_1$ 是 L 的一个任意子序列，并且 L 是 S_i 的一个任意的子序列，我们推断 L 和 S_i 至多有两个不同的元素. 因此存在元素 $g_i \in G$，它至少在 S_i 中出现
$$\frac{r_i}{2} = \frac{(c(n-1)+n)(n-1)}{2} \geq 2(n-1)$$
次. 我们设
$$S_i = g_i^{v_i} W_i$$
其中 $v_i = v_{g_i}(S_i), W_i = a^{|W_i|}$. 相反地，假设 $|W_i| \geq 2$，我们设
$$L_1 = g_i^n, L_2 = g_i^{n-2} a^2$$
由上，我们得到 $S(L_1 L_2)^{-1}$ 的一个乘积分解，即
$$S(L_1 L_2)^{-1} = V_0 V_1 \cdot \cdots \cdot V_{cm-c-2}$$
其中 $|V_i| = n, \sigma(V_i) \in \mathrm{Ker}(\phi), i \in [1, cm-c-2]$，现

在由 A1 得

$$\sigma(L_1)\sigma(L_2)\sigma(V_1) \cdot \cdots \cdot \sigma(V_{cm-c-2}) = \prod_{i=1}^{c} a_i^{m-1}$$

其中所有 $a_i \in \ker(\phi)$ 互不相同. 设

$$L_1' = L_1 a g_i^{-1}, L_2' = L_2 g_i a^{-1}$$

由 $m \geqslant 4$,再次应用 A1,我们推得

$$\sigma(L_1')\sigma(L_2')\sigma(V_1) \cdot \cdots \cdot \sigma(V_{cm-c-2})$$

$$= \sigma(L_1)\sigma(L_2)\sigma(V_1) \cdot \cdots \cdot \sigma(V_{cm-c-2})$$

$$= \prod_{i=1}^{c} a_i^{m-1}$$

我们有

$$\{\sigma(L_1), \sigma(L_2)\} = \{\sigma(L_1'), \sigma(L_2')\}$$

这就意味着

$$\sigma(L_1) = \sigma(L_1') \text{ 或 } \sigma(L_1) = \sigma(L_2')$$

因此 $g_i = a$,矛盾.

现在我们有

$$S = g_1^{v_1} \cdot \cdots \cdot g_f^{v_f} T$$

其中 $T = W_1 \cdot \cdots \cdot W_f S_{f+1} \cdot \cdots \cdot S_t.$

A4　$| \operatorname{supp}(\sigma(g_1^n) \cdot \cdots \cdot \sigma(g_f^n)) | \geqslant c.$

A4 的证明　假设相反,$| \operatorname{supp}(\sigma(g_1^n) \cdot \cdots \cdot \sigma(g_f^n)) | \leqslant c-1.$ 由 f 的定义,我们有

$$| T | = | W_1 \cdot \cdots \cdot W_f | + | S_{f+1} \cdot \cdots \cdot S_t |$$

$$\leqslant f + ((c(n-1)+n)(n-1)-1)(n^r - f)$$

由

$$m \geqslant \frac{(c(n-1)+n)(n-1)(n^r-(c-1)) - (c-1)^2}{n-(c-1)^2}$$

$$\geqslant \frac{n^{r+1}+2n+(c(n-1)+n)(n-1)n^r-cn+c-1}{n}$$

通过一个简单的计算可以证明

$$|T|\leqslant (c(mn-1)+1)-((c-1)(m-1)+1+f)n$$

因此我们得到

$$v_1+\cdots+v_f\geqslant ((c-1)(m-1)+1+f)n$$

所以

$$\left\lfloor\frac{v_1}{n}\right\rfloor+\cdots+\left\lfloor\frac{v_f}{n}\right\rfloor\geqslant (\frac{v_1}{n}-1)+\cdots+(\frac{v_f}{n}-1)$$

$$=\frac{v_1+\cdots+v_f}{n}-f$$

$$\geqslant (c-1)(m-1)+1$$

由鸽笼原理,至少存在 m 个序列 $C_1,\cdots,C_m$ 在 $\left\lfloor\frac{v_1}{n}\right\rfloor+\cdots+$

$\left\lfloor\frac{v_f}{n}\right\rfloor$ 项序列

$$\underbrace{g_1^n,\cdots,g_1^n}_{\lfloor\frac{v_1}{n}\rfloor\uparrow},\underbrace{g_2^n,\cdots,g_2^n}_{\lfloor\frac{v_2}{n}\rfloor\uparrow},\cdots,\underbrace{g_f^n,\cdots,g_f^n}_{\lfloor\frac{v_f}{n}\rfloor\uparrow}$$

中,使得 $\sigma(C_1)=\cdots=\sigma(C_m)$. 这就意味着 $C_1\cdots\cdot C_m$ 是长度为 mn 的 S 的零和子序列,矛盾.

在必要时重新编号,我们假设

$$|\operatorname{supp}(\sigma(g_1^n)\cdots\cdot\sigma(g_c^n))|=c$$

令 Q 是 S 的子序列,其中 $\phi(Q)=h_{c+1}^{r}\cdots\cdot h_t^{r_t}$,那么我们有

$$\phi(S)=h_1^{r_1}\cdots\cdot h_c^{r_c}\phi(Q)$$

下面分两种情形讨论.

情形 1 $h_1^{n-1}\cdots\cdot h_c^{n-1}$ 不存在长度为 n 的零和子

序列.

令 $l \in \mathbf{N}_0$ 为最大值,使得 Q 有乘积分解形式

$$Q = Q'U_1 \cdot \cdots \cdot U_l$$

其中 $|U_i| = n, \phi(U_i)$ 是一个零和序列,其中,$i \in [1, l]$. 我们有

$$|Q'| = |\phi(Q(\prod_{i=1}^{l} U_i)^{-1})| \leqslant s(\phi(G)) - 1 \leqslant c(n-1) + n$$

由 $\phi(G) \cong C_n^r$ 关于 c 满足性质 D0,每个序列的形式

$$h_1^{n-1} \cdot \cdots \cdot h_c^{n-1} \phi(x)$$

其中 $x \in Q'$,有长度为 n 的零和子序列,因此对于每一个 $x \in \mathrm{supp}(Q')$,我们可以找到一个序列 $U_{l+1} = xU'_{l+1}$,其中 $U'_{l+1} | SQ^{-1}$,$|U_{l+1}| = n, \phi(U_{l+1})$ 有零和,由于

$$r_i \geqslant (c(n-1) + n)(n-1)$$
$$\geqslant (n-1)|Q'|$$

其中 $i \in [1, c]$.

对于每个 $i \in [1, |Q'|]$,我们得到一个乘积分解

$$S = Q''U_1 \cdot \cdots \cdot U_l U_{l+1} \cdot \cdots \cdot U_{l+|Q'|}$$

其中序列 $U_{l+1}, \cdots, U_{l+|Q'|}$ 有上述性质. 显然,我们有

$$\phi(Q'') = h_1^{q_1} \cdot \cdots \cdot h_c^{q_c}$$

接下来,我们选择 $\lambda = [\frac{q_1}{n}] + \cdots + [\frac{q_c}{n}], Q''$ 的子序列

$$U_{l+|Q'|+1}, \cdots, U_{l+|Q'|+\lambda}$$

使得 $\phi(U_{l+|Q'|+i}) \in \{h_1^n, \cdots, h_c^n\}, i \in [1, \lambda]$,且

$$S = Q''' \prod_{i=1}^{l+|Q'|+\lambda} U_i$$

显然,我们有 $\phi(Q''') = h_1^{q'_1} \cdot \cdots \cdot h_c^{q'_c}, q'_i \in [0, n-1]$,

$i \in [1,c]$. 因此，我们得到

$$l + \mid Q' \mid + \lambda = \frac{\mid S \mid - \mid Q''' \mid}{n}$$

$$\geqslant \frac{c(mn-1) + 1 - c(n-1)}{n}$$

$$\geqslant c(m-1) + 1 = s(C_m^r)$$

由 $\sigma(U_i) \in \ker(\phi) \cong C_m^r, i \in [1, l+ \mid Q' \mid + \lambda]$，序列

$$\prod_{i=1}^{l+\mid Q'\mid+\lambda} \sigma(U_i)$$

有长度为 m 的零和子序列，因此 S 有长度

为 mn 的零和子序列，矛盾.

情形 2 $h_1^{n-1} \bullet \cdots \bullet h_c^{n-1}$ 有长度为 n 的零和子序列.
设

$$h_1^{x_1} \bullet \cdots \bullet h_c^{x_c}$$

是 $h_1^{n-1} \bullet \cdots \bullet h_c^{n-1}$ 的一个零和子序列，$x_i \in [0, n-1]$，

$x_1 + \cdots + x_c = n$，那么

$$\sigma(g_1^{x_1} \bullet \cdots \bullet g_c^{x_c}) \in \ker(\phi)$$

由于

$$\mid \operatorname{supp}(\sigma(g''_1) \bullet \cdots \bullet \sigma(g_c^n)) \mid = c$$

A1 意味着 $\sigma(g_1^{x_1} \bullet \cdots \bullet g_c^{x_c}) = \sigma(g_k^n), k \in [1,c]$，

$\sigma(g_1^{x_1} \bullet \cdots \bullet g_c^{x_c}) = \sigma(g_1^n)$. 接下来将 S 写成形式

$$S = (g_1^n)^{s_1} \bullet \cdots \bullet (g_c^n)^{s_c} g_1^{v_1} \bullet \cdots \bullet g_c^{v_c} M$$

其中 $s_i \in \mathbf{N}, y_i \in [0, n-1], i \in [1, c]$，我们设

$$M_1 = g_1^{y_1} \bullet \cdots \bullet g_c^{y_c} M, M_2 = (g_1^n)^{s_1} \bullet \cdots \bullet (g_c^n)^{s_c}$$

然后考虑 M_2 作为具有形式 $g_1^n, \cdots, g_c^n$ 的 $s_1 + s_2 + \cdots +$

s_c 个序列的一个乘积. 另外，M_1 的乘积分解式为

$$M_1 = M'_1 A_1 \bullet \cdots \bullet A_{c(m-1)-(s_1+s_2+\cdots+s_c)}$$

使得 $\mid A_i \mid = n, \sigma(A_i) \in \ker(\phi), i \in [1, c(m-1) -$

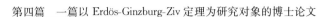

$(s_1 + \cdots + s_c)]$. 由于 $\sigma(g_1^n), \cdots, \sigma(g_c^n)$ 互不相同, A1 意味着序列

$$\sigma(A_1) \bullet \cdots \bullet \sigma(A_{c(m-1)-(s_1+s_2+\cdots+s_c)})$$

包含元素 $\sigma(g_1^n)$ 恰好是 $m-1-s_1$ 次. 在必要时重新编号, 我们假设

$$\sigma(A_j) = \sigma(g_1^n)$$

其中 $j \in [1, m-1-s_1]$.

接下来, 我们进一步构造了长度为 n 且和为 $\sigma(g_1^n)$ 的 M_2 的多于 s_1 个子序列, 这使得我们可以找到多于 s_1 个这样的子序列, 并推导出一个矛盾. 由于

$$\sigma(g_1^{x_1} \bullet \cdots \bullet g_c^{x_c}) = \sigma(g_1^n), s_i > x_i$$

我们可将 M_2 写为如下形式

$$M_2 = M_2' B_1 \bullet \cdots \bullet B_n$$

其中 $B_1 = \cdots = B_n = g_1^{x_1} \bullet \cdots \bullet g_c^{x_c}$. 接下来, 我们写

$$M_2' = M_2' B_{n+1} \bullet \cdots \bullet B_{n+\lceil \frac{ns_1-nx_1}{n} \rceil}$$

其中 $B_j = g_1^n, j \in [n+1, n+s_1-x_1]$.

因此有 $N = n+s_1-x_1$ 的子序列 $B_1, \cdots, B_N$, 使得 $\sigma(B_j) = \sigma(g_1^n), |B_j| = n, j \in [1, N]$. 由于 $N = n+s_1-x_1 > s_1$, 序列

$$A_1 \bullet \cdots \bullet A_{m-s_1-1} B_1 \bullet \cdots \bullet B_{s_1+1}$$

是长度为 mn 的序列 S 的一个零和子序列, 矛盾.

现在我们讨论如何应用定理 3. 设 r, c 和 n_0 是正整数, $p \in \mathbf{P}$ 是素数. 假设 C_p^r 关于 c 满足性质 D, $C_{n_0}^r$ 关于 c 满足性质 D0. 由引理 3, $s(C_m^r) = c(m-1)+1, C_m^r$ 对于每一个 $m = p^a$ 和 $a \in \mathbf{N}$ 满足性质 D. 由引理 1, 我们得

$$s(C^r_{mn_0}) \leqslant n_0(s(C^r_m) - 1) + s(C^r_{n_0})$$
$$= n_0 c(m-1) + s(C^r_{n_0})$$
$$= c(mn_0 - 1) - cn_0 + c + s(C^r_{n_0})$$

因此,对于每一个固定的点 n_0 和 p,我们可以选择一个充分大的值,使得对于 $m_0 = p^a$,我们得 $s(C^r_{m_0 n_0}) \leqslant c(m_0 n_0 - 1) + m_0 n_0 + 1, m_0 n_0 \geqslant (c-1)^2 + 1$. 那么我们可以应用定理 3 证明:当 b 充分大,使得 m 大于或等于 n 的下界时,$n = m_0 n_0, m = p^b$.

我们列举一些明确的例子. 设 a, b, c, d, e 是非负整数. 由上面的讨论,我们可以证明 $s(C^r_{mn}) = c(mn - 1) + 1$ 在下列的每种情形中均成立.

(1) 设 $r = 3, c = 9, n \geqslant 65$ 是一个奇数,使得 C^3_p 对于 n 的所有素因数 p,关于 9 都满足性质 D0,设 $m = 3^a 5^b$,有 $m \geqslant 5(n^2 - 7)((50n(n^2 - 7) - 9)(5n(n^2 - 7) - 1)(125n^3(n^2 - 7)^3 - 8) - 64) \cdot ((n^2 - 7)n - 64)^{-1}$.

(2) 设 $r = 4, c = 20, n \geqslant 362$ 是一个奇数,使得 C^4_p 对于 n 的所有素因数 p,关于 20 都满足性质 D0,设 $m = 3^a$,有 $m \geqslant (3(n^3 - 18)((63n(n^3 - 18) - 20)(3n(n^3 - 18) - 1)(81n^4(n^3 - 18)^4 - 19) - 361) \cdot ((n^3 - 18)n - 361)^{-1}$.

(3) 设 $r \geqslant 1, c = 2^r, n \geqslant (2^r - 1)^2 + 1$ 是一个偶数,使得 C^r_n 关于 2^r 满足性质 D0,设 $m = 2^a$,有 $m \geqslant (2n^{r-1}((2n^r(2^r + 1) - 2^r)(2n^r - 1)((2n^r)^r - (2^r - 1)) - (2^r - 1)^2)) \cdot (n^r - (2^r - 1)^2)^{-1}$.

(4) 设 $r = 3, c = 9, n = 7^c 11^d 13^e \geqslant 65$,令 $m = 3^a 5^b$,有 $m \geqslant (5(n^2 - 7)((50n(n^2 - 7) - 9)(5n(n^2 - 7) - 1)(125n^3(n^2 - 7)^3 - 8) - 64)) \cdot ((n^2 - 7)n - 64)^{-1}$.

证明　（1）由引理 2，知 $s(C_k^3) \geqslant 9k-8$，其中 k 为奇正整数，因此它足以证明上界. 令 $a_0, b_0 \in \mathbf{N}_0, a_0 \in [0, a], b_0 \in [0, b]$，使得

$$n^2 - 7 \leqslant 3^{a_0} 5^{b_0} < 5(n^2 - 7)$$

令 $m_0 = 3^{a_0} 5^{b_0}, n' = m_0 n$. 由引理 1 有

$$s(C_{n'}^3) \leqslant n(s(C_{m_0}^3) - 1) + s(C_n^3)$$
$$= n(9m_0 - 9) + s(C_n^3)$$
$$\leqslant 9m_0 n - 9n + n^3 + n - 1$$
$$\leqslant 9(n' - 1) + n' + 1$$

最后一个不等式成立，因为 $m_0 = 3^{a_0} 5^{b_0} \geqslant n^2 - 7$.

设 $m' = \dfrac{m}{m_0}$. 由引理 4，$C_{m'}^3$ 满足性质 D，由引理 3，$C_{n'}^3$ 关于 9 满足性质 D0. 现在情形 1 可由定理 3，用 n' 替换 n，m' 替换 m 得到.

（2）由引理 2，$s(C_k^4) \geqslant 20k-19$，其中 k 为所有的奇正整数，因此它足以证明上界. 令 $a_0 \in \mathbf{N}_0, a_0 \in [0, a]$，使得

$$n^3 - 18 \leqslant 3^{a_0} < 3(n^3 - 18)$$

令 $m_0 = 3^{a_0}, n' = m_0 n$. 由引理 1，有

$$s(C_{n'}^4) \leqslant n(s(C_{m_0}^4) - 1) + s(C_n^4)$$
$$= 20n(m_0 - 1) + s(C_n^4)$$
$$\leqslant 20m_0 n - 20n + n^4 + n - 1$$
$$\leqslant 20(n' - 1) + n' + 1$$

最后一个不等式成立，因为 $m_0 = 3^{a_0} \geqslant n^3 - 18$.

设 $m' = \dfrac{m}{m_0}$，由引理 4，$C_{m'}^4$ 满足性质 D，由引理 3，

C_n^4 关于 20 满足性质 D0. 现在情形 2 可由定理 3,用 n' 替换 n,用 m' 替换 m 得到.

(3) 由引理 2,$s(C_k^r) \geqslant 2^r(k-1)+1$,其中 $k \geqslant 2$ 为正整数,因此它足以证明上界. 设 $a_0 \in \mathbf{N}_0, a_0 \in [0, a]$,使得

$$n^{r-1} - 2^r + 2 \leqslant 2^{a_0} < 2(n^{r-1} - 2^r + 2)$$

设 $m_0 = 2^{a_0}, n' = m_0 n$. 由引理 1,得

$$s(C_{n'}^r) \leqslant n(s(C_{m_0}^r) - 1) + s(C_n^r)$$
$$= 2^r n(m_0 - 1) + s(C_n^r)$$
$$\leqslant 2^r m_0 n - 2^r n + n^r + n - 1$$
$$\leqslant 2^r(n' - 1) + n' + 1$$

(最后一个不等式成立,因为 $m_0 = 2^{a_0} \geqslant n^{r-1} - 2^r + 2$).

令 $m' = \dfrac{m}{m_0}$. 由引理 4,$C_{m'}$ 满足性质 D,由引理 3,$C_{n'}^r$ 关于 2^r 满足性质 D0. 现在情形 3 可由定理 3,用 n' 替换 n,用 m' 替换 m 得到.

(4) 由情形 1 和引理 5 即得.

2. 关于性质 D0 的两个等价表述

如前一节所述,当 $p \in \{3,5,7,11,13\}$ 时,我们用 C 语言编写的计算机程序验证了 C_p^3 型群满足性质 D0. 对于素数 $p \geqslant 17$ 的程序是超时的. 对于所有的奇素数 p,C_p^3 型群关于 9 是否满足性质 D0 仍然是一个有待解决的问题. 我们更希望得到完整的证明,而不是部分验证.

在本节中,我们给出了当 $n = p$ 和 $r = 3$ 时性质 D0 的另两种形式. 一个等价的表述中使用向量空间的语

言,这很容易理解. 在另一个等价的表述中使用多项式工具. 现在开始阐述我们的想法.

为了证明 C_p^3 型群关于 9 满足性质 D0,我们只需证明具有形式 $S = g_0 \prod\limits_{i=1}^{9} g_i^{p-1}$ 的 C_p^3 型群上的每一个序列 S 包含长度为 p 的零和子序列,其中 $g_0, g_1, \cdots, g_9$ 是 C_p^3 中的互不相同的元素. 设 $T = S - g_0 = 0 \prod\limits_{i=1}^{9} (g_i - g_0)^{p-1}$. 显然 T 包含长度为 p 的零和子序列,当且仅当 S 包含长度为 p 的零和子序列. 设 $h_i = g_i - g_0$. 那么 $T = 0 \prod\limits_{i=1}^{9} h_i^{p-1}$,其中 $h_i \in C_p^3 \backslash \{0\}, i \in [1,9]$.

如果 T 包含长度为 $|T_0| = p$ 的零和子序列 T_0,那么 T_0 一定具有形式

$$T_0 = 0 h_1^{x_1} \cdot \cdots \cdot h_9^{x_9}$$

其中 $x_1, \cdots, x_9 \in [0, p-1], x_1 + \cdots + x_9 = p-1$. 或者

$$T_0 = h_1^{x_1} \cdot \cdots \cdot h_9^{x_9}$$

其中 $x_1, \cdots, x_9 \in [0, p-1], x_1 + \cdots + x_9 = p$.

首先我们推断在 $\{h_1, \cdots, h_9\}$ 中任意选择的四个向量中存在三个线性无关的向量. 假设相反,存在四个向量

$$\{h_{k_1}, \cdots, h_{k_4}\} \subset \{h_1, \cdots, h_9\}$$

满足 $\{h_{k_1}, \cdots, h_{k_4}\} \subset C_p^2$,其中 $\{k_1, \cdots, k_4\} \subset [1,9]$.

令 $R = 0 h_{k_1}^{p-1} h_{k_2}^{p-1} h_{k_3}^{p-1} h_{k_4}^{p-1}$. 我们有

$$R \in \mathscr{F}(C_p^2), R \mid T, |R| = 1 + 4(p-1) = 4p - 3$$

因为我们知道 $s(C_p^2) = 4p - 3, R$ 包含长度为 p 的零和子序列,矛盾.

记 $h_i = \begin{bmatrix} a_{i1} \\ a_{i2} \\ a_{i3} \end{bmatrix}$，其中 $a_{ij} \in C_p, i \in [1,9], j \in [1,$

$3]$. 由于 $\sigma(T_0) = 0$，我们有

$$\begin{cases} a_{11}x_1 + \cdots + a_{91}x_9 = 0 \\ a_{12}x_1 + \cdots + a_{92}x_9 = 0 \\ a_{13}x_1 + \cdots + a_{93}x_9 = 0 \end{cases} \qquad (2)$$

并且，$x_1 + \cdots + x_9 = p$ 或 $p - 1$. 线性方程的解就构成

了一个线性向量空间 W. 设 $\boldsymbol{A} = \begin{bmatrix} a_{11} & \cdots & a_{91} \\ a_{12} & \cdots & a_{92} \\ a_{13} & \cdots & a_{93} \end{bmatrix}, \boldsymbol{X} =$

$(x_1, \cdots, x_9)$. 那么线性方程组（2）可以写作

$$\boldsymbol{AX}^{\mathrm{T}} = 0$$

其中，$\boldsymbol{X}^{\mathrm{T}}$ 是矩阵 $\boldsymbol{X}$ 的转置矩阵. 通过上面的断言，我们
得到矩阵 $\boldsymbol{A}$ 的秩是 $r(\boldsymbol{A}) = 3 < 9$. 所以在每个基本解系
中都有 $9 - r(\boldsymbol{A}) = 9 - 3 = 6$ 个解. 那么线性向量空间 W
的维数为 $\dim(W) = 6$. 现在将性质 D0 在 $n = p, r = 3$ 时
表示为下面的形式.

等价表述 1 在域 $\mathbf{F}_p$ 上的一个九维线性向量空
间的每个六维线性向量子空间都包含一个向量，满足

$$w_1 + \cdots + w_9 = p \text{ 或 } p - 1$$

其中，$w_1, \cdots, w_9 \in \mathbf{F}_p$.

为了给出另一个等价的表述，我们仍考虑序列
$T = 0 \prod\limits_{i=1}^{9} h_i^{p-1}$，其中 $h_i \in C_p^3 \backslash \{0\}, i \in [1,9]$. 和前面一
样，我们需要证明 $T0^{-1}$ 包含一个长度为 p 或 $p - 1$ 的

零和子序列. 由于 $\mathbf{F}_{p^3}$ 是一个有限域, 所以 $\mathbf{F}_{p^3}$ 是它的素数子域 $\mathbf{F}_p$ 的一个简单推广, 则

$$\mathbf{F}_{p^3} = \mathbf{F}_p(u) = \{c_0 + c_1 u + c_2 u^2 : c_0, c_1, c_2 \in \mathbf{F}_p\}$$

其中 u 是 $\mathbf{F}_{p^3}$ 的非零元素的乘性群的一个生成元. 设

$f: C_p^3 \rightarrow \mathbf{F}_{p^3}$ 是一个映射, 使得对于每个 $h_i = \begin{pmatrix} a_{i1} \\ a_{i2} \\ a_{i3} \end{pmatrix}$,

$a_{ij} \in C_p, i \in [1,9], j \in [1,3]$, 有

$$f(h_i) = a_{i1} + a_{i2} u + a_{i3} u^2$$

其中 u 是 $\mathbf{F}_{p^3}$ 的非零元素的乘性群的一个生成元. 那么显然 f 是双射. 考虑 $\mathbf{F}_p$ 上的 9 个不定量 $x_1, \cdots, x_9$ 的多项式

$$P(x_1, \cdots, x_9) = \prod_{\substack{r_1 + \cdots + r_9 = p\text{或}p-1 \\ 0 \leqslant r_i \leqslant p-1}} (r_1 x_1 + \cdots + r_9 x_9)$$

如果我们可以证明 $P(p_1, \cdots, p_9) = 0$, 其中 $p_1, \cdots, p_9 \in \mathbf{F}_{p^3} \backslash \{0\}$ 为互不相同的元素, 然后我们推出, 对于任意 9 个不相同的元素 $q_1, \cdots, q_9 \in \mathbf{F}_{p^3} \backslash \{0\}$ 存在至少一个因子, 如 $P(x_1, \cdots, x_9)$ 的 $r_1 x_1 + \cdots + r_9 x_9$, 使得

$$r_1 q_1 + \cdots + r_9 q_9 = 0$$

不失一般性, 假设 $f^{-1}(q_i) = h_i$, 那么 $h_1^{r_1} \cdot \cdots \cdot h_9^{r_9} \mid T0^{-1}$ 是长度为 p 或 $p-1$ 的零和子序列. 综上所述, 我们给出:

等价表述 2 多项式

$$P(x_1, \cdots, x_9) = \prod_{\substack{r_1 + \cdots + r_9 = p\text{或}p-1 \\ 0 \leqslant r_i \leqslant p-1}} (r_1 x_1 + \cdots + r_9 x_9)$$

对任意 9 个互不相同的元素 $p_1, \cdots, p_9 \in \mathbf{F}_{p^3} \backslash \{0\}$ 满足

$P(p_1,\cdots,p_9)=0.$

3. 一些注记和开放性的问题

我们回顾了 Erdös-Ginzburg-Ziv 常数和 $\mathbf{F}_3$ 上仿射空间中冠的最大值的关系.

设 G 是一个有限 Abel 群,令 $g(G)$ 表示最小的整数 $l(l\in\mathbf{N})$,使得每一个 G(或其他项,每个子集 $S\subset G$)上的长度为 $|S|\geqslant l$ 的平方自由序列都有长度为 $|T|=\exp(G)$ 的零和子序列 T. 对于秩为 2 的群,常数 $g(G)$ 已经研究过了(参见文[34],[31,第 5 节]). 此外,由于它与有限几何的联系,引起了广泛的关注,我们总结如下:

命题 1 设 G 是一个有限 Abel 群,其中 $\exp(G)=n\geqslant 2$.

(1)$g(G)\leqslant s(G)\leqslant (g(G)-1)(n-1)+1$. 如果 $G=C_n^r,n\geqslant 2,r\in\mathbf{N}$,且 $s(G)=(g(G)-1)(n-1)+1$,那么 G 满足性质 D.

(2)假设 $G=\mathbf{F}_3^r$. 那么 G 中的冠的最大值等于 $g(G)-1$,并且我们有

$$s(G)=(g(G)-1)(3-1)+1=2g(G)-1$$

证明 (1)第一个不等式显然成立. 第二个表述参见文[15,引理 2.3].

(2)这个结论首先由 H. Harborth[42] 得到. 有关术语的证明参见文[15,引理 5.2].

设 $G=C_n^r,n\geqslant 3$ 为奇数,$r\in\mathbf{N}$. 已知在文[15,第 5 节] 中得到的,在目前已知的所有情况下,我们都有 $s(G)=(g(C_3^r)-1)(n-1)+1$,并且我们将把它作为

一个猜想（显然，它意味着 C_n^r 关于 $g(C_3^r) - 1$ 满足性质 D0）.

猜想 1 对于 $n \geqslant 3$ 为奇数，$r \in \mathbf{N}$，我们有
$$s(C_n^r) = (g(C_3^r) - 1)(n - 1) + 1$$

最后我们考虑指数为偶数的群. 设 n, r 和 a 为正整数. 由定理 2 和引理 1，我们得到
$$s(C_{2^a n}^r) \leqslant n(2^r(2^a - 1)) + n^r + n - 1$$
$$= 2^r(2^a n) + n^r + n - 2^r n - 1$$

由引理 2.2，我们有
$$2^r(2^a n - 1) + 1 \leqslant s(C_{2^a n}^r)$$
$$\leqslant 2^r(2^a n - 1) + 1 + n^r - 2^r n + 2^r + n - 2$$

因此存在 $\alpha \in [0, n^r - 2^r n + 2^r + n - 2]$ 使得
$$s(C_{2^a n}^r) = 2^r(2^a n - 1) + 1 + \alpha, \alpha \in \mathbf{N}$$

我们不知道任何偶数 n 能否使得 $s(C_n^r) > 2^r(n - 1) + 1$. 最后，这一节有如下猜想：

猜想 2 对于 $n, r \in \mathbf{N}$，我们有
$$s(C_{2^a n}^r) = 2^r(2^a n - 1) + 1$$
对于足够大的 $a \in \mathbf{N}$.

§3 $C_2^r \oplus C_p$ 和 $C_2 \oplus C_{2n}^2$ 型群的 EGZ 常数

在这一节里，C_n^r 型群的 EGZ 常数中，p 不一定是素数，我们总是假设 p 是不小于 3 的奇数.

1. $C_2^r \oplus C_p$ 型群的 EGZ 常数

引理 6 设 G 为 $n \geqslant 2$ 阶循环群，$S \in \mathscr{F}(G)$ 是长度为 $|S| = s(G) - 1$ 的一个序列. 下面的命题是等价的：

（1）S 没有长度为 n 的零和子序列.

（2）$S=(gh)^{n-1}$,其中 $g,h\in G,\operatorname{ord}(g-h)=n$.

证明　参见文[36,命题 5.1.12].

引理 7　$D(C_2^r)=r+1,r\in\mathbf{N}$.

证明　参见文[36,推论 2.1.4].

定理 4　$\eta(C_2^{r-1}\oplus C_{2p})\geqslant 2p+2r-2$,其中 $3\leqslant r\in\mathbf{N},p$ 是奇数.

证明　我们需要构造一个长度为 $|S|=2p+2r-3$ 的 $C_2^{r-1}\oplus C_{2p}$ 上的序列 S,S 不包含短零和子序列.

由于 $D(C_2^{r-1})=r-1+1=r$,以及 $D(C_2^{r-1})$ 的定义,存在 C_2^{r-1} 上的长度为 $|T|=r-1$ 的零和自由序列 T. 假设

$$T=t_1\cdot\cdots\cdot t_{r-1}\in\mathscr{F}(C_2^{r-1})$$

那么

$$T_0=\begin{bmatrix}t_1\\0\end{bmatrix}\cdot\cdots\cdot\begin{bmatrix}t_{r-1}\\0\end{bmatrix}\in\mathscr{F}(C_2^{r-1}\oplus C_{2p})$$

$$T_1=\begin{bmatrix}t_1\\1\end{bmatrix}\cdot\cdots\cdot\begin{bmatrix}t_{r-1}\\1\end{bmatrix}\in\mathscr{F}(C_2^{r-1}\oplus C_{2p})$$

是 $C_2^{r-1}\oplus C_{2p}$ 上的两个零和自由序列,考虑序列

$$S=\begin{bmatrix}0\\1\end{bmatrix}^{2p-1}\cdot T_0\cdot T_1\in\mathscr{F}(C_2^{r-1}\oplus C_{2p})$$

显然,S 不包含短零和子序列,且

$$|S|=(2p-1)+2(r-1)=2p+2r-3$$

引理 8　如果 G 是指数为 $\exp(G)$ 的有限 Abel 群,那么 $s(G)\geqslant\eta(G)+\exp(G)-1$.

证明　参见文[26,引理 2.2].

引理 9　$s(C_2^{r-1} \oplus C_{2p}) \geqslant 4p + 2r - 3$，其中 $3 \leqslant r \in \mathbf{N}, p$ 为奇数.

证明　由引理 6 和引理 8，我们有

$$s(C_2^{r-1} \oplus C_{2p}) \geqslant \eta(C_2^{r-1} \oplus C_{2p}) + \exp(C_2^{r-1} \oplus C_{2p}) - 1$$
$$\geqslant 2p + 2r - 2 + 2p - 1$$
$$= 4p + 2r - 3$$

引理 10　设 $G = C_2^r \oplus C_p$，其中 $r \geqslant 3$ 为正整数，p 是奇数. 假设 $\phi_r : G \to G$ 表示乘以 p，且 $\psi_r : G \to G$ 表示乘以 2. 设 $S_r = g_1 \cdot g_{2^r-1}$ 是 $C_2^r \oplus C_p$ 上的满足 $\mathrm{supp}(\phi_r(S_r)) = C_2^r \backslash \{0\}$ 的序列. 如果对于任意两个不同的子序列 $T_1 \mid S_r, T_2 \mid S_r, \mid T_1 \mid = \mid T_2 \mid = 4$，满足 $\phi_r(\sigma(T_1)) = \phi_r(\sigma(T_2)) = 0$，我们可以推出 $\psi_r(\sigma(T_1)) = \psi_r(\sigma(T_2))$，那么

$$\mid \mathrm{supp}(\psi_r(S_r)) \mid = 1$$

证明　对 r 进行归纳.

设 $r = 3$，由于 $\mathrm{supp}(\phi_3(S_3)) = C_2^3 \backslash \{0\}$，我们可以假设

$$S_3 = A_1 A_2 A_3 A_4 A_5 A_6 A_7$$

其中

$$A_1 = (1,0,0,a_1)^{\mathrm{T}}, A_2 = (0,1,1,a_2)^{\mathrm{T}}, A_3 = (0,1,0,a_3)^{\mathrm{T}}$$
$$A_4 = (1,0,1,a_4)^{\mathrm{T}}, A_5 = (0,0,1,a_5)^{\mathrm{T}}$$
$$A_6 = (1,1,0,a_6)^{\mathrm{T}}, A_7 = (1,1,1,a_7)^{\mathrm{T}}$$

且 $a_1, \cdots, a_7 \in C_p$. 由假设，我们有如下等式

$$A_1 + A_3 + A_5 + A_7 = A_1 + A_4 + A_6 + A_7$$
$$= A_2 + A_3 + A_6 + A_7$$
$$= A_2 + A_4 + A_5 + A_7$$

$$=A_1 + A_2 + A_3 + A_4$$
$$=A_1 + A_2 + A_5 + A_6$$
$$=A_3 + A_4 + A_5 + A_6$$

通过简单的计算，我们有 $a_1 = a_2 = a_3 = a_4 = a_5 = a_6 = a_7$，它意味着 $\mid \mathrm{supp}(\psi_3(S_3)) \mid = 1$.

假设对于 $r = d \geqslant 3$，结论是正确的，现在设 $r = d+1$.

假设

$$S_{d+1} = \begin{bmatrix} 0 \\ u_1 \\ b_1 \end{bmatrix} \cdots \begin{bmatrix} 0 \\ u_{2^d-1} \\ b_{2^d-1} \end{bmatrix} \cdot \begin{bmatrix} 1 \\ h_1 \\ c_1 \end{bmatrix} \cdots \begin{bmatrix} 1 \\ h_{2^d-1} \\ c_{2^d-1} \end{bmatrix} \cdot \begin{bmatrix} 1 \\ 0 \\ c_{2^d} \end{bmatrix}$$

其中，$u_i, h_i \in C_2^d \backslash \{0\}, b_i, c_i, c_{2^d} \in C_p, i \in [1, 2^d - 1]$，设

$$W_1 = \begin{bmatrix} u_1 \\ b_1 \end{bmatrix} \cdots \begin{bmatrix} u_{2^d-1} \\ b_{2^d-1} \end{bmatrix}$$

由于对任意两个不同的子序列 $T_1 \mid W_1, T_2 \mid W_1$，$\mid T_1 \mid = \mid T_2 \mid = 4$，满足 $\phi_d(\sigma(T_1)) = \phi_d(\sigma(T_2)) = 0$，我们可以推出 $\psi_d(\sigma(T_1)) = \psi_d(\sigma(T_2))$，通过归纳，我们有 $\mid \mathrm{supp}(\psi_d(W_1)) \mid = 1$，即 $b_1 = \cdots = b_{2^d-1} = x \in C_p$. 类似地，我们有 $c_1 = \cdots = c_{2^d-1} = y \in C_p$.

设

$$u_1' = (1, 1, \underbrace{1, \cdots, 1}_{d-3\text{个}})^{\mathrm{T}}, u_2' = (1, 0, \underbrace{1, \cdots, 1}_{d-3\text{个}})^{\mathrm{T}}$$
$$u_3' = (0, 1, \underbrace{1, \cdots, 1}_{d-3\text{个}})^{\mathrm{T}}, u_4' = (0, 0, \underbrace{1, \cdots, 1}_{d-3\text{个}})^{\mathrm{T}}$$

和

$$h'_1 = (1, 0, \underbrace{0, \cdots, 0}_{d-3\uparrow})^{\mathrm{T}}, h'_2 = (0, 1, \underbrace{0, \cdots, 0}_{d-3\uparrow})^{\mathrm{T}}$$

$$h'_3 = (1, 1, \underbrace{0, \cdots, 0}_{d-3\uparrow})^{\mathrm{T}}$$

记

$$W_2 = \begin{pmatrix} 0 \\ u'_1 \\ 1 \\ x \end{pmatrix} \begin{pmatrix} 0 \\ u'_2 \\ 1 \\ x \end{pmatrix}$$

$$W_3 = \begin{pmatrix} 0 \\ u'_3 \\ 1 \\ x \end{pmatrix} \begin{pmatrix} 0 \\ u'_4 \\ 1 \\ x \end{pmatrix}$$

$$W_4 = \begin{pmatrix} 1 \\ u'_3 \\ 1 \\ y \end{pmatrix} \begin{pmatrix} 1 \\ u'_4 \\ 1 \\ y \end{pmatrix}$$

$$W_5 = \begin{pmatrix} 1 \\ h'_1 \\ 0 \\ y \end{pmatrix} \begin{pmatrix} 1 \\ h'_2 \\ 0 \\ y \end{pmatrix} \begin{pmatrix} 1 \\ h'_3 \\ 0 \\ y \end{pmatrix} \begin{pmatrix} 1 \\ 0 \\ 0 \\ c_{2^d} \end{pmatrix}$$

显然，$|W_2 \cdot W_3| = |W_2 \cdot W_4| = |W_5| = 4$，$\phi_{d+1}(\sigma(W_2 \cdot W_3)) = \phi_{d+1}(\sigma(W_2 \cdot W_4)) = \phi_{d+1}(\sigma(W_5)) = 0$. 那么 $\psi_{d+1}(\sigma(W_2 \cdot W_3)) = \psi_{d+1}(\sigma(W_2 \cdot W_4)) = \psi_{d+1}(\sigma(W_5))$. 这意味着 $4x = 2x + 2y = 3y + c_{2^d}$. 由于 $x, y, c_{2^d} \in C_p$, p 是奇数，我们有

$$c_{2^d} = x = y$$

261

因此 $| \operatorname{supp}(\psi_{d+1}(S_{d+1})) |=1$.

定理 5 $s(C_2^{r-1} \bigoplus C_{2p}) \leqslant 4p + 2^r - 5, r \geqslant 3$ 是正整数,p 是奇数.

证明 设 $G = C_2^{r-1} \bigoplus C_{2p} \cong C_2^r \bigoplus C_p, S$ 是 G 上的长度为 $| S |=4p+2^r-5$ 的任意序列.相反,假设 S 不包含长度为 $2p$ 的零和子序列.

设 $\phi: G \to G$ 表示乘以 p,$\psi: G \to G$ 表示乘以 2,那么

$$\ker(\phi) \cong C_p, \phi(G) = pG \cong C_2^r$$
$$\ker(\psi) \cong C_2^r, \psi(G) = 2G \cong C_p$$

我们从一个简单的观察开始,在证明中将多次使用它.

A1 假设 $S = S_1 \cdot \cdots \cdot S_{2p-2} \cdot S_0$,其中 $S_1, \cdots,$ S_{2p-2}, S_0 是 G 上的序列,对于任意 $i \in [1, 2p-2]$,$\phi(S_i)$ 和为零,长度为 $| S_i |= \exp(\phi(G)) = 2$.那么

$$\sigma(S_1) \cdots \sigma(S_{2p-2}) = x^{p-1} y^{p-1}$$

其中,$x, y \in \ker(\phi), x \neq y$.并且,$\phi(S_0)$ 是 $\phi(G)$ 的平方.

A1 的证明 由于 S 没有长度为 $2p$ 的零和子序列,因此序列 $\sigma(S_1) \cdots \sigma(S_{2p-2})$ 也没有长度为 p 的零和子序列.由引理 6,我们有

$$\sigma(S_1) \cdots \sigma(S_{2p-2}) = x^{p-1} y^{p-1}$$

其中 $x, y \in \ker(\phi), x \neq y$.如果存在 $u_1 \cdot u_2 \mid S_0$,使得 $\phi(u_1) = \phi(u_2) \in \phi(G)$,那么 $u_1 + u_2 \in \ker(\phi)$,且 $| u_1 \cdot u_2 |=2$.因为 $s(C_p) = 2p-1$,序列

$$\sigma(S_1) \cdots \sigma(S_{2p-2}) \cdot (u_1 + u_2)$$

包含长度为 p 的零和子序列,矛盾.因此 $\phi(S_0)$ 在

$\phi(G)$ 上是无平方的.

　　首先,我们证明 S 有 A1 中的乘积分解,注意

$$\mid \phi(S) \mid = 4p + 2^r - 5 = 2(2p - 3) + 2^r + 1$$

　　由于 $s(C_2^r) = 2^r + 1$, S 有一个乘积分解 $S = S_1 \cdots S_{2p-2} S_0$,其中 $S_1, \cdots, S_{2p-2}, S_0$ 是 G 上的序列,对于任意 $i \in [1, 2p - 2]$, $\phi(S_i)$ 和为零,长度为 $\mid S_i \mid = \exp(\phi(G)) = 2$. 并且

$$
\begin{aligned}
\mid \phi(S_0) \mid &= \mid S \mid - 2(2p - 2) \\
&= 4p + 2^r - 5 - 4p + 4 \\
&= 2^r - 1
\end{aligned}
$$

我们设

$$\phi(S) = h_0^{n_0} \cdots h_{2^r-1}^{n_{2^r-1}}, S = W_0 \cdots W_{2^r-1}$$

其中,$h_0, \cdots, h_{2^r-1} \in \phi(G)$ 是两两不同的,$n_0, \cdots, n_{2^r-1} \in \mathbf{N}_0$,$\phi(W_i) = h_i^{n_i}, i \in [0, 2^r - 1]$.

　　A2　对于任意 $i \in [0, 2^r - 1]$,如果 $\mid W_i \mid \geqslant 3$,那么 $W_i = w_i^{\mu_i} U_i$,其中 $w_i \in G, \mu_i = \nu_{w_i}(W_2) \in \mathbf{N}, \mid U_i \mid \leqslant 1$.

　　A2 的证明　设 $i \in [0, 2^r - 1], \mid W_i \mid \geqslant 3$. 我们选择一个 W_i 上的任意子序列 L,长度为 $\mid L \mid = 2$. 因为 $\phi(W_i) = h_i^{n_i}$,有 $\sigma(L) \in \ker(\phi)$. 因为 $\mid S \mid = 4p + 2^r - 5$, SL^{-1} 有一个乘积分解 $SL^{-1} = V_0 \cdot V_1 \cdots V_{2p-3}$,其中 $\mid V_i \mid = 2, \sigma(V_i) \in \ker(\phi), i \in [1, 2p - 3]$. 现在由 A1,有 $\sigma(L) \cdot \sigma(V_1) \cdots \sigma(V_{2p-3}) = x^{p-1} y^{p-1}$,其中 $x, y \in \ker(\phi), x \neq y$. 因此 $\sigma(L) = x$ 或 $\sigma(L) = y$. 因为 $\mid W_i \mid \geqslant 3, L$ 是 W_i 的任意子序列,我们推得 L 和 W_i 至多有两个不同的元素,因此在 W_i 中至少出现 2 次元

素 w_i.

我们设 $W_i = w_i^{\mu_i} U_i$，其中 $\mu_i = \nu_{w_i}(W_i)$，$U_i = a^{|U_i|}$.
假设相反，$|U_i| \geqslant 2$. 因为 w_i^2, a^2 和 $w_i \cdot a$ 是 W_i 的三个不同子序列，由 $\sigma(L) \in \{x, y\}$ 中的 L，我们推出 $1 \leqslant |\{w_i + w_i, w_i + a, a + a\}| \leqslant 2$，矛盾.

A3 只存在一个 $i \in [0, 2^r - 1]$，使得 $2 \mid n_i$.

A3 的证明 由 A1 可知，S 可以分解为如下形式
$$S = S_1 \cdots S_{2p-2} \cdot S_0$$
其中，$S_1, \cdots, S_{2p-2}, S_0$ 是 G 上的序列，对任意 $i \in [1, 2p-2]$，$\phi(S_i)$ 和为零，长度为 $|S_i| = \exp(\phi(G)) = 2$.
这意味着 $|\mathrm{supp}(\phi(S_i))| = 1, i \in [1, 2p-2]$. 并且，$\phi(S_0)$ 是无平方的，长度为 $|\phi(S_0)| = 2^r - 1$.

结合 A2 有如下结论：

假设不失一般性
$$\sigma(S_1) = \cdots = \sigma(S_{p-1}) = x$$
$$\sigma(S_p) = \cdots = \sigma(S_{2p-2}) = y$$
记 $S_i = h_{i_1} \cdot h_{i_2}$，其中 $i \in [1, 2p-2]$，$S_0 = h_{0_1} \cdots h_{0_{2^r-1}}$.
如果存在 $g_0 \mid S_0$，使得 $\phi(g_0) = 0$，那么存在 $g \in G \backslash \{0\}$，使得
$$S - g = (S_1 - g) \cdots (S_{2p-2} - g)(S_0 - g)$$
和 $\mathrm{supp}(\phi(S_0 - g)) = \phi(G) \backslash \{0\}$. 或者令 $g = 0$. 显然，我们有
$$\sigma(S_i - g) = \sigma(S_i) - 2g \in \{x - 2g, y - 2g\} \subset \ker(\phi)$$
其中，$i \in [1, 2p-2]$.

如果 $x - 2g \neq 0, y - 2g \neq 0$，那么存在 $w \in G \backslash \{0\}$，使得

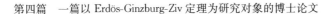

$$w \in \ker(\phi), \psi(2w) \equiv x - 2g \pmod{p}$$
$$S - g - w = (S_1 - g - w) \cdots (S_{2p-2} - g - w) \cdot$$
$$(S_0 - g - w)$$

或者令 $w = 0$，不失一般性，假设 $x - 2g = 0$. 那么如果 $x - 2g = 0$，我们有 $\sigma(S_i - g - w) = \sigma(S_i) - 2g$，其中 $i \in [1, 2p-2]$. 如果 $x - 2g \neq 0$，我们有

$$\sigma(S_i - g - w) = \sigma(S_i) - 2g - 2w$$
$$= \begin{cases} 0, i \in [1, p-1] \\ y - x, i \in [p, 2p-2] \end{cases}$$

总之，我们有

$$\sigma(S_i - g - w) = \sigma(S_i) - 2g - 2w$$
$$= \begin{cases} 0, i \in [1, p-1] \\ y - x, i \in [p, 2p-2] \end{cases}$$

　　因为 S 不包含长度为 $2p$ 的零和子序列，所以 $y - x$ 与 p 互质. 因此存在 $m \in C_p \backslash \{0\}$ 使得

$$m(y - x) = m(\sigma(S_i - g - w))$$
$$= m(h_{i_1} - g - w + h_{i_2} - g - w)$$
$$= m(h_{i_1} - g - w) + m(h_{i_2} - g - w) = 1$$

其中，$i \in [p, 2p-2]$.

　　令 $T = T_1 \cdots T_{2p-2} \cdot T_0$，$T_i = t_{i_1} \cdot t_{i_2} = (m(h_{i_1} - g - w)) \cdot (m(h_{i_2} - g - w))$，$i \in [1, 2p-2]$，$T_0 = t_{0_1} \cdots t_{0_{2^r-1}} = (m(h_{0_1} - g - w)) \cdots (m(h_{0_{2^r-1}} - g - w))$.
显然

$$\sigma(T_i) = t_{i_1} + t_{i_2} = \begin{cases} \underbrace{(0, \cdots, 0, 0)}_{r \uparrow}^{\mathrm{T}}, i \in [1, p-1] \\ \underbrace{(0, \cdots, 0, 1)}_{r \uparrow}^{\mathrm{T}}, i \in [p, 2p-2] \end{cases}$$

且 $\mathrm{supp}(\phi(T_0)) = \phi(G)\backslash\{0\}$. 进一步，有 $\phi(t_{i_1}) = \phi(t_{i_2}), \phi(t_{i_1}) + \phi(t_{i_2}) = 0 \in \phi(G), i \in [1, 2p-2]$.

A4 如果 T 包含长度为 $2p$ 的零和子序列，那么 S 也如此.

A4 的证明 假设 $T' = t_1' \cdots t_{2p}'$ 是 T 的零和子序列，那么

$$(m^{-1}t_1' + w + g) \cdots (m^{-1}t_{2p}' + w + g) \mid S$$

$$(m^{-1}t_1' + w + g) \cdots (m^{-1}t_{2p}' + w + g)$$

$$= m^{-1}(t_1' + \cdots + t_{2p}') + 2pw + 2pg = 0$$

由 A4，为完成证明，我们只需假设 T 不包含长度为 $2p$ 的零和子序列. 考虑长度为 4 的 $\phi(T_0)$ 的所有零和子序列.

情形 1 如果存在 $T_{0_1} \mid T_0, T_{0_2} \mid T_0$ 满足 $|T_{0_1}| = |T_{0_2}| = 4, \sigma(\phi(T_{0_1})) = \sigma(\phi(T_{0_2})) = 0$，但 $\sigma(T_{0_1}) \neq \sigma(T_{0_2})$.

假设 $\sigma(T_{0_1}) \neq \underbrace{(0, \cdots, 0, 1)^{\mathrm{T}}}_{r\text{个}}$，为方便起见，假设 $\psi(\sigma(T_{0_1})) \in [2, p]$. 由计算得

$$\sigma(T_1 \cdots T_{\psi(\sigma(T_{0_1}))-2} \cdot T_p \cdots T_{2p-1-\psi(\sigma(T_{0_1}))} \cdot T_{0_1}) = 0$$

$$|T_1 \cdots T_{\psi(\sigma(T_{0_1}))-2} \cdot T_p \cdots T_{2p-1-\psi(\sigma(T_{0_1}))} \cdot T_{0_1}|$$

$$= 2(\psi(\sigma(T_{0_1})) - 2) + 2(p - \psi(\sigma(T_{0_1}))) + 4$$

$$= 2p$$

矛盾.

情形 2 任意选取两个不同的子序列，$T_{0_1} \mid T_0$，$T_{0_2} \mid T_0$ 满足 $|T_{0_1}| = |T_{0_2}| = 4, \phi(\sigma(T_{0_1})) = \phi(\sigma(T_{0_2})) = 0$，我们有 $\psi(\sigma(T_{0_1})) = \psi(\sigma(T_{0_2}))$.

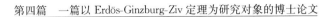

因为 $\operatorname{supp}(\phi(T_0)) = \phi(G)\backslash\{0\}$ 和 $|T_0| = |\phi(T_0)| = 2^r - 1 \geqslant 7$，由引理 10 有 $|\operatorname{supp}(\psi(T_0))| = 1$.

设 $U'_{i_1} = (m(w_i - g - w))^{\mu_i}$，$U'_{i_2} = m(U_i - g - w)$，$i \in [0, 2^r - 1]$ 和 $T = U'_{0_1} \cdot U'_{0_2} \cdots U'_{(2^r-1)_1} \cdot U'_{(2^r-1)_2}$. 再由 $A1, A2, A3$，我们假设序列 T 有如下性质：

（1）$\operatorname{supp}(\phi(U'_{0_1} \cdot U'_{0_2})) = \{0\}$；

（2）$\operatorname{supp}(\phi(U'_{0_1})) = \operatorname{supp}(\phi(U'_{0_2})), \cdots, \operatorname{supp}(\phi(U'_{(2^r-1)_1})) = \operatorname{supp}(\phi(U'_{(2^r-1)_2}))$ 是 C_2^r 中的互不相同的元素；

（3）$2 \mid (|U'_{0_1}| + |U'_{0_2}|)$，$2 \nmid (|U'_{i_1}| + |U'_{i_2}|)$，$i \in [1, 2^r - 1]$；

（4）$(|U'_{1_1}| + |U'_{1_2}|) \geqslant \cdots \geqslant (|U'_{(2^r-1)_1}| + |U'_{(2^r-1)_2}|)$.

因为 T 不包含长度为 $2p$ 的零和子序列，我们推出 $|U'_{0_1}| \leqslant 2p - 1$. 因此 $|U'_{0_1}| + |U'_{0_2}| \leqslant 2p$. 那么

$$|T(U'_{0_1} \cdot U'_{0_2})^{-1}| \geqslant (4p + 2^r - 5) - 2p$$
$$= 2p + 2^r - 5$$

我们有

$$|U'_{1_1}| + |U'_{1_2}| \geqslant \frac{2p + 2^r - 5}{2^r - 1} \geqslant 3, p \geqslant 2^r + 1$$

然后我们分以下两种情形讨论.

情形 1　$|U'_{1_1}| + |U'_{1_2}| \geqslant 3$.

任意选择 $u'_1 \cdot u'_2 \mid U'_{1_1} \cdot U'_{1_2}$，其中 $u'_1, u'_2 \in G$. 那么 $\psi(u'_1 + u'_2) \in \{0, 1\}$. 因为

$$|U'_{1_1}| + |U'_{1_2}| \geqslant 3，|U'_{1_2}| \leqslant 1$$

我们推得

$$\operatorname{supp}(\psi(U'_{1_1})) \subset \{0, \frac{p+1}{2}\}$$

由引理 10,结合 A1,A2,A3,我们可以选择 T_0 使得 $\operatorname{supp}(\psi(T_0)) \in \{0, \dfrac{p+1}{2}\}$. 设 $T_0' \mid T_0$ 是长度为 4 的任意子序列,满足 $\mid T_0' \mid = 4, \phi(\sigma(T_0')) = 0$,我们有

$$\psi(\sigma(T_0')) \in \{0, 2(p+1)\} \equiv \{0, 2\} \pmod{p}$$

为方便起见,假设 $\psi(\sigma(T_0')) \in \{2, p\}$. 经计算,得

$$\sigma(T_1 \cdots T_{\psi(\sigma(T_0'))-2} T_p \cdots T_{2p-1-\psi(\sigma(T_0'))} \cdot T_0') = 0$$

和

$$\mid T_1 \cdots T_{\psi(\sigma(T_0'))-2} T_p \cdots T_{2p-1-\psi(\sigma(T_0'))} \cdot T_0' \mid$$
$$= 2(\psi(\sigma(T_0')) - 2) + 2(p - \psi(\sigma(T_0'))) + 4$$
$$= 2p$$

矛盾.

情形 2 $\mid U_{1_1}' \mid + \mid U_{1_2}' \mid \leqslant 2$.

因为 $2 \nmid (\mid U_{i_1}' \mid + \mid U_{i_2}' \mid), \mid U_{i_2} \mid \leqslant 1$,我们有 $\mid U_{i_1}' \mid = 1, \mid U_{i_2}' \mid = 0, i \in [1, 2^r - 1]$. 那么 $\mid U_{0_1}' \mid + \mid U_{0_2}' \mid = (4p + 2^r - 5) - (2^r - 1) = 4p - 4 > 2p$. 设 $U_0' \mid U_{0_1}'$ 是长度为 $2p$ 的序列. 那么 $\sigma(U_0') = 0$,矛盾.

推论 1 $s(C_2^3 \oplus C_p) = 4p + 3$,其中 p 是奇数.

证明 由引理 9 和定理 5,我们有

$$4p + 2r - 3 \leqslant s(C_2^r \oplus C_p) \leqslant 4p + 2^r - 5$$

其中 p 是奇数,$r \geqslant 3$ 为正整数,由

$$4p + 2r - 3 = 4p + 2^r - 5 = 4p + 3$$

当 $r = 3$ 时,我们有 $s(C_2^3 \oplus C_p) = 4p + 3$.

2. $\eta(C_2^4 \oplus C_p)$ 和 $s(C_2^4 \oplus C_p)$

引理 11 设 W 为 C_2^4 上的一个无平方序列,使得 $\mid W \mid = r \geqslant 9, \operatorname{supp}(W) \subset C_2^4 \setminus \{0\}$. 那么对于任意

$w \in \mathrm{supp}(W)$，存在 W 的 $r-8$ 个不相交的子序列 $R_1, \cdots, R_{r-8}$ 满足 $\sigma(wR_i) = 0$，$|R_i| = 2, i \in [1, r-8]$.

证明　设 $C_2^4 \backslash \{0\} = \{h_1, \cdots, h_{15}\}$. 任意选取 $u \in C_2^4 \backslash \{0\}$，存在 7 对 (h_i, h_j) 使得 $u = h_i + h_j$，其中 $1 \leqslant i < j \leqslant 15$.

对于集合 $\mathrm{supp}(W) \subset C_2^4 \backslash \{0\}$ 和任意 $w \in \mathrm{supp}(W)$，我们破坏了至少 $15 - r$ 个这样的对. 因此至少剩下 $7 - (15 - r) = r - 8$ 对.

引理 12　假设 $G = C_2^4 \oplus C_p$，其中 p 是奇数. 设 $\phi: G \to G$ 表示乘以 p，$\psi: G \to G$ 表示乘以 2. 设 S 是 G 上的满足 $|S| = 10, 0 \notin \mathrm{supp}(S)$ 的一个无平方序列. 那么存在 $V \mid S$，使得 $\sigma(\phi(V)) = 0$，$|V| = 4$. 如果对于任意序列 $T \mid S$，使得 $\sigma(\phi(T)) = 0$，$|T| = 3$，我们可以推出 $\sigma(\psi(T)) = 1$，那么存在 $U \mid S$ 使得 $\sigma(\phi(U)) = 0$，$|U| = 4, \sigma(\psi(U)) \neq 1$.

证明　我们分以下情形讨论：

情形 1　存在 $g \mid S$，使得 $\phi(g) = 0$.

显然，我们有 $\psi(g) \neq 0, 0 \notin \mathrm{supp}(S)$. 因为 $|Sg^{-1}| = 9$，由引理 11，有 $T \mid S$ 使得 $\sigma(\phi(T)) = 0$，$|T| = 3$. 然后 $\sigma(\phi(T \cdot g)) = 0$，$|T \cdot g| = 4$ 和 $\sigma(\psi(T \cdot g)) = 1 + \psi(g) \neq 1$.

情形 2　$0 \notin \mathrm{supp}(\phi(S))$.

因为 $|S| = 10$，由引理 11，存在 $T_1 \mid S$ 使得 $\sigma(\phi(T_1)) = 0$ 和 $|T_1| = 3$. 我们有 $\sigma(\psi(T_1)) = 1$，存在 $u \in \mathrm{supp}(T_1)$，使得 $\psi(u) \neq \dfrac{p+1}{2}$.

由引理 11，存在 $u_1, u_2, u_3, u_4 \in \text{supp}(S)$，使得 $\sigma(\phi(uu_1u_2)) = \sigma(\phi(uu_3u_4)) = 0$ 和 $\sigma(\psi(uu_1u_2)) = \sigma(\psi(uu_3u_4)) = 1$．因此，$\psi(u_1 + u_2) \neq \dfrac{p+1}{2}$．显然 $\sigma(\phi(u_1u_2u_3u_4)) = 0, \sigma(\psi(u_1u_2u_3u_4)) = 2\psi(u_1 + u_2) \neq 1$．

引理 13 设 G 是 $n(n \geqslant 2)$ 阶循环群，序列 $S \in \mathcal{F}(G)$ 是长度为 $|S| = n - 1$ 的零和自由序列，当且仅当 $S = g^{n-1}$，其中 $g \in G, \text{ord}(g) = n$．

证明 参见文[39，推论 2.1.4].

引理 14 设 $S = g_1 \cdot \cdots \cdot g_{|S|}$ 是 C_n 上长度大于 $n/2$ 的零和自由序列，那么存在 $c \in C_n$ 与 n 互质，满足

$$\sum_{i=1}^{|S|} a_i < n$$

其中 $a_i = cg_i(\text{mod } n) \in [1, n], i \in [1, |S|]$．

证明 参见文[58，Theorem 8].

定理 6 $\eta(C_2^4 \oplus C_p) \leqslant 2p + 6$，其中 $p(p > 3)$ 是奇数.

证明 设 $G = C_2^4 \oplus C_p$，S 是 G 上的长度为 $|S| = 2p + 6$ 的序列. 我们需证明 S 包含一个短零和子序列. 假设相反，S 不包含短零和子序列.

设 $\phi: G \to G$ 表示乘以 p，$\psi: G \to G$ 表示乘以 2，那么

$$\ker(\phi) \cong C_p, \phi(G) = pG \cong C_2^4$$

$$\ker(\psi) \cong C_2^4, \psi(G) = 2G \cong C_p$$

断言 1 S 有一个乘积分解

$$S = S_1 \cdot \cdots \cdot S_r \cdot S_0$$

其中，$S_1, \cdots, S_r, S_0$ 是 G 上的序列，对任意 $i \in [1, r]$，

$\phi(S_i)$ 和为零,长度为 $|S_i|=2$.并且,$\phi(S_0)$ 在 C_2^4 上是无平方的,$p-5\leqslant r\leqslant p-1$.

证明　记 $|\phi(S)|=|S|=2p+6=2(p-5)+16$,$s(C_2^4)=17,D(C_p)=p$,断言如下:

我们设
$$\phi(S)=z_0^{n_0}\cdots z_{15}^{n_{15}},S=W_0\cdots W_{15}$$
其中,$z_0,\cdots,z_{15}\in\phi(G)$ 互不相同,$n_0,\cdots,n_{15}\in\mathbf{N}_0$,$\phi(W_i)=z_i^{n_i},i\in[0,15]$.

断言 2　假设 $\sigma(S_1)=\cdots=\sigma(S_r)$,那么对于任意 $i\in[0,15]$,如果 $|W_i|\geqslant3$,我们有 $W_i=w_i^{v_i}$,其中 $w_i\in G,v_i=v_{w_i}(W_i)\in\mathbf{N}$.而且 $|\mathrm{supp}(\psi(W_i))|=1$.如果 $|W_i|\geqslant3$,$|\{i:2\nmid n_i,i\in[0,15]\}|=|S_0|$.

证明　我们可以选择 W_i 的长度为 $|L|=2$ 的任意子序列 L.因为 $\phi(W_i)=z_i^{n_i}$,有 $\sigma(L)=\sigma(S_1)$.由于 $\phi(S_0)$ 是无平方的,断言如下:

现在我们分如下情形讨论.

情形 1　$r=p-1$.

因为 S 不包含短零和子序列,那么 $\sigma(S_1)\cdots\sigma(S_{p-1})$ 是 C_p 上的零和自由序列.由引理13,不失一般性,假设
$$\sigma(S_1)=\cdots=\sigma(S_{p-1})=1\in C_2^4\setminus\{0\}$$
显然 $\mathrm{supp}(\phi(S_0))\subset C_2^4\setminus\{0\}$.

断言 1.1　存在 $V\mid S_0$,使得 $\sigma(\phi(V))=0$,$|V|\in\{3,4,5\}$,而且
$$\sigma(\psi(V))=\begin{cases}1,&|V|=3\text{ 或 }4\\1\text{ 或 }2,&|V|=5\end{cases}$$

证明　因为

271

$$\mid S_0 \mid = \mid S \mid - \mid S_1 \cdots S_{p-1} \mid = 2p + 6 - 2(p-1) = 8$$
$$\phi(S_0) \in \mathscr{F}(C_2^4), D(C_2^4) = 5$$

存在 $V \mid S_0$，使得 $\sigma(\phi(V)) = 0$，$\mid V \mid \in \{3,4,5\}$.

如果 $\mid V \mid = 3, \sigma(\phi(V)) \neq 1$，那么 $\sigma(\phi(V)) = 0$ 或 $\sigma(\psi(V)) \in [2, p-1]$. 我们有 V 是 S 的短零和子序列，如果 $\sigma(\phi(V)) = 0$ 或 $S_1 \cdots S_{p-\sigma(\psi(V))} \cdot V$ 是 S 的短零和子序列，那么 $\sigma(\psi(V)) \in [2, p-1]$，矛盾.

如果 $\mid V \mid = 4$ 或 5，证明类似.

子情况 1.1 $\mathrm{supp}(\phi(SS_0^{-1})) \backslash \mathrm{supp}(\phi(S_0)) \neq \varnothing$.
因为
$$\mathrm{supp}(\phi(SS_0^{-1})) \backslash \mathrm{supp}(\phi(S_0)) \neq \varnothing$$
我们可以选择 $w \in \mathrm{supp}(SS_0^{-1})$，使得 $\phi(w) \notin \mathrm{supp}(\phi(S_0))$.

断言 1.2 $\mathrm{supp}(\psi(S_0 \cdot w)) \backslash \{0, \dfrac{p+1}{2}\} \neq \varnothing$.

证明 假设相反 $\mathrm{supp}(\psi(S_0 \cdot w)) \subset \{0, \dfrac{p+1}{2}\}$.

因为 $\mid S_0 \cdot w \mid = 9$，我们有 $v_0(\psi(S_0 \cdot w)) \geqslant 5$ 或 $v_{\frac{p+1}{2}}(\psi(S_0 \cdot w)) \geqslant 5$.

假设 $v_0(\psi(S_0 \cdot w)) \geqslant 5$. 显然，$S_0 \cdot w$ 包含一个短零和子序列. 由于 $D(C_2^4) = 5$，矛盾.

假设 $v_{\frac{p+1}{2}}(\psi(S_0 \cdot w)) \geqslant 5$. 令 $R \mid S_0 \cdot w$，使得 $\mid R \mid = 5, \mathrm{supp}(\psi(R)) = \dfrac{p+1}{2}$. 因为 $D(C_2^4) = 5, \phi(S_0)$ 是无平方的，且 $\mathrm{supp}(\phi(S_0)) \subset C_2^4 \backslash \{0\}$，存在 $R_1 \mid R$ 使得 $\sigma(\phi(R_1)) = 0, \mid R_1 \mid \in \{3,4,5\}$. 但是当 $p > 3$ 时，显然 $\sigma(\psi(R_1)) \neq 1$，如果 $\mid R_1 \mid \in \{3,4\}, \sigma(\psi(R_1)) \notin$

$\{1,2\}$，$|R_1|=5$，矛盾.

由断言 1.2，现在我们可以选择 $g \in \mathrm{supp}(S_0 \cdot w)$，使得 $\psi(g) \notin \{0, \frac{p+1}{2}\}$. 由引理 11，知存在两个不同的元素 $g_1, g_2 \in \mathrm{supp}(S_0 \cdot wg^{-1})$ 满足 $\sigma(\phi(gg_1g_2)) = 0$. 由断言 1.1，我们有 $\sigma(\psi(gg_1g_2)) = 1$.

断言 1.3　对于任意两个不同的 $g_3, g_4 \in \mathrm{supp}(S_0 \cdot w(gg_1g_2)^{-1})$，我们有 $\sigma(\phi(gg_3g_4)) \neq 0$.

证明　假设相反，存在 $g_3, g_4 \in \mathrm{supp}(S_0 \cdot w(gg_1g_2)^{-1})$，$g_3 \neq g_4$ 满足 $\sigma(\phi(gg_3g_4)) = 0$.

由断言 1.1，$\sigma(\psi(gg_3g_4)) = 1$. 因为 $\sigma(\phi(g_1g_2g_3g_4)) = 0$，由断言 1.1，$\sigma(\psi(g_1g_2g_3g_4)) = 1$. 因此 $\psi(g_1 + g_2) = \psi(g_3 + g_4) = \frac{p+1}{2}$. 于是我们有 $\psi(g) = \frac{p+1}{2}$，矛盾.

断言 1.4　任意选取 $g_3 \in \mathrm{supp}(S_0 w(gg_1g_2)^{-1})$，存在 $g_i, g_j \in \mathrm{supp}(S_0 wg^{-1})$ 和 $g_i \neq g_j$，使得 $\phi(g_i + g_j) = \phi(g + g_3)$.

证明　因为 $\mathrm{supp}(\phi(S_0 \cdot w)) \subset C_2^4 \setminus \{0\}$，由断言 1.3，$\phi(g + g_3) \notin \mathrm{supp}(\phi(S_0 w))$. 因为 $|S_0 wg^{-1}(g + g_3)| = 9$. 由引理 11，存在 $g_i, g_j \in \mathrm{supp}(S_0 wg^{-1})$，$g_i \neq g_j$，使得 $\phi((g + g_3) + g_i + g_j) = 0$.

由断言 1.4，任意选取 $g_3 \in \mathrm{supp}(S_0 w(gg_1g_2)^{-1})$，存在 $g_i, g_j \in \mathrm{supp}(S_0 wg^{-1})$ 和 $g_i \neq g_j$，使得 $\phi(g_i + g_j) = \phi(g + g_3)$. 显然 $g_3 \notin \{g_i, g_j\}$ 和 $\{g_i, g_j\} \neq \{g_1, g_2\}$.

假设 $g_i g_j \mid S_0 w(gg_1g_2g_3)^{-1}$. 假设 $g_i g_j = g_4 g_5$. 由断言 1.1，我们有 $\sigma(\psi(gg_3g_4g_5)) = 1$. 因为 $\sigma(\phi(g_1g_2g_3g_4g_5)) = 0$，由断言 1.1，我们推得

273

$\sigma(\psi(g_1 g_2 g_3 g_4 g_5)) = 1$ 或 2. 因此 $\psi(g_1 + g_2) = \psi(g_3 + g_4 + g_5) = \dfrac{p+1}{2}$ 或 1. 那么我们有 $\psi(g) = \dfrac{p+1}{2}$ 或 0, 矛盾. 因此, 我们有 $g_1 \in \{g_i, g_j\}$ 或 $g_2 \in \{g_i, g_j\}$. 不失一般性, 我们假设 $\phi(g + g_3) = \phi(g_1 + g_4)$.

子情形 1.1.1 存在 $g_5 \in \mathrm{supp}(S_0 w \cdot (gg_1 g_2 g_3 g_4)^{-1})$, 使得 $\phi(g + g_5) = \phi(g_2 + g_k)$, 其中 $g_k \in \mathrm{supp}(S_0 w (gg_1 g_2 g_3 g_5)^{-1})$.

由断言 1.1, 我们有 $\sigma(\psi(gg_2 g_5 g_k)) = 1$. 显然, $\sigma(\phi(g_1 g_2 g_3 g_4 g_5 g_k)) = 0$. 因为 S 不包含短零和子序列, 所以我们有 $\sigma(\psi(g_1 g_2 g_3 g_4 g_5 g_k)) \in \{1, 2\}$, 那么 $\sigma(\psi(g_1 g_3 g_4)) = \sigma(\psi(g_2 g_5 g_k)) \in \{\dfrac{p+1}{2}, 1\}$, 因此 $\psi(g) = \dfrac{p+1}{2}$ 或 0, 矛盾.

子情形 1.1.2 任意选取 $g_5 \in \mathrm{supp}(S_0 w \cdot (gg_1 g_2 g_3 g_4)^{-1})$, 我们有 $\phi(g + g_5) = \phi(g_1 + g_k)$, 其中 $g_k \in \mathrm{supp}(S_0 w (gg_1 g_2 g_3 g_5)^{-1})$.

因为 $\phi(g + g_3) = \phi(g_1 + g_4)$, $\phi(g + g_5) = \phi(g_1 + g_k)$, $\mathrm{supp}(\phi(S_0 \cdot w)) \subset C_2^4 \backslash \{0\}$, 我们有 $g_k \neq g_4$. 假设 $g_k = g_6$. 令 $S_0 \cdot w(gg_1 \cdots g_6)^{-1} = g_7 g_8$, 其中 $g_7, g_8 \in G$. 因为 g_5 是任意选择的, 类似的, 我们必有 $\sigma(\phi(gg_1 g_7 g_8)) = 0$. 总之

$$\sigma(\phi(gg_1 g_2)) = \sigma(\phi(gg_1 g_3 g_4)) = \sigma(\phi(gg_1 g_5 g_6))$$
$$= \sigma(\phi(gg_1 g_7 g_8)) = 0$$

因此

$$\sigma(\phi(g_2 gg_1)) = \sigma(\phi(g_2 g_3 g_4)) = \sigma(\phi(g_2 g_5 g_6))$$

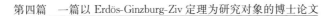

$$=\sigma(\phi(g_2 g_7 g_8))=0$$

由断言 1.1

$$\sigma(\psi(g_2 g g_1))=\sigma(\psi(g_2 g_3 g_4))=\sigma(\psi(g_2 g_5 g_6))$$
$$=\sigma(\psi(g_2 g_7 g_8))=1$$

因为 $\sigma(\phi(g g_1 g_3 g_4))=0$，由断言 1.1，$\sigma(\psi(g g_1 g_3 g_4))=1$。

因此

$$\psi(g_2)=\psi(g+g_1)=\psi(g_3+g_4)=\psi(g_5+g_6)$$
$$=\psi(g_7+g_8)=\frac{p+1}{2}$$

不失一般性，假设

$$\psi(g)\leqslant\psi(g_1),\psi(g_3)\leqslant\psi(g_4)$$
$$\psi(g_5)\leqslant\psi(g_6),\ \psi(g_7)\leqslant\psi(g_8)$$

考虑序列 $W=g_2 g g_3 g_5 g_7$。因为 $\phi(W)\in\mathscr{F}(C_2^l)$ 和 $D(C_2^l)=$ 5，存在一个序列 $V\mid W$，使得 $\sigma(\phi(V))=0$ 和 $|V|=\{3,4,5\}$。

子情形 1.1.2.1　$|V|=3$，显然 $\sigma(\psi(V))=1$。

不失一般性，我们只需考虑 $V=g_2 g g_3$ 或 $V=g g_3 g_5$。

假设 $V=g_2 g g_3$。因为 $\sigma(\phi(g g_1 g_2))=\sigma(\phi(g g_2 g_3))$，我们有 $\phi(g_1)=\phi(g_3)$，矛盾。

假设 $V=g g_3 g_5$。因为 $\sigma(\psi(V))=1$。我们有 $\psi(g+g_3)<\frac{p+1}{2}$ 或 $\psi(g+g_5)<\frac{p+1}{2}$ 或 $\psi(g_3+g_5)<\frac{p+1}{2}$。假设 $\psi(g+g_3)<\frac{p+1}{2}$。因为 $\psi(g)\leqslant\psi(g_1)$，$\psi(g_3)\leqslant\psi(g_4)$，$\psi(g)+\psi(g_1)=\psi(g_3)+\psi(g_4)=\frac{p+1}{2}$，我们有 $\psi(g_1+g_4)>\psi(g+g_3)$。因此

$$\sigma(\phi(g_1 g_4 g_5)) = 0$$

$$\sigma(\psi(g_1 g_4 g_5)) \neq \sigma(\psi(gg_3 g_5)) = 1$$

矛盾.

子情形 1.1.2.2 $|V| = 4$, 显然 $\sigma(\psi(V)) = 1$.

不失一般性, 我们只需考虑 $V = g_2 gg_3 g_5$ 或 $V = gg_3 g_5 g_7$ 的情形.

假设 $V = g_2 gg_3 g_5$. 因为 $\sigma(\psi(V)) = 1$ 和 $\psi(g_2) = \dfrac{p+1}{2}$, $\sigma(\psi(gg_3 g_5)) = \dfrac{p+1}{2}$. 存在 $U \mid gg_3 g_5$, 使得 $|U| = 2$, $\sigma(\psi(U)) < \dfrac{p+1}{2}$. 假设 $U = gg_3$. 因为 $\psi(g) \leqslant \psi(g_1)$, $\psi(g_3) \leqslant \psi(g_4)$, $\psi(g + g_1) = \psi(g_3 + g_4) = \dfrac{p+1}{2}$, 我们有 $\psi(g_1 + g_4) > \psi(g + g_3)$. 因此

$$\sigma(\phi(g_2 g_1 g_4 g_5)) = 0$$

$$\sigma(\psi(g_2 g_1 g_4 g_5)) \neq \sigma(\psi(g_2 gg_3 g_5)) = 1$$

矛盾.

假设 $V = gg_3 g_5 g_7$. 如果存在 $U \mid gg_3 g_5 g_7$, 使得 $|U| = 2$ 和 $\sigma(\psi(U)) < \dfrac{p+1}{2}$, 假设 $U = gg_3$. 因为 $\psi(g) \leqslant \psi(g_1)$, $\psi(g_3) \leqslant \psi(g_4)$, $\psi(g_5) \leqslant \psi(g_6)$, $\psi(g_7) \leqslant \psi(g_8)$, $\psi(g + g_1) = \psi(g_3 + g_4) = \psi(g_5 + g_6) = \psi(g_7 + g_8) = \dfrac{p+1}{2}$, 我们有 $\psi(g_1 + g_4) > \psi(g + g_3)$. 因此 $\sigma(\phi(g_1 g_4 g_5 g_7)) = 0$, $\sigma(\psi(g_1 g_4 g_5 g_7)) \neq 1$, 矛盾. 因此, 我们推出

$$\psi(g) = \psi(g_1) = \psi(g_3) = \psi(g_4)$$

$$= \psi(g_5) = \psi(g_6) = \psi(g_7) = \psi(g_8)$$

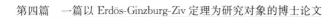

$$= \frac{p+1}{4}$$

因此

$$\sigma(\phi(g_1 g_2 g_3 g_5 g_7)) = 0$$

$$\sigma(\psi(g_1 g_2 g_3 g_5 g_7)) = 1 + \frac{p+1}{2} \notin \{1, 2\}$$

矛盾.

子情形 1. 1. 2. 3 $|V| = 5$. 显然 $V = g_2 g g_3 g_5 g_7$ 且 $\sigma(\psi(V)) = 1$ 或 2. 显然 $\psi(g) \neq 0$ 或 $\psi(g_3) \neq 0$ 或 $\psi(g_5) \neq 0$ 或 $\psi(g_7) \neq 0$, 这是因为 $p > 3$. 假设 $\psi(g) \neq 0$. 因为 $\psi(g + g_1) = \frac{p+1}{2}, \psi(g) \leqslant \psi(g_1)$, 我们有 $\frac{p+1}{4} \leqslant \psi(g_1) < \frac{p+1}{2}$. 因此

$$\sigma(\phi(g_1 g_3 g_5 g_7)) = 0$$

$$\sigma(\psi(g_1 g_3 g_5 g_7)) = \sigma(\psi(V)) - \psi(g) - \frac{p+1}{2} + \psi(g_1) \neq 1$$

矛盾.

子情形 1. 2 $\mathrm{supp}(\phi(SS_0^{-1})) \subset \mathrm{supp}(\phi(S_0))$.

令 $S_0 = h_1 \cdots h_8$, 其中 $h_i \in G, i \in [1, 8]$. 因为 $\sigma(S_1) = \cdots = \sigma(S_{p-1}) = 1$, 由断言 2, 我们有 $\frac{p+1}{2} \in \mathrm{supp}(\psi(S_0))$.

对于任意 $v \in C_2^4 \backslash \{0\}$, 记

$$\# v = |\{(h_i, h_j) : \phi(h_i + h_j) = v, 1 \leqslant i < j \leqslant 8\}| + \delta_v$$

其中

$$\delta_v = \begin{cases} 1, v \in \text{supp}(\phi(S_0)) \\ 0, v \notin \text{supp}(\phi(S_0)) \end{cases}$$

因为 $\sum\limits_{v \in C_2^4 \backslash \{0\}} \# v = 8 + 28 = 36$，$|C_2^4 \backslash \{0\}| = 15$，我们可以

分以下情形讨论.

子情形 1.2.1 存在 $v \in C_2^4 \backslash \{0\}$，使得 $\# v = 4, v \notin \text{supp}(\phi(S_0))$.

不失一般性，假设

$$v = \phi(h_1 + h_2) = \phi(h_3 + h_4)$$
$$= \phi(h_5 + h_6) = \phi(h_7 + h_8)$$

由断言 1.1，我们可以推得

$$\psi(h_1 + h_2) = \psi(h_3 + h_4) = \psi(h_5 + h_6)$$
$$= \psi(h_7 + h_8) = \frac{p+1}{2}$$

不失一般性，假设

$$\psi(h_1) \leqslant \psi(h_2), \psi(h_3) \leqslant \psi(h_4)$$
$$\psi(h_5) \leqslant \psi(h_6), \psi(h_7) \leqslant \psi(h_8)$$

考虑序列 $W = h_1 h_2 h_3 h_5 h_7$. 因为 $\phi(W) \in \mathscr{F}(C_2^4)$，$D(C_2^4) = 5$，所以存在一个子序列 $V \mid W$，使得 $\sigma(\phi(V)) = 0$，$|V| \in \{3, 4, 5\}$.

子情形 1.2.1.1 $|V| = 3$. 显然 $\sigma(\psi(V)) = 1$.

不失一般性，我们只需考虑 $V = h_1 h_3 h_5$ 或 $V = h_2 h_3 h_5$ 或 $V = h_3 h_5 h_7$.

如果 $V = h_1 h_3 h_5$，那么 $\sigma(\phi(h_1 h_3 h_5)) = 0$，$\sigma(\psi(h_1 h_3 h_5)) = 1$. 因为 $\psi(h_1) \leqslant \frac{p+1}{4}$，我们有 $\psi(h_3) = 0$ 或 $\psi(h_5) = 0$. 那么

278

$$\sigma(\phi(h_1 h_4 h_6)) = 0$$
$$\sigma(\phi(h_1 h_4 h_6)) \neq \sigma(\psi(h_1 h_3 h_5)) = 1$$

矛盾.

如果 $V = h_2 h_3 h_5$，那么 $\sigma(\phi(h_2 h_3 h_5)) = 0$，$\sigma(\psi(h_2 h_3 h_5)) = 1$. 因为 $\psi(h_2) \geqslant \psi(h_1), \psi(h_4) \geqslant \psi(h_3)$，$\psi(h_6) \geqslant \psi(h_5), \psi(h_1 + h_2) = \psi(h_3 + h_4) = \psi(h_5 + h_6) = \dfrac{p+1}{2}$，我们有 $\psi(h_2) = \dfrac{p+1}{2}, \psi(h_3) = \psi(h_5) = \dfrac{p+1}{4}$. 那么 $\sigma(\phi(h_1 h_4 h_5)) = 0, \sigma(\psi(h_1 h_4 h_5)) \neq 1$，矛盾.

如果 $V = h_3 h_5 h_7$，那么 $\sigma(\phi(h_3 h_5 h_7)) = 0$，$\sigma(\psi(h_3 h_5 h_7)) = 1$. 存在 $V' \mid V$，使得 $\mid V' \mid = 2$ 和 $\sigma(\psi(V')) < \dfrac{p+1}{2}$. 假设 $V' = h_3 h_5$，那么

$$\sigma(\phi(h_4 h_6 h_7)) = 0$$
$$\sigma(\psi(h_4 h_6 h_7)) \neq \sigma(\psi(h_3 h_5 h_7)) = 1$$

矛盾.

子情形 1.2.1.2 $\mid V \mid = 4$. 显然 $\sigma(\psi(V)) = 1$.

不失一般性，我们只需考虑 $V = h_1 h_3 h_5 h_7$ 或 $V = h_2 h_3 h_5 h_7$. 如果 $V = h_1 h_3 h_5 h_7$，那么 $\sigma(\phi(h_1 h_3 h_5 h_7)) = 0, \sigma(\psi(h_1 h_3 h_5 h_7)) = 1$. 如果存在 $V' \mid V$，使得 $\mid V' \mid = 2, \sigma(\psi(V')) < \dfrac{p+1}{2}$，然后我们假设 $V' = h_1 h_3$，那么有

$$\sigma(\phi(h_2 h_4 h_5 h_7)) = 0$$
$$\sigma(\psi(h_2 h_4 h_5 h_7)) \neq \sigma(\psi(h_1 h_3 h_5 h_7)) = 1$$

矛盾.

因此，我们必有 $\psi(h_1) = \psi(h_3) = \psi(h_5) = \psi(h_7) = \dfrac{p+1}{4}, \psi(h_2) = \psi(h_4) = \psi(h_6) = \psi(h_8) = \dfrac{p+1}{4}$. 但我们

知道 $\dfrac{p+1}{2} \in \text{supp}(\psi(S_0))$，矛盾.

如果 $V = h_2 h_3 h_5 h_7$，那么证明类似于 $V = h_1 h_3 h_5 h_7$ 时的情况.

子情形 1.2.1.3 $|V| = 5$. 显然 $\sigma(\psi(V)) = 1$ 或 2.

我们有 $V = h_1 h_2 h_3 h_5 h_7$，$\sigma(\phi(h_1 h_2 h_3 h_5 h_7)) = 0$，$\sigma(\psi(h_1 h_2 h_3 h_5 h_7)) = 1$ 或 2.

假设 $\sigma(\psi(h_1 h_2 h_3 h_5 h_7)) = 1$. 因为 $\sigma(\psi(h_1 h_2)) = \dfrac{p+1}{2}$，$p > 3$，那么存在 $V' \mid h_3 h_5 h_7$，使得 $|V'| = 2$，$0 < \sigma(\psi(V')) < \dfrac{p+1}{2}$. 假设 $V' = h_3 h_5$. 那么

$$\sigma(\psi(h_1 h_2 h_4 h_6 h_7)) = 0, \sigma(\psi(h_1 h_2 h_4 h_6 h_7)) \neq 1 \text{ 或 } 2$$

矛盾.

假设 $\sigma(\psi(h_1 h_2 h_3 h_5 h_7)) = 2$. 因为 $\sigma(\psi(h_1 h_2)) = \dfrac{p+1}{2}$，$p > 3$，所以存在 $V' \mid h_3 h_5 h_7$，使得 $|V'| = 2$，$0 < \sigma(\psi(V')) < \dfrac{p+1}{2}$. 假设 $V' = h_3 h_5$. 那么

$$\sigma(\phi(h_1 h_2 h_4 h_6 h_7)) = 0$$
$$\sigma(\psi(h_1 h_2 h_4 h_6 h_7)) \neq 2$$

如果 $\sigma(\psi(h_1 h_2 h_4 h_6 h_7)) = 1$，那么 $\psi(h_3 + h_5) = 1$. 因为

$$\psi(h_1 + h_2) + \psi(h_3 + h_5) + \psi(h_7) = 2$$

我们有 $\psi(h_7) = \dfrac{p+1}{2}$，矛盾.

子情形 1.2.2 存在 $v \in C_2^4 \backslash \{0\}$，使得 $\# v = 4$，$v \in \text{supp}(\phi(S_0))$.

不失一般性,假设

$$v = \phi(h_1) = \phi(h_2 + h_3)$$
$$= \phi(h_4 + h_5) = \phi(h_6 + h_7)$$

然后我们有

$$\psi(h_1) = \psi(h_2 + h_3) = \psi(h_4 + h_5)$$
$$= \psi(h_6 + h_7) = \frac{p+1}{2}$$

不失一般性,假设

$$\psi(h_2) \leqslant \psi(h_3), \psi(h_4) \leqslant \psi(h_5)$$
$$\psi(h_6) \leqslant \psi(h_7)$$

考虑序列 $W = h_1 h_2 h_4 h_6 h_8$. 因为 $\phi(W) \in \mathscr{F}(C_2^4)$, $D(C_2^4) = 5$,所以存在一个序列 $V \mid W$,使得 $\sigma(\phi(V)) = 0$, $|V| \in \{3, 4, 5\}$.

子情形 1.2.2.1　$|V| = 3$. 显然 $\sigma(\psi(V)) = 1$.

我们只需考虑

$$V = h_2 h_4 h_6 \text{ 或 } h = h_2 h_4 h_8$$

如果 $V = h_2 h_4 h_6$, 那么 $\sigma(\phi(h_2 h_4 h_6)) = 0$, $\sigma(\psi(h_2 h_4 h_6)) = 1$. 存在 $V' \mid V$, 使得 $|V'| = 2$, $\sigma(\psi(V')) < \frac{p+1}{2}$. 假设 $V' = h_2 h_4$,那么 $\sigma(\phi(h_3 h_5 h_6)) = 0$, $\sigma(\psi(h_3 h_5 h_6)) \neq \sigma(\psi(h_2 h_4 h_6)) = 1$,矛盾.

如果 $V = h_2 h_4 h_8$, 那么 $\sigma(\phi(h_2 h_4 h_8)) = 0$, $\sigma(\psi(h_2 h_4 h_8)) = 1$. 如果 $\sigma(\psi(h_2 h_4)) < \sigma(\psi(h_3 h_5))$,那么我们有:$\sigma(\phi(h_3 h_5 h_8)) = 0$, $\sigma(\psi(h_3 h_5 h_8)) \neq 1$,矛盾. 因此 $\sigma(\psi(h_2 h_4)) = \sigma(\psi(h_3 h_5))$. 因为 $\psi(h_2) \leqslant \psi(h_3)$, $\psi(h_4) \leqslant \psi(h_5)$,我们推得 $\psi(h_2) = \psi(h_3) = \psi(h_4) =$

$\psi(h_5)=\dfrac{p+1}{4}$，那么

$$\sigma(\phi(h_1 h_3 h_4 h_8))=0$$
$$\sigma(\psi(h_1 h_3 h_4 h_8))\neq 1$$

矛盾.

子情形 1.2.2.2 $\mid V\mid =4$. 显然 $\sigma(\psi(V))=1$.

我们只需考虑

$V=h_1 h_2 h_4 h_6$ 或 $V=h_2 h_4 h_6 h_8$ 或 $V=h_1 h_2 h_4 h_8$

如果 $V=h_1 h_2 h_4 h_6$，那么 $\sigma(\phi(h_1 h_2 h_4 h_6))=0$，$\sigma(\psi(h_1 h_2 h_4 h_6))=1$. 因为 $\sigma(\psi(h_1))=\dfrac{p+1}{2}$，所以存在 $V'\mid h_2 h_4 h_6$，使得 $\mid V'\mid =2,\sigma(\psi(V'))<\dfrac{p+1}{2}$. 假设 $V'=h_2 h_4$. 那么

$$\sigma(\phi(h_1 h_3 h_5 h_6))=0$$
$$\sigma(\psi(h_1 h_3 h_5 h_6))\neq\sigma(\psi(h_1 h_2 h_4 h_6))=1$$

矛盾.

如果 $V=h_2 h_4 h_6 h_8$，那么 $\sigma(\phi(h_2 h_4 h_6 h_8))=0$，$\sigma(\psi(h_2 h_4 h_6 h_8))=1$. 如果存在 $V'\mid h_2 h_4 h_6$，使得 $\mid V'\mid =2,\sigma(\psi(V'))<\dfrac{p+1}{2}$，那么我们假设 $V'=h_2 h_4$，我们有

$$\sigma(\phi(h_3 h_5 h_6 h_8))=0$$
$$\sigma(\psi(h_3 h_5 h_6 h_8))\neq 1$$

矛盾.

因此我们必有 $\psi(h_2)=\psi(h_4)=\psi(h_6)=\dfrac{p+1}{4}$，于

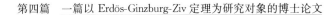

是 $\psi(h_3)=\psi(h_5)=\psi(h_7)=\psi(h_8)=\dfrac{p+1}{4}$,因此

$$\sigma(\phi(h_1h_3h_4h_6h_8))=0$$

$$\sigma(\psi(h_1h_3h_4h_6h_8))=\frac{p+1}{2}+\frac{p+1}{4}+\frac{p+1}{4}+$$

$$\frac{p+1}{4}+\frac{p+1}{4}\neq 1 \text{ 或 } 2$$

矛盾.

　　如果 $V=h_1h_2h_4h_8$,那么 $\sigma(\phi(h_1h_2h_4h_8))=0$,
$\sigma(\psi(h_1h_2h_4h_8))=1$. 如果 $\sigma(\psi(h_2h_4))<\dfrac{p+1}{2}$,那么
$\sigma(\phi(h_1h_3h_5h_8))=0$,$\sigma(\psi(h_1h_3h_5h_8))\neq 1$,矛盾. 因此
$\psi(h_2)=\psi(h_4)=\dfrac{p+1}{4}$. 我们有 $\psi(h_8)=0$,$\psi(h_3)=$

$\psi(h_5)=\dfrac{p+1}{4}$,那么 $\sigma(\phi(h_3h_4h_8))=0$,$\sigma(\psi(h_3h_4h_8))=$

$\dfrac{p+1}{4}+\dfrac{p+1}{4}+0\neq 1$,矛盾.

　　子情形 1.2.2.3　　$|V|=5$.

　　那么 $V=h_1h_2h_4h_6h_8$,$\sigma(\phi(h_1h_2h_4h_6h_8))=0$,
$\sigma(\psi(h_1h_2h_4h_6h_8))=1$ 或 2.

　　假设 $\sigma(\psi(h_1h_2h_4h_6h_8))=1$. 如果存在 $V'\mid$
$h_2h_4h_6$,使得 $|V'|=2,0<\sigma(\psi(V'))<\dfrac{p+1}{2}$,那么我
们假设 $V'=h_2h_4$. 我们有 $\sigma(\phi(h_1h_3h_5h_6h_8))=0$,
$\sigma(\psi(h_1h_3h_5h_6h_8))\neq 1$ 或 2,矛盾. 因此推出 $\psi(h_2)=$
$\psi(h_4)=\psi(h_6)=0$ 或 $\dfrac{p+1}{4}$. 如果 $\psi(h_2)=\psi(h_4)=$
$\psi(h_6)=0$,我们有 $\psi(h_3)=\psi(h_5)=\psi(h_7)=\psi(h_8)=$

$\dfrac{p+1}{2}$，那么 $\psi(h_1h_3h_5h_7h_8)=(\dfrac{p+1}{2})^5$.

因为 $D(C_2^4)=5$，存在 $V'' \mid h_1h_3h_5h_7h_8$，使得 $\sigma(\phi(V''))=0$，$|V''|\in\{3,4,5\}$. 但是当 $p\neq 3$ 时，显然 $\sigma(\psi(V''))\neq 1$. 如果 $|V''|\in\{3,4,5\}$，$\sigma(\psi(V''))\neq 2$，那么 $|V''|=5$，矛盾. 如果 $\psi(h_2)=\psi(h_4)=\psi(h_6)=\dfrac{p+1}{4}$，那么 $\sigma(\phi(h_3h_4h_6h_8))=0$，$\sigma(\psi(h_3h_4h_6h_8))\neq 1$，矛盾.

假设 $\sigma(\psi(h_1h_2h_4h_6h_8))=2$.

如果存在 $V' \mid h_2h_4h_6$，使得 $|V'|=2$，$\sigma(\psi(V'))<\dfrac{p+1}{2}$，那么我们假设 $V'=h_2h_4$，我们有：$\sigma(\phi(h_1h_3h_5h_6h_8))=0$，$\sigma(\psi(h_1h_3h_5h_6h_8))\neq 2$. 如果 $\sigma(\psi(h_1h_3h_5h_6h_8))=1$，那么 $\psi(h_2+h_4)=1$，$\psi(h_3+h_5)=p$. 因此 $\{\psi(h_2),\psi(h_4)\}=\{0,1\}$. 假设 $\psi(h_2)=0$，$\psi(h_4)=1$.

如果 $\psi(h_6)\notin\{0,1\}$，显然 $1<\psi(h_2+h_6)<\dfrac{p+1}{2}$，$p\neq 3$. 我们有 $\sigma(\phi(h_1h_3h_4h_7h_8))=0$，$\sigma(\psi(h_1h_3h_4h_7h_8))\notin\{1,2\}$，矛盾.

如果 $\psi(h_6)=0$，那么 $\sigma(\phi(h_1h_3h_4h_7h_8))=0$，$\sigma(\psi(h_1h_3h_4h_7h_8))\notin\{1,2\}$，矛盾.

如果 $\psi(h_6)=1$，那么 $\sigma(\phi(h_1h_2h_5h_7h_8))=0$，$\sigma(\psi(h_1h_2h_5h_7h_8))\notin\{1,2\}$，$p\neq 3$，矛盾.

因此我们推得

$$\psi(h_2)=\psi(h_4)=\psi(h_6)=\psi(h_3)=\psi(h_5)$$

$$= \psi(h_7) = \frac{p+1}{4}$$

那么 $\sigma(\phi(h_3 h_4 h_6 h_8)) = 0, \sigma(\psi(h_3 h_4 h_6 h_8)) \neq 1$,矛盾.

子情形 1.2.3　对于每一个 $v \in C_2^4 \backslash \{0\}$, $\# v \leqslant 3$.

因为 $\sum\limits_{v \in C_2^4 \backslash \{0\}} \# v = 36$, $\mid C_2^4 \backslash \{0\} \mid = 15$,通过简单计算,我们可以分以下情形讨论.

子情形 1.2.3.1　存在 3 个互不相同的元素,$v_1, v_2, v_3 \in C_2^4 \backslash \{0\}$,满足 $v_1, v_2, v_3 \notin \mathrm{supp}(\phi(S_0))$, $\# v_1 = \# v_2 = \# v_3 = 3$.

子情形 1.2.3.1.1　不失一般性,假设 $v_1 = \phi(h_1 + h_2) = \phi(h_3 + h_4) = \phi(h_5 + h_6)$,$v_2 = \phi(h_1 + h_3) = \phi(h_2 + h_4)$,$v_3 = \phi(h_3 + h_5) = \phi(h_4 + h_6)$.

那么有

$$\psi(h_1 + h_2) = \psi(h_3 + h_4) = \psi(h_5 + h_6) = \psi(h_1 + h_3)$$
$$= \psi(h_2 + h_4) = \psi(h_3 + h_5) = \psi(h_4 + h_6) = \frac{p+1}{2}$$

因此,$\psi(h_1) = \psi(h_4) = \psi(h_5)$,$\psi(h_2) = \psi(h_3) = \psi(h_6)$.

并且,我们可以证明 $\psi(h_7), \psi(h_8) \in \{\psi(h_1), \psi(h_2)\}$.

因为 $\psi(h_1) + \psi(h_2) = \frac{p+1}{2}, \frac{p+1}{2} \in \mathrm{supp}(\psi(S_0))$,我们有

$$\psi(h_1 \cdots h_8) = 0^3 \left(\frac{p+1}{2}\right)^5 \text{ 或 } 0^4 \left(\frac{p+1}{2}\right)^4 \text{ 或 } 0^5 \left(\frac{p+1}{2}\right)^3$$

当 $p \neq 3$ 时,从 S 中易发现一个短零和子序列,证毕.

子情形 1.2.3.1.2　不失一般性,假设 $v_1 = \phi(h_1 + h_2) = \phi(h_3 + h_4)$,$v_2 = \phi(h_1 + h_3) = \phi(h_2 + h_4)$,$v_3 = \phi(h_1 + h_4) = \phi(h_2 + h_3)$.

285

显然，我们有 $\psi(h_1) = \psi(h_2) = \psi(h_3) = \psi(h_4) = \dfrac{p+1}{4}$.

子情形 1.2.3.1.2.1 $v_1 = \phi(h_5 + h_6), v_2 = \phi(h_5 + h_7), v_3 = \phi(h_6 + h_7)$.

显然，我们有 $\psi(h_5) = \psi(h_6) = \psi(h_7) = \dfrac{p+1}{4}$, $\psi(h_8) = \dfrac{p+1}{2}$，其中 $\dfrac{p+1}{2} \in \text{supp}(\psi(S_0))$.

考虑序列 $h_1 h_2 h_5 h_7 h_8$，因为 $\phi(h_1 h_2 h_5 h_7 h_8) \in \mathscr{F}(C_2^4), D(C_2^4) = 5$，所以存在一个子序列 $V \mid h_1 h_2 h_5 h_7 h_8$，使得 $\sigma(\phi(V)) = 0, \mid V \mid \in \{3,4,5\}$. 但显然 $\sigma(\psi(V)) \neq 1, \mid V \mid \in \{3,4\}$; $\sigma(\psi(V)) \notin \{1,2\}$, $\mid V \mid = 5$，矛盾.

子情形 1.2.3.1.2.2 $v_1 = \phi(h_5 + h_6), v_2 = \phi(h_5 + h_7), v_3 = \phi(h_5 + h_8)$.

因为 $\dfrac{p+1}{2} \in \text{supp}(\psi(S_0))$，显然有

$$\psi(h_5) = 0, \psi(h_6) = \psi(h_7) = \psi(h_8) = \dfrac{p+1}{2}$$

或

$$\psi(h_5) = \dfrac{p+1}{2}, \psi(h_6) = \psi(h_7) = \psi(h_8) = 0$$

考虑序列 $h_1 h_2 h_6 h_7 h_8$. 因为 $\phi(h_1 h_2 h_6 h_7 h_8) \in \mathscr{F}(C_2^4), D(C_2^4) = 5$，所以存在一个序列 $V \mid h_1 h_2 h_6 h_7 h_8$，使得 $\sigma(\phi(V)) = 0, \mid V \mid \in \{3,4,5\}$. 通过简单的计算，当 $p \neq 3$ 时，我们有 $\sigma(\psi(V)) \neq 1, \mid V \mid \in \{3,4\}$; $\sigma(\psi(V)) \notin \{1,2\}$, $\mid V \mid = 5$，矛盾.

子情形 1.2.3.1.2.3 $v_1 = \phi(h_5 + h_6), v_2 = \phi(h_5 + h_7), v_3 = \phi(h_7 + h_8)$.

我们有 $\psi(h_5 + h_6) = \psi(h_5 + h_7) = \psi(h_7 + h_8) = \dfrac{p+1}{2}$, 那么 $\psi(h_6) = \psi(h_7), \psi(h_5) = \psi(h_8)$. 因为 $\dfrac{p+1}{2} \in$ supp$(\psi(S_0))$, 不失一般性, 假设 $\psi(h_6) = \psi(h_7) = 0$, $\psi(h_5) = \psi(h_8) = \dfrac{p+1}{2}$. 考虑序列 $h_1 h_2 h_3 h_6 h_7$. 因为 $\phi(h_1 h_2 h_3 h_6 h_7) \in \mathscr{F}(C_2^4), D(C_2^4) = 5$, 那么存在序列 $V \mid h_1 h_2 h_3 h_6 h_7$, 使得 $\sigma(\phi(V)) = 0, \mid V \mid = \{3, 4, 5\}$. 但显然, 当 $p \neq 3$ 时, $\sigma(\psi(V)) \neq 1, \mid V \mid \in \{3, 4\}; \sigma(\psi(V)) \notin \{1, 2\}, \mid V \mid = 5$, 矛盾.

子情形 1.2.3.2 存在 3 个互不相同的元素 v_1, $v_2, v_3 \in C_2^4 \setminus \{0\}$ 满足 $v_1, v_2, v_3 \in$ supp$(\phi(S_0)), \sharp v_1 = \sharp v_2 = \sharp v_3 = 3$.

子情形 1.2.3.2.1 不失一般性, 假设 $v_1 = \phi(h_1) = \phi(h_2 + h_3) = \phi(h_4 + h_5), v_2 = \phi(h_6), v_3 = \phi(h_7)$.

显然 $\psi(h_1) = \psi(h_2 + h_3) = \psi(h_4 + h_5) = \psi(h_6) = \psi(h_7) = \dfrac{p+1}{2}$. 假设 $\psi(h_2) \leqslant \psi(h_3), \psi(h_4) \leqslant \psi(h_5)$, 并考虑序列 $h_1 h_2 h_4 h_6 h_7$. 因为 $\phi(h_1 h_2 h_4 h_6 h_7) \in \mathscr{F}(C_2^4), D(C_2^4) = 5$, 所以存在一个子序列 $V \mid h_1 h_2 h_4 h_6 h_7$, 使得 $\sigma(\phi(V)) = 0, \mid V \mid = \{3, 4, 5\}$.

子情形 1.2.3.2.1.1 $\mid V \mid = 3$.

我们只需考虑 $V = h_1 h_6 h_7$ 或 $V = h_2 h_4 h_6$ 或 $V = h_4 h_6 h_7$.

如果 $V = h_1 h_6 h_7$, 那么 $\sigma(\psi(h_1 h_6 h_7)) = \dfrac{3(p+1)}{2} \neq$

1,矛盾.

如果 $V = h_2 h_4 h_6$，那么 $\sigma(\psi(h_2 + h_4)) = 1 - \sigma(\psi(h_6)) = \dfrac{p+1}{2}$. 因为 $\psi(h_2) \leqslant \psi(h_3), \psi(h_4) \leqslant \psi(h_5), \psi(h_2 + h_3) = \psi(h_4 + h_5) = \dfrac{p+1}{2}$，我们有

$$\psi(h_2) = \psi(h_3) = \psi(h_4) = \psi(h_5) = \dfrac{p+1}{4}$$

那么

$$\sigma(\phi(h_1 h_3 h_4 h_6)) = 0$$

$$\sigma(\psi(h_1 h_3 h_4 h_6)) = \dfrac{p+1}{2} + \dfrac{p+1}{4} + \dfrac{p+1}{4} + \dfrac{p+1}{2} \neq 1$$

矛盾.

如果 $V = h_4 h_6 h_7$，那么 $\sigma(\phi(h_4 h_6 h_7)) = 0$，$\sigma(\psi(h_4 h_6 h_7)) = 1$. 因为 $\psi(h_6 + h_7) = 1$，所以 $\psi(h_4) = 0$. 显然，$\sigma(\phi(h_1 h_5 h_6 h_7)) = 0, \sigma(\psi(h_1 h_5 h_6 h_7)) \neq \sigma(\psi(h_4 h_6 h_7)) = 1$，矛盾.

子情形 1.2.3.2.1.2 $\quad |V| = 4$.

我们只需考虑 $V = h_2 h_4 h_6 h_7$ 或 $V = h_1 h_4 h_6 h_7$ 或 $V = h_1 h_2 h_4 h_6$.

如果 $V = h_2 h_4 h_6 h_7$，那么 $\sigma(\phi(h_2 h_4 h_6 h_7)) = 0$，$\sigma(\psi(h_2 h_4 h_6 h_7)) = 1$. 因为 $\psi(h_6 + h_7) = 1$，所以有 $\psi(h_2 + h_4) = 0$，于是 $\sigma(\phi(h_3 h_5 h_6 h_7)) = 0, \sigma(\psi(h_3 h_5 h_6 h_7)) \neq \sigma(\psi(h_2 h_4 h_6 h_7)) = 1$，矛盾.

如果 $V = h_1 h_4 h_6 h_7$，那么 $\sigma(\phi(h_1 h_4 h_6 h_7)) = 0$，$\sigma(\psi(h_1 h_4 h_6 h_7)) = 1$. 因为 $\psi(h_6 + h_7) = 1$，所以有 $\psi(h_1 + h_4) = 0$，但 $\psi(h_4) \leqslant \psi(h_5), \psi(h_4) + \psi(h_5) = \dfrac{p+1}{2}$，

矛盾.

如果 $V = h_1 h_2 h_4 h_6$, 那么 $\sigma(\psi(h_1 h_2 h_4 h_6)) = 0$, $\sigma(\psi(h_1 h_2 h_4 h_6)) = 1$. 因为 $\psi(h_1 + h_6) = 1$, 所以有 $\psi(h_2 + h_4) = 0$, $\psi(h_3 + h_5) = 1$, 于是 $\sigma(\phi(h_1 h_3 h_5 h_6)) = 0$, $\sigma(\psi(h_1 h_3 h_5 h_6)) = 2$, 矛盾.

子情形 1.2.3.2.1.3 $|V| = 5$.

那么 $V = h_1 h_2 h_4 h_6 h_7$, $\sigma(\phi(h_1 h_2 h_4 h_6 h_7)) = 0$, $\sigma(\psi(h_1 h_2 h_4 h_6 h_7)) \in \{1, 2\}$.

假设 $\sigma(\psi(h_1 h_2 h_4 h_6 h_7)) = 1$. 因为 $\psi(h_6 + h_7) = 1$, $\psi(h_1) = \dfrac{p+1}{2}$, 所以有 $\psi(h_2 + h_4) = \dfrac{p-1}{2}$. 因此 $\psi(h_3 + h_5) = \dfrac{p+3}{2}$. 那么

$$\sigma(\phi(h_1 h_3 h_5 h_6 h_7)) = 0$$

$$\sigma(\psi(h_1 h_3 h_5 h_6 h_7)) = 1 + \frac{p+1}{2} + \frac{p+3}{2} \neq 1 \text{ 或 } 2$$

矛盾.

假设 $\sigma(\psi(h_1 h_2 h_4 h_6 h_7)) = 2$. 因为 $\psi(h_1 + h_6 + h_7) = \dfrac{3(p+1)}{2}$, 所以有 $\psi(h_2 + h_4) = \dfrac{p+1}{2}$. 因为 $\psi(h_2) \leqslant \psi(h_3)$, $\psi(h_4) \leqslant \psi(h_5)$, $\psi(h_2 + h_3) = \psi(h_4 + h_5) = \dfrac{p+1}{2}$, 我们推得 $\psi(h_2) = \psi(h_3) = \psi(h_4) = \psi(h_5) = \dfrac{p+1}{4}$, 那么 $\sigma(\phi(h_3 h_4 h_6 h_7)) = 0$, $\sigma(\psi(h_3 h_4 h_6 h_7)) = \dfrac{p+1}{2} + 1 \neq 1$, 矛盾.

子情形 1.2.3.2.2 不失一般性, 假设 $v_1 = \phi(h_1) =$

$\phi(h_2 + h_3) = \phi(h_4 + h_5), v_2 = \phi(h_3), v_3 \in \mathrm{supp}(\phi(h_5 h_6 h_7 h_8))$.

显然,我们有 $\psi(h_1) = \psi(h_3) = \psi(h_4 + h_5) = \dfrac{p+1}{2}$, $\psi(h_2) = 0$. 假设 $\psi(h_4) \leqslant \psi(h_5)$. 任意选取 h_i, h_j,其中 $i, j \in \{6, 7, 8\}$.

断言 1　不存在子序列 $V \mid h_1 h_2 h_4 h_i h_j$,使得 $\sigma(\phi(V)) = 0$,$\mid V \mid = 3$,$\sigma(\psi(V)) = 1$.

证明　假设相反,我们只需考虑 $V = h_1 h_i h_j$ 或 $V = h_2 h_i h_j$ 或 $V = h_2 h_4 h_i$ 或 $V = h_2 h_i h_j$.

如果 $V = h_1 h_i h_j$,那么 $\phi(h_i + h_j) = \phi(h_1) = v_1$,矛盾.

如果 $V = h_2 h_i h_j$,那么 $\sigma(\phi(h_2 h_i h_j)) = 0$, $\sigma(\psi(h_2 h_i h_j)) = 1$. 因为 $\psi(h_1) = \psi(h_3) = \dfrac{p+1}{2}, \psi(h_2) = 0$,所以有 $\sigma(\phi(h_1 h_3 h_i h_j)) = 0, \sigma(\psi(h_1 h_3 h_i h_j)) = 2$,矛盾.

如果 $V = h_2 h_4 h_i$,那么 $\sigma(\phi(h_2 h_4 h_i)) = 0$, $\sigma(\psi(h_2 h_4 h_i)) = 1$. 因为 $\psi(h_2) = 0, \psi(h_2 + h_3) = \psi(h_4 + h_5) = \dfrac{p+1}{2}, \psi(h_4) \leqslant \psi(h_5)$,所以有 $\sigma(\phi(h_3 h_5 h_i)) = 0$, $\sigma(\psi(h_3 h_5 h_i)) \neq 1$,矛盾.

如果 $V = h_4 h_i h_j$,那么 $\sigma(\phi(h_4 h_i h_j)) = 0$, $\sigma(\psi(h_4 h_i h_j)) = 1$. 因为 $\psi(h_1) = \psi(h_4 + h_5) = \dfrac{p+1}{2}$, $\psi(h_4) \leqslant \psi(h_5)$,所以可推得 $\sigma(\phi(h_1 h_5 h_i h_j)) = 0$, $\sigma(\psi(h_1 h_5 h_i h_j)) \neq 1$,矛盾.

断言 2　不存在 $V = h_1 h_2 h_4 h_i h_j$ 或 $V = h_1 h_2 h_4 h_i h_k$

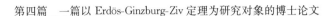

或 $V=h_1h_2h_4h_kh_j$，使得 $\sigma(\phi(V))=0,\sigma(\psi(V))=1$ 或 2，其中 $i,j,k\in[6,8]$.

证明　假设相反. 存在 $V=h_1h_2h_4h_ih_j$，使得 $\sigma(\phi(V))=0,\sigma(\psi(V))=1$ 或 2. 因为 $\psi(h_2)=0,\psi(h_3)=\psi(h_4+h_5)=\dfrac{p+1}{2},\psi(h_4)\leqslant\psi(h_5)$，我们有

$$\sigma(\phi(h_1h_3h_5h_ih_j))=0$$

$$\sigma(\psi(h_1h_3h_5h_ih_j))$$

$$=\sigma(\psi(h_1h_2h_4h_ih_j))-\psi(h_2+h_4)+\psi(h_3+h_5)$$

$$=\sigma(\psi(h_1h_2h_4h_ih_j))-\psi(h_4)+\frac{p+1}{2}+\psi(h_5)$$

$$=1\text{ 或 }2$$

如果 $\sigma(\psi(h_1h_2h_4h_ih_j))=1$，那么 $\psi(h_5)-\psi(h_4)=\dfrac{p-1}{2}$ 或 $\dfrac{p+1}{2}$，我们推得 $\psi(h_5)=\dfrac{p+1}{2},\psi(h_4)=0$，因此 $\psi(h_i+h_j)=\dfrac{p+1}{2}$.

如果 $\sigma(\psi(h_1h_2h_4h_ih_j))=2$，那么 $\psi(h_5)-\psi(h_4)=\dfrac{p-3}{2}$ 或 $\dfrac{p-1}{2}$，我们有 $\psi(h_5)=\dfrac{p-1}{2},\psi(h_4)=1$，因此 $\psi(h_i+h_j)=\dfrac{p+1}{2}$.

因为 $\sigma(\phi(h_1h_2h_4h_ih_j))=0$，那么

$$\sigma(\phi(h_1h_2h_4h_ih_k))\neq0,\sigma(\phi(h_1h_2h_4h_jh_k))\neq0$$

因为 $\phi(h_1h_2h_4h_ih_k)\in\mathscr{F}(C_2^4),D(C_2^4)=5$. 由断言 1，存在 $E_1\mid h_1h_2h_4h_ih_k$，使得 $\phi(\sigma(E_1))=0,\mid E_1\mid=4$. 如果 $h_2h_4\mid E_1$，那么我们有 $\sigma(\phi(E_1h_3h_5(h_2h_4)^{-1}))=0$，$\sigma(\psi(E_1h_3h_5(h_2h_4)^{-1}))\neq1$，矛盾. 如果 $E_1=h_1h_4h_ih_k$，

$\psi(h_4) = 1$,那么 $\sigma(\phi(h_5 h_i h_k)) = 0, \sigma(\phi(h_5 h_i h_k)) \neq 1$,矛盾. 因此我们可以假设 $E_1 = h_1 h_2 h_i h_k, \psi(h_i + h_k) = \dfrac{p+1}{2}$.

类似地,我们可以证明,存在 $E_2 \mid h_1 h_2 h_4 h_j h_k$,使得 $\sigma(\phi(E_2)) = 0, \mid E_2 \mid = 4$. 并且 $E_2 = h_1 h_4 h_j h_k, \psi(h_j + h_k) = \dfrac{p+1}{2}$.

显然,由 $\psi(h_i + h_j) = \psi(h_i + h_k) = \psi(h_j + h_k) = \dfrac{p+1}{2}$. 我们可以推得 $\psi(h_i) = \psi(h_j) = \psi(h_k) = \dfrac{p+1}{4}$.

因为 $v_3 \in \mathrm{supp}(\phi(h_5 h_6 h_7 h_8)), \psi(h_5) = \dfrac{p+1}{2}$,所以必有 $v_3 = \phi(h_5)$. 考虑序列 $h_2 h_4 h_6 h_7 h_8$. 因为 $\phi(h_2 h_4 h_6 h_7 h_8) \in \mathscr{F}(C_2^4), D(C_2^4) = 5$,存在 $E \mid h_2 h_4 h_6 h_7 h_8$,使得 $\sigma(\phi(E)) = 0, \mid E \mid \in \{3,4,5\}$. 显然 $\psi(E) = 0^2 \left(\dfrac{p+1}{4}\right)^3$,我们有 $\sigma(\psi(E)) \notin \{1,2\}, p \neq 3$,矛盾.

现在我们分以下情形进行讨论.

子情形 1.2.3.2.2.1 $\psi(h_6) = \psi(h_7) = \psi(h_8) = \dfrac{p+1}{4}$.

显然 $v_3 = \phi(h_5)$,那么 $\psi(h_5) = \dfrac{p+1}{2}, \psi(h_4) = 0$.

考虑序列 $h_2 h_4 h_6 h_7 h_8$. 因为 $\phi(h_2 h_4 h_6 h_7 h_8) \in \mathscr{F}(C_2^4), D(C_2^4) = 5$,所以存在 $F \mid h_2 h_4 h_6 h_7 h_8$,使得 $\sigma(\phi(F)) = 0, \mid F \mid \in \{3,4,5\}$. 显然 $\psi(F) =$

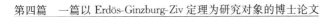

$0^2\left(\dfrac{p+1}{4}\right)^3$，我们有 $\sigma(\psi(F))\notin\{1,2\}$，$p\neq 3$，矛盾.

子情形 1.2.3.2.2.2 $\psi(h_6+h_7)\neq\dfrac{p+1}{2}$ 或

$\psi(h_6+h_8)\neq\dfrac{p+1}{2}$ 或 $\psi(h_7+h_8)\neq\dfrac{p+1}{2}$.

假设 $\psi(h_6+h_7)\neq\dfrac{p+1}{2}$，考虑序列 $h_1h_2h_4h_6h_7$，

因为 $\phi(h_1h_2h_4h_6h_7)\in\mathscr{F}(C_2^4)$，$D(C_2^4)=5$，存 在 $F\mid$ $h_1h_2h_4h_6h_7$，使得 $\sigma(\phi(F))=0$，$|F|\in\{3,4,5\}$.

由断言 1 和断言 2，我们有 $|F|=4$.

如果 $h_2h_4\mid F$，那么我们有
$$\sigma(\phi(Fh_3h_5(h_2h_4)^{-1}))=0$$
$$\sigma(\psi(Fh_3h_5(h_2h_4)^{-1}))\neq 1$$
矛盾.

因 为 $\psi(h_1)=\dfrac{p+1}{2}$，$\psi(h_2)=0$，$\psi(h_6+h_7)\neq$

$\dfrac{p+1}{2}$，所 以 有 $F=h_1h_4h_6h_7$，$\psi(h_4)\neq 0$，于 是 $\sigma(\phi(h_5h_6h_7))=0$，$\sigma(\psi(h_5h_6h_7))\neq 1$，矛盾.

情形 2 $r=p-2$.

我们有 $|S_0|=|S|-|S_1\cdots S_{p-2}|=2p+6-2(p-2)=10$.

因 为 $|S_0|=10$，由引理 11，存 在 $T\mid S_0$ 使 得 $\sigma(\phi(T))=0$，$|T|=3$，序列 $\sigma(S_1)\cdots\sigma(S_{p-2})\sigma(T)$ 不 包 含 C_p 上的零和子序列. 由引理 13，不失一般性，假设
$$\sigma(S_1)=\cdots=\sigma(S_{p-2})=\sigma(T)=1\in C_p\backslash\{0\}$$
那么

$$\sum \sigma(S_1) \cdots \sigma(S_{p-2}) = [1, p-2]$$

$$|S_1 \cdots S_{p-2}| = 2p - 4$$

由引理 12,存在 $V \mid S_0$,使得 $\sigma(\phi(V)) = 0$,$|V| \in \{3, 4\}$,$\sigma(\psi(V)) \neq 1$. 显然 $S_1 \cdots S_{p-\sigma(\psi(V))} \cdot V$ 是 S 的短零和子序列,矛盾.

情形 3 $r = p - 3$.

我们有 $|S_0| = |S| - |S_1 \cdots S_{p-3}| = 2p + 6 - 2(p - 3) = 12$.

子情形 3.1 $0 \in \mathrm{supp}(\phi(S_0))$.

令 $g \mid S_0$,使得 $\phi(g) = 0$,那么 $|S_0 g^{-1}| = 11$,由引理 11,存在 $T \mid S_0 g^{-1}$,使得 $\sigma(\phi(T)) = 0$,$|T| = 3$.

序列 $\sigma(S_1) \cdots \sigma(S_{p-3}) \cdot g \cdot \sigma(T)$ 不包含 C_p 上的零和子序列,因此由引理 13,不失一般性,假设

$$\sigma(S_1) = \cdots = \sigma(S_{p-3}) = g = \sigma(T) = 1 \in C_p \setminus \{0\}$$

那么

$$\sum \sigma(S_1) \cdots \sigma(S_{p-3}) \cdot g = [1, p-2]$$

$$|S_1 \cdots S_{p-3} \cdot g| = 2p - 5$$

由引理 12,存在 $V \mid S_0 g^{-1}$,使得 $\sigma(\phi(V)) = 0$,$|V| \in \{3, 4\}$,$\sigma(\psi(V)) \neq 1$. 显然 $\sigma(\psi(V)) = 0$ 或 $S_{\sigma(\psi(V))-1} \cdots S_{p-3} \cdot g \cdot V$ 是 S 的短零和子序列,矛盾.

子情形 3.2 $0 \notin \mathrm{supp}(\phi(S_0))$.

由引理 11,存在 $T_1, T_2 \mid S_0$,使得 $\sigma(\phi(T_1)) = \sigma(\phi(T_2)) = 0$,$|T_1| = |T_2| = 3$. 序列 $\sigma(S_1) \cdots \sigma(S_{p-3}) \cdot \sigma(T_1) \cdot \sigma(T_2)$ 不包含 C_p 上的零和子序列,因此由引理 13,不失一般性,假设

294

$$\sigma(S_1) = \cdots = \sigma(S_{p-3}) = \sigma(T_1) = \sigma(T_2) = 1 \in C_p \backslash \{0\}$$

断言 3 如果存在 $V \mid S_0$，使得 $\sigma(\phi(V)) = 0$，$|V| \in \{3, 4, 5\}$，那么

$$\sigma(\psi(V)) = \begin{cases} 1, & |V| = 3 \\ 1 \text{ 或 } 2, & |V| = 4 \text{ 或 } 5 \end{cases}$$

证明 如果 $|V| = 3$，那么 $|S_0 V^{-1}| = 12 - 3 = 9$.

由引理 11，存在 $V_1 \mid S_0 V^{-1}$，使得 $\sigma(\phi(V_1)) = 0$，$|V_1| = 3$.

显然，$\sum \sigma(S_1) \cdots \sigma(S_{p-3}) = [1, p-3]$，$|S_1 \cdots S_{p-3}| = 2p - 6$. 因为 $\sigma(\psi(V)) \neq 0$，$\sigma(\psi(V_1)) \neq 0$，我们推得 $\sigma(\psi(V)) = \sigma(\psi(V_1)) = 1$.

假设 $|V| = 4$ 或 5. 因为 $\sum \sigma(S_1) \cdots \sigma(S_{p-3}) = [1, p-3]$，$\sigma(S_1) \cdots \sigma(S_{p-3}) \sigma(V)$ 是 C_p 上的零和自由序列，我们有 $\sigma(\psi(V)) \in \{1, 2\}$.

子情形 3.2.1 $\operatorname{supp}(\psi(S_0)) \subset \{0, \frac{p+1}{2}\}$.

假设存在 $u \mid S_0$，使得 $\psi(u) = 0$. 由引理 11，存在 $u_1, \cdots, u_8 \in \operatorname{supp}(S_0 u^{-1})$，使得

$$\sigma(\phi(uu_1 u_2)) = \sigma(\phi(uu_3 u_4)) = \sigma(\phi(uu_5 u_6))$$
$$= \sigma(\phi(uu_7 u_8)) = 0$$

因此

$$\sigma(\psi(uu_1 u_2)) = \sigma(\psi(uu_3 u_4)) = \sigma(\psi(uu_5 u_6))$$
$$= \sigma(\psi(uu_7 u_8)) = 1$$
$$\psi(u_1 + u_2) = \psi(u_3 + u_4) = \psi(u_5 + u_6)$$
$$= \psi(u_7 + u_8) = 1$$

因为 $\mathrm{supp}(\psi(S_0)) \subset \{0, \frac{p+1}{2}\}$，我们有 $\psi(u_1) = \cdots = \psi(u_8) = \frac{p+1}{2}$.

如果存在 $v \mid S_0$，使得 $\psi(v) = \frac{p+1}{2}$. 由引理 11，存在 $v_1, \cdots, v_8 \in \mathrm{supp}(S_0 v^{-1})$，使得

$$\sigma(\phi(vv_1v_2)) = \sigma(\phi(vv_3v_4)) = \sigma(\phi(vv_5v_6))$$
$$= \sigma(\phi(vv_7v_8)) = 0$$

因此

$$\sigma(\psi(vv_1v_2)) = \sigma(\psi(vv_3v_4)) = \sigma(\psi(vv_5v_6))$$
$$= \sigma(\psi(vv_7v_8)) = 1$$
$$\psi(v_1 + v_2) = \psi(v_3 + v_4) = \psi(v_5 + v_6)$$
$$= \psi(v_7 + v_8) = \frac{p+1}{2}$$

因为 $\mathrm{supp}(\psi(S_0)) \subset \{0, \frac{p+1}{2}\}$，我们有

$$\psi(v_1, \cdots, v_8) = 0^4 \left(\frac{p+1}{2}\right)^4$$

同时，我们有 $\psi(S_0) = 0^4 \left(\frac{p+1}{2}\right)^8$. 令 $R \mid S_0$，使得 $\psi(R) = 0^4 \left(\frac{p+1}{2}\right)$.

因为 $\phi(R) \in \mathscr{F}(C_2^4), D(C_2^4) = 5$，所以存在 $R_1 \mid R$ 使得 $\sigma(\phi(R_1)) = 0, \mid R_1 \mid \in \{3,4,5\}$. 但显然 $\sigma(\psi(R)) \notin \{1,2\}, p \neq 3$，矛盾.

子情形 3.2.2 $\mathrm{supp}(\psi(S_0)) \backslash \{0, \frac{p+1}{2}\} \neq \varnothing$.

令 $u \mid S_0$，使得 $\psi(u) \notin \{0, \frac{p+1}{2}\}$. 由引理 11，存

在 $u_1, u_2, u_3, u_4 \in \mathrm{supp}(S_0 u^{-1})$，使得 $\sigma(\phi(uu_1u_2)) = \sigma(\phi(uu_3u_4)) = 0$，那么，由断言 3，$\sigma(\psi(uu_1u_2)) = \sigma(\psi(uu_3u_4)) = 1$.

因为 $\sigma(\phi(u_1u_2u_3u_4)) = 0$，所以由断言 3.1，可知 $\sigma(\psi(u_1u_2u_3u_4)) \in \{1, 2\}$，因此 $\psi(u_1 + u_2) = \psi(u_3 + u_4) \in \{1, \frac{p+1}{2}\}$，那么，$\psi(u) \in \{0, \frac{p+1}{2}\}$，矛盾.

情形 4 $r = p - 4$.

我们有 $|S_0| = |S| - |S_1 \cdots S_{p-4}| = 2p + 6 - 2(p - 4) = 14$.

因为 $|S_0| = 14$，由引理 11，存在 $T_1, T_2 \mid S_0$，使得 $\sigma(\phi(T_1)) = \sigma(\phi(T_2)) = 0$，$|T_1| = |T_2| = 3$. 序列 $\sigma(S_1) \cdots \sigma(S_{p-4}) \sigma(T_1) \sigma(T_2)$ 不包含 C_p 上的零和子序列. 因此由引理 14，我们假设

$$\sigma(S_1) + \cdots + \sigma(S_{p-4}) + \sigma(T_1) + \sigma(T_2) = p - 2 \text{ 或 } p - 1$$

其中 $\sigma(T_1), \sigma(T_2), \sigma(S_1), \cdots, \sigma(S_{p-4}) \in \{1, 2\}$.

显然 $\sum \sigma(S_1) \cdots \sigma(S_{p-4}) \supset [1, p - 4]$，$|S_1 \cdots S_{p-4}| = 2p - 8$.

因为 $|S_0| = 14$，存在 $V_1 \mid S_0$，使得 $\sigma(\phi(V_1)) = 0$，$|V_1| \in \{3, 4\}$，$\sigma(\psi(V_1)) \neq 1$，所以 $S_1 \cdots S_{p-4} V_1$ 包含一个短零和子序列 $\sigma(\psi(V_1)) \notin \{2, 3\}$. 因此 $\sigma(\psi(V_1)) \in \{2, 3\}$.

因为 $|S_0 V_1^{-1}| \geqslant 10$，所以存在 $V_2 \mid S_0$，使得 $\sigma(\phi(V_2)) = 0$，$|V_2| \in \{3, 4\}$，$\sigma(\psi(V_2)) \neq 1$. 类似地，我们有 $\sigma(\psi(V_2)) \in \{2, 3\}$. 显然，我们有 $\sigma(\psi(V_1 V_2)) \in [4, 6]$，$|V_1 V_2| \leqslant 8$，然后我们推出

$$0 \in \sum \sigma(S_1) \cdots \sigma(S_{p-4}) \sigma(V_1) \sigma(V_2)$$

$$\mid S_1 \cdots S_{p-4} V_1 V_2 \mid \leqslant 2p$$

矛盾.

情形 5　$r = p - 5$.

我们有 $\mid S_0 \mid = \mid S \mid - \mid S_1 \cdots S_{p-5} \mid = 2p + 6 - 2(p - 5) = 16$. 显然我们有 $0 \in \mathrm{supp}(\phi(S_0))$.

假设 $g \mid S_0$, 使得 $\phi(g) = 0$. 因为 $\mid S_0 g^{-1} \mid = 15$, 所以由引理 11, 知存在 $T_1, T_2, T_3 \mid S_0 g^{-1}$, 使得 $\sigma(\phi(T_1)) = \sigma(\phi(T_2)) = \sigma(\phi(T_3)) = 0$, $\mid T_1 \mid = \mid T_2 \mid = \mid T_3 \mid = 3$. 序列 $\sigma(S_1) \cdots \sigma(S_{p-5}) g \cdot \sigma(T_1) \sigma(T_2) \sigma(T_3)$ 不包含 C_p 上的零和子序列, 因此由引理 13, 不失一般性, 假设

$$\sigma(S_1) = \cdots = \sigma(S_{p-5}) = g = \sigma(T_1) = \sigma(T_2)$$
$$= \sigma(T_3) = 1 \in C_p \backslash \{0\}$$

断言 4　如果存在 $V \mid S_0$, 使得 $\sigma(\phi(V)) = 0$, $\mid V \mid \in \{3, 4\}$, 那么

$$\sigma(\psi(V)) = \begin{cases} 1, & \mid V \mid = 3 \\ 1 \text{ 或 } 2, & \mid V \mid = 4 \end{cases}$$

证明　证明类似于断言 3, 此处省略.

因为 $\sigma(\phi(T_1)) = 0$, $\mid T_1 \mid = 3$, 由断言 4, $\sigma(\psi(T_1)) = 1$, 因此存在 $u \mid T_1$, 使得 $\psi(u) \neq \dfrac{p+1}{2}$.

由引理 11, 存在 $u_1, \cdots, u_8 \in \mathrm{supp}(S_0 (gu)^{-1})$, 使得

$$\sigma(\phi(u u_1 u_2)) = \cdots = \sigma(\phi(u u_7 u_8)) = 0$$

并由断言 4, 我们有 $\sigma(\psi(u u_1 u_2)) = \cdots = \sigma(\psi(u u_7 u_8)) = 1$.

因为 $\sigma(\phi(u_1 u_2 u_3 u_4)) = \sigma(\phi(u_5 u_6 u_7 u_8)) = 0$, 我们

得 $\sigma(\psi(u_1 u_2 u_3 u_4)) = \sigma(\psi(u_5 u_6 u_7 u_8)) \in \{1, 2\}$. 如果 $\sigma(\psi(u_1 u_2 u_3 u_4)) = \sigma(\psi(u_5 u_6 u_7 u_8)) = 2$, 那么

$$S_1 \cdots S_{p-5} g u_1 \cdots u_8$$

是 S 的一个短零和序列. 因此 $\sigma(\psi(u_1 u_2 u_3 u_4)) = 1$ 或 $\sigma(\psi(u_5 u_6 u_7 u_8)) = 1$. 假设 $\sigma(\psi(u_1 u_2 u_3 u_4)) = 1$. 显然

$$\psi(u_1 + u_2) = \psi(u_3 + u_4) = \psi(u) = \frac{p+1}{2}, 矛盾.$$

定理 7 $\eta(C_2^4 \oplus C_p) = 2p + 6$, 其中 $p(p > 3)$ 是奇数.

证明 由引理 3.1 和定理 3.3, 我们有 $\eta(C_2^4 \oplus C_p) = 2p + 6$, 其中 $p(p > 3)$ 是奇数.

引理 15 设 H 是 $\exp(H) = m \geqslant 2$ 的一个任意有限 Abel 群, 令 $G = C_{mn} \oplus H$. 如果 $n \geqslant \max\{m \mid H \mid + 1, 4 \mid H \mid + 2m\}$, 那么 $s(G) = \eta(G) + \exp(G) - 1$.

证明 参见文 [21, Theorem 1.2].

定理 8 $s(C_2^4 \oplus C_p) = 4p + 5$, 其中 $p(p \geqslant 37)$ 是奇数.

证明 由引理 15, 显然, 我们有 $s(C_2^4 \oplus C_p) = \eta(C_2^4 \oplus C_p) + \exp(C_2^4 \oplus C_p) - 1 = 2p + 6 + 2p - 1 = 4p + 5, p > 37$.

3. $C_2 \oplus C_{2n}^2$ 型群的 EGZ 常数

定理 9 $s(C_2 \oplus C_{2n} \oplus C_{2n}) = 8n + 1$, 其中 n 是奇数.

证明 记

$$C_2 \oplus C_{2n} \oplus C_{2n} = \langle e_1 \rangle \oplus \langle e_2 \rangle \oplus \langle e_3 \rangle$$

其中 $\mathrm{ord}(e_1) = 2, \mathrm{ord}(e_2) = \mathrm{ord}(e_3) = 2n$. 考虑序列

$$T = 0^{2n-1} e_2^{2n-1} e_3^{2n-1} (e_2 + e_3)^{2n-1} \cdot$$

$$e_1(e_1 + e_2)(e_1 + e_3)(e_1 + e_2 + e_3)$$

我们断言 T 不包含长度为 $2n$ 的零和子序列,令

$$T_1 = e_2^{2n-1} e_3^{2n-1} (e_2 + e_3)^{2n-1} e_1 \cdot$$

$$(e_1 + e_2)(e_1 + e_3)(e_1 + e_2 + e_3)$$

我们只需证明 T_1 不包含短零和子序列. 假设相反,存在一个子序列 $T_0 \mid T_1$,使得

$$\sigma(T_0) = 0, \mid T_0 \mid \leqslant 2n$$

假设 $e_2 \in \mathrm{supp}(T_0)$. 因为 $\mathrm{ord}(e_2) = 2n, h_{e_2}(T_1) = 2n - 1$,我们必有 $e_2 + e_3 \in \mathrm{supp}(T_0)$ 或 $e_1 + e_2 \in \mathrm{supp}(T_0)$ 或 $e_1 + e_2 + e_3 \in \mathrm{supp}(T_0)$.

在每种情形中,都不存在 $\sigma(T_0) = 0, \mid T_0 \mid \leqslant 2n$. 类似地,我们可以证明 $e_3 \notin \mathrm{supp}(T_0)$.

假设 $e_2 + e_3 \in \mathrm{supp}(T_0)$. 因为 $h_{e_2+e_3}(T_1) = 2n - 1, e_2, e_3 \notin \mathrm{supp}(T_0), \mathrm{ord}(e_1) = 2$,所以推得 $(e_1 + e_2)(e_1 + e_3) \mid T_0$ 或 $(e_1 + e_2)(e_1 + e_2 + e_3) \mid T_0$ 或 $(e_1 + e_3)(e_1 + e_2 + e_3) \mid T_0$. 在每种情形中,都不存在 $\sigma(T_0) = 0$, $\mid T_0 \mid \leqslant 2n$. 综上所述,我们有

$$T_0 \mid e_1(e_1 + e_2)(e_1 + e_3)(e_1 + e_2 + e_3)$$

因为 $\mathrm{ord}(e_1) = 2, \sigma(T_0) = 0$,我们有 $\mid T_0 \mid = 2$ 或 $\mid T_0 \mid = 4$,这与假设 $\mathrm{ord}(e_2) = \mathrm{ord}(e_3) = 2n, n$ 是奇数矛盾.

因为 T 不包含长度为 $2n$ 的零和子序列,且

$$\mid T \mid = 4(2n - 1) + 4 = 8n$$

因此

$$s(C_2 \oplus C_{2n} \oplus C_{2n}) \geqslant 8n + 1$$

令 $G = C_2 \oplus C_{2n} \oplus C_{2n}, H = C_n \oplus C_n$. 由引理 1 得

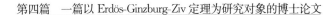

$$s(G) \leqslant (s(H) - 1)\exp(G/H) + s(G/H)$$
$$= 2(4n - 4) + 9$$
$$= 8n + 1$$

因此,我们有

$$s(C_2 \oplus C_{2n} \oplus C_{2n}) = 8n + 1$$

§4 在 $C_p \oplus C_p$ 型群上的 零和自由序列的结构

1. 前言

在本节中,我们提出,可以对文献[Acta Arith. 128(2007)245-279]中使用的方法稍加修改,得到如下结果. 令 $\varepsilon \in (0, \frac{1}{4})$, $c > 0$, p 是取决于 ε 和 c 的充分大的素数. 那么, $C_p \oplus C_p$ 型群上的长度为 $|S| \geqslant 2p - c\sqrt{p}$ 的任一零和自由序列 S 包含某些元素至少 $\lfloor p^{\frac{1}{4} - \varepsilon} \rfloor$ 次.

2. 主要定理的证明

在本节中,我们将证明以下三个定理.

定理 10 设 $\varepsilon \in (0, \frac{1}{4})$, $c > 0$, p 为取决于 ε 和 c 的一个充分大的素数. 如果 S 是 $C_p \oplus C_p$ 型群上的长度为 $|S| \geqslant 2p - c\sqrt{p}$ 的一个零和自由序列,那么 $h(S) > p^{\frac{1}{4} - \varepsilon}$.

定理 11 设 $\varepsilon \in (0, \frac{1}{4})$, $c > 0$, 设 p 为取决于 ε 和 c 的一个充分大的素数. 令 S 是 $C_p \oplus C_p$ 型群上的长度

为 $|S| \geqslant 3p - c\sqrt{p} - 1$ 的一个序列. 如果 S 不包含短零和子序列, 那么 $h(S) > p^{\frac{1}{4} - \varepsilon}$.

定理 12 设 $\varepsilon \in (0, \frac{1}{4}), c > 0, p$ 是取决于 ε 和 c 的一个充分大的素数, 令 S 是 $C_p \oplus C_p$ 型群上的长度为 $|S| \geqslant p^2 + 2p - c\sqrt{p} - 1$ 的一个序列. 如果 S 不包含长度为 p^2 的零和子序列, 那么 $h(S) > p^{\frac{1}{4} - \varepsilon}$.

引理 16 (正交关系) 设 K 是 G 的一个分裂域, 且 $\hat{G} = \mathrm{Hom}(G, K^*)$. 如果 $g \in G$, 那么

$$\sum_{\chi \in \hat{G}} \chi(g) = \begin{cases} |G|, & g = 0 \\ 0, & g \neq 0 \end{cases}$$

证明 参见文[38, 命题 5.5.2].

引理 17 (Cauchy-Davenport) 令 p 是一个素数, A, B 是 C_p 的非空子集, 那么

$$|A + B| \geqslant \min\{p, |A| + |B| - 1\}$$

证明 参见文[51, 命题 2.2].

引理 18 设 G 为 $p \in \mathbf{P}$ 阶素数循环, S 为 $\mathscr{F}(G)$ 中的一个序列. 如果

$$v_0(S) = 0, \quad |S| = p$$

那么 $\sum_{\leqslant h(S)}(S) = G$.

证明 参见文[34, 引理 2.6].

引理 19 设 G 是 $p \in \mathbf{P}$ 阶素数循环, $S \in \mathscr{F}(G)$ 为一个无平方序列, $k \in [1, |S|]$.

(1) $|\sum_k (S)| \geqslant \min\{p, k(|S| - k) + 1\}$;

（2）如果 $k=\lfloor |S|/2\rfloor$，那么 $|\sum_k(S)|\geqslant\min\{p,$ $(|S|^2+3)/4\}$；

（3）如果 $|S|=\lfloor\sqrt{4p-7}+1\rfloor,k=\lfloor|S|/2\rfloor$，那么 $\sum_k(S)=G$.

证明 参见文[13].

对于一个素数 $p\in\mathbf{P}$，我们用 $\mathbf{F}_p$ 表示含有 p 个元素的域.

引理 20 设 $G=C_p\bigoplus C_p,p\in\mathbf{P},(e_1,e_2)$ 是 G 的基，且

$$S=\prod_{i=1}^l(a_ie_1+b_ie_2)\in\mathscr{F}(G)$$

其中

$$a_1,b_1,\cdots,a_l,b_l\in\mathbf{F}_p$$

是长度为 $|S|=l\geqslant p$ 的零和自由序列，那么

$$\left|\left\{\sum_{i\in I}b_i\mid\varnothing\neq I\subset[1,l],\sum_{i\in I}a_i=0\right\}\right|\geqslant l-p+1$$

证明 参见文[31,引理 4.2].

引理 21 设 $\varepsilon\in(0,\frac{1}{2}),c>0,1<r\in\mathbf{N},p$ 为取决于 ε,c 和 r 的一个充分大的素数. 设 $G=C_p^r,S$ 是 G 上的长度为 $|S|\geqslant p$ 的一个序列. 假设 $|S_{g+H}|\leqslant cp^{\frac{1}{2}-\varepsilon}$ 对于 G 的每个子群 H 均成立，其中阶为 $|H|=p^{r-1}$，$g\in G$，那么 $0\in\sum(S)$.

证明 设 $\varepsilon\in(0,\frac{1}{2}),c>0,1<r\in\mathbf{N},p$ 是取决于 ε,c,r 的一个充分大的素数. 假设相反，存在一个零

和自由序列

$$S = \prod_{i=1}^{|S|} g_i \in \mathcal{F}(G),长度为 |S| \geqslant p$$

满足 $|S_{g+H}| \leqslant cp^{\frac{1}{2}-\varepsilon}$，对于 G 的每一个子群 H，$|H| = p^{r-1}$，$g \in G$.

设 $\hat{G} = \mathrm{Hom}(G, \mathbf{C}^*)$ 是 G 的含有复值的特征标群，$\chi_0 \in \hat{G}$ 是主特征标，记

$$f(\chi) = \prod_{i=1}^{|S|} (1 + \chi(g_i)),\chi \in \hat{G}$$

因为 S 是 G 上的一个零和自由序列，所以由正交关系，我们有

$$\sum_{\chi \in \hat{G}} f(\chi) = \sum_{\chi \in \hat{G}} \left(\prod_{i=1}^{|S|} (1 + \chi(g_i)) \right)$$

$$= \sum_{\chi \in \hat{G}} \left(1 + \sum_{g \in \sum(S)} c_g \chi(g) \right)$$

$$= |\hat{G}| + \sum_{g \in \sum(S)} c_g \sum_{\chi \in \hat{G}} \chi(g) = |G|$$

其中

$$c_g = |\{ \varnothing \neq I \subset [1, |S|] | \sum_{i \in I} g_i = g \}|$$

令 $M = \lfloor cp^{\frac{1}{2}-\varepsilon} \rfloor$，$|S| = (2k-1)M + q$，$q \in [0, 2M-1]$.

我们先证明下面的断言.

A1 $|f(\chi)| \leqslant 2^{|S|} \exp(-\pi^2 v / (2p^2))$，其中 $v = 2M(1^2 + 2^2 + \cdots + (k-1)^2) + qk^2$，$\chi \in \hat{G} \backslash \{\chi_0\}$.

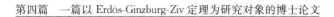

证明　因为对于任意 $g \in G$,我们有
$$\chi(g)^p = \chi(g^p) = \chi(1) = 1$$
设 $j \in [-(p-1)/2, (p-1)/2]$, $g \in G$, $\chi(g) = \exp(2\pi \mathrm{i} j/p)$,我们推出
$$|1 + \chi(g)| = |1 + \exp(2\pi \mathrm{i} j/p)| = 2\cos(\pi j/p)$$
$$\leqslant 2\exp(-\pi^2 j^2/2p^2) \qquad (*)$$

其中最后一个不等式对于任意满足 $|x| < \dfrac{\pi}{2}$ 的实数 x 都成立,我们有 $\cos(x) \leqslant \exp(-\dfrac{x^2}{2})$.

如果 $H = \ker(\chi)$,那么 $|H| = p^{r-1}$, $g + H = \chi^{-1}(\exp(2\pi \mathrm{i} j/p))$.因此,由
$$|S_{g+H}| \leqslant M$$
我们推得至多有 M 个元素 $h \mid S$,使得 $\chi(h) = \exp(2\pi \mathrm{i} j/p)$.因此,为了得到 $|f(\chi)|$ 的最大上界,数值 $0, -1, 1, \cdots, -(k-1), k-1$ 在 $\chi(g)$ 的图像中分别使用了 M 次,数值 $k, -k$ 在 $\chi(g)$ 的图像中使用了 q 次,其中 $g \in \operatorname{supp}(S)$.由式 $(*)$,我们得
$$|f(\chi)| = \left| \prod_{i=1}^{|S|} (1 + \chi(g_i)) \right|$$
$$= \prod_{i=1}^{|S|} |1 + \chi(g_i)|$$
$$\leqslant 2^{|S|} \exp\left(\frac{-\pi^2 (2M \cdot 1^2 + \cdots + 2M \cdot (k-1)^2 + qk^2)}{2p^2} \right)$$
$$= 2^{|S|} \exp\left(\frac{-\pi^2 v}{2p^2} \right)$$

其中
$$v = 2M(1^2 + 2^2 + \cdots + (k-1)^2) + qk^2$$

由 $|S| = (2k-1)M + q$，我们有 $k = \dfrac{|S| - q + M}{2M}$ 和

$$v = 2M(1^2 + \cdots + (k-1)^2) + qk^2$$

$$= \frac{2Mk(k-1)(2k-1)}{6} + qk^2$$

$$= \frac{1}{12M^2}(|S| - q - m)(|S| - q + M)(|S| - q) + 3q(|S| - q + M)^2$$

$$= \frac{|S|(|S|^2 - M^2) + q(2M - q)(2M + 3|S| - 2q)}{12M^2}$$

$$\geqslant \frac{|S|(|S|^2 - M^2)}{12M^2}$$

其中最后一个不等式成立，是因为 $q \in [0, 2M-1]$，

$q \leqslant |S|$．由 $|S| \geqslant p$，$M = \lfloor cp^{\frac{1}{2} - \varepsilon} \rfloor$，$p$ 充分大，我们有

$$|S|^2 - M^2 > \frac{p^2}{2}$$

$$\frac{\pi^2 |S|(|S|^2 - M^2)}{24M^2 p^2} > \frac{\pi^2 p^{\frac{p^2}{2}} p^{2\varepsilon}}{24(2c)^2 p^3} = \frac{\pi^2 p^{2\varepsilon}}{192c^2} > \ln(2p^r)$$

那么

$$p^r = |G| = \sum_{\chi \in \hat{G}} f(\chi) \geqslant f(\chi_0) - \sum_{\chi \neq \chi_0} |f(\chi)|$$

$$= 2^{|S|} - \sum_{\chi \neq \chi_0} |f(\chi)|$$

$$\geqslant 2^{|S|} - 2^{|S|}(p^r - 1)\exp\left(\frac{-\pi^2 v}{2p^2}\right)$$

$$\geqslant 2^{|S|}\left(1 - (p^r - 1)\exp\left(\frac{-\pi^2 |S|(|S|^2 - M^2)}{24M^2 p^2}\right)\right)$$

$$> 2^{|S|}(1 - (p^r - 1)\exp(-\ln(2p^r)))$$

306

$$= 2^{|S|}(1 - \frac{p^r - 1}{2p^r}) > 2^{|S|-1} > p^r$$

当 p 充分大时,最后一个不等式成立,矛盾.

定理 10 的证明 我们可以假设 $c > 8$,设 $\varepsilon \in (0, \frac{1}{4})$,$p$ 是由 ε 和 c 确定的充分大的素数. 假设相反,在 $C_p \oplus C_p$ 型群上存在长度为 $|S| \geqslant 2p - c\sqrt{p}$ 的零和自由序列 S,且 $h(S) \leqslant p^{\frac{1}{4}-\varepsilon}$. 设 (e_1, e_2) 是 G 的基,$\phi_i: G \to \langle e_i \rangle$ 是典范投射,$i \in \{1, 2\}$. 那么我们可以将序列 S 写为

$$S = \prod_{i=1}^{|S|} (a_i e_1 + b_i e_2), a_i, b_i \in C_p, i \in [1, |S|]$$

设 T 是最大长度为 S 的无平方子序列,设 $h_0 = h(\phi_1(T))$. 不失一般性,记

$$T = \prod_{i=1}^{|T|} (a_i e_1 + b_i e_2), a_1 = \cdots = a_{h_0} = a \in C_p$$

$$T_a = \prod_{i=1}^{h_0} (a e_1 + b_i e_2), S_1 = S T_a^{-1}$$

我们分以下三种情形讨论.

情形 1 $h_0 \geqslant \lfloor \sqrt{4p-7} \rfloor + 1$. 设 $l = \lfloor \sqrt{4p-1} \rfloor + 1$,$k = \lfloor \frac{1}{2} \rfloor$. 因为 $T_a \mid T$,T 是一个无平方序列,$\prod_{i=1}^{l} b_i e_2$ 是一个无平方序列,那么由引理 19,我们有 $\sum_k (\prod_{i=1}^{l} b_i e_2) = \langle e_2 \rangle$.

设

$$S = S(\prod_{i=1}^{l} (a_i e_1 + b_i e_2))^{-1} = \prod_{i=l+1}^{|S|} (a_i e_1 + b_i e_2)$$

现在我们考虑序列 $\phi_1(S_2)$. 记 $v_0(\phi_1(S_2)) = t$,在必要时重新编号后,我们设

$$T_0 = \prod_{i=l+1}^{l+t} (0e_1 + b_i e_2)$$

因为 $T_0 \mid S$,S 是 $C_p \oplus C_p$ 型群上的零和自由序列,所以推出 $\phi_2(T_0) = \prod_{i=l+1}^{l+t} b_i e_2$ 是 C_p 型群上的零和自由序列. 由引理 19,$\mid \mathrm{supp}(\phi_2(T_0)) \mid \leqslant \lfloor \sqrt{4p-7} \rfloor$. 由相反的假设,我们有

$$h(\phi_2(T_0)) = h(T_0) \leqslant h(S) \leqslant p^{\frac{1}{4}-\varepsilon} < p^{\frac{1}{4}}$$

因此

$$\begin{aligned}
t = \mid T_0 \mid &\leqslant \mid \mathrm{supp}(T_0) \mid \cdot h(T_0) \\
&= \mid \mathrm{supp}(\phi_2(T_0)) \mid \cdot h(\phi_2(T_0)) \\
&< \lfloor \sqrt{4p-7} \rfloor p^{\frac{1}{4}}
\end{aligned}$$

因此,我们有

$$\begin{aligned}
\mid \phi_1(S_2) \mid - v_0(\phi_1(S_2)) &= \mid S_2 \mid - t \\
&= \mid S \mid - l - t \\
&> 2p - c\sqrt{p} - \lfloor \sqrt{4p-7} \rfloor - 1 - \\
&\quad \lfloor \sqrt{4p-7} \rfloor p^{\frac{1}{4}} \geqslant p
\end{aligned}$$

最后一个不等式成立,是因为 p 充分大. 由引理 18,$\sum(\phi_1(S_2)) = \langle e_1 \rangle$. 这就意味着存在一个非空的子序列 $S_3 \mid S_2$ 满足 $\sigma(\phi_1(S_3)) = -kae_1$.

由 $\sum_k (\prod_{i=1}^l b_i e_2) = \langle e_2 \rangle$,我们得到一个子序列 $S_4 \mid \prod_{i=1}^l (a_i e_1 + b_i e_2)$,使得

$$\sigma(\phi_2(S_4)) = -\sigma(\phi_2(S_3)), \ |S_4| = k$$

显然 $S_3 \cdot S_4$ 是 S 的一个非空零和子序列，矛盾.

情形 2 $cp^{\frac{1}{4}} \leqslant h_0 \leqslant \lfloor \sqrt{4p-7} \rfloor$. 设 $k = \lfloor \frac{h_0}{2} \rfloor$. 因为

$\prod\limits_{i=1}^{h_0} b_i e_2$ 是一个无平方序列，由引理 19，我们有

$$\left| \sum_k \left(\prod_{i=1}^{h_0} b_i e_2 \right) \right| \geqslant \frac{h_0^2 + 3}{4}$$

由 $S_1 = ST_a^{-1}$，我们有

$$v_0(\phi_1(S_1)) \leqslant h(\phi_1(S_1)) \leqslant h(\phi_1(T)) h(S)$$
$$= h_0 h(S) < \lfloor \sqrt{4p-7} \rfloor p^{\frac{1}{4}}$$

因此

$$|\phi_1(S_1)| - v_0(\phi_1(S_1)) = |S| - h_0 - v_0(\phi_1(S_1))$$
$$> 2p - c\sqrt{p} - \lfloor \sqrt{4p-7} \rfloor -$$
$$\lfloor \sqrt{4p-7} \rfloor p^{\frac{1}{4}} \geqslant p$$

当 p 充分大时，最后一个不等式成立. 由引理 18 有

$$\sum_{\leqslant h(\phi_1(S_1))} (\phi_1(S_1)) = \langle e_1 \rangle$$

这意味着存在一个非空子序列 $S_5 \mid S_1$ 满足

$$\sigma(\phi_1(S_5)) = -kae_1, \ |S_5| \leqslant h(\phi_1(S_1))$$

因此，我们有 $\sigma(S_5) + \sum\limits_k (T_a) \subset \langle e_2 \rangle$ 和

$$\left| \sigma(S_5) + \sum_k (T_a) \right| = \left| \sum_k (T_a) \right| = \left| \sum_k \left(\prod_{i=1}^{h_0} b_i e_2 \right) \right|$$
$$\geqslant \frac{h_0^2 + 3}{4}$$

设 $S_6 = S(S_5 \cdot T_a)^{-1}$，然后由引理 20，有

$$|\sum(S_6)\bigcap\langle e_2\rangle|\geqslant|S_6|-p+1$$
$$=|S|-|S_5|-|T_a|-p+1$$

因为 $c>8$,p 充分大,我们得

$$|\sigma(S_5)+\sum_k(T_a)|+|\sum(S_6)\bigcap\langle e_2\rangle|$$

$$>\frac{h_0^2+3}{4}+2p-c\sqrt{p}-h_0p^{\frac{1}{4}}-h_0-p+1$$

$$=h_0(\frac{h_0}{4}-p^{\frac{1}{4}}-1)+p-c\sqrt{p}+\frac{7}{4}$$

$$\geqslant cp^{\frac{1}{4}}((\frac{c}{4}-1)p^{\frac{1}{4}}-1)-cp^{\frac{1}{2}}+p+\frac{7}{4}\geqslant p$$

由引理 17,我们有

$$(\sigma(S_5)+\sum_k(T_a))+(\sum(S_6)\bigcap\langle e_2\rangle)=\langle e_2\rangle$$

因此

$$0\in(\sigma(S_5)+\sum_k(T_a))+(\sum(S_6)\bigcap\langle e_2\rangle)\subset\sum(S)$$

矛盾.

情形 3 $h_0<cp^{\frac{1}{4}}$,因为 $h_0=h(\phi_1(T))$,T 是具有最大长度的 S 的无平方子序列,我们有

$$|\operatorname{supp}(S)\bigcap(ae_1+\langle e_2\rangle)|=h_0$$

接下来,我们假设 $C_p\oplus C_p$ 型群的每个子群 H,$|H|=p$,任意 $g\in C_p\oplus C_p$,我们有

$$|S_{g+H}|\leqslant h_0h(S)<cp^{\frac{1}{2}}$$

或者我们可以选取 $C_p\oplus C_p$ 型群的另一个基 (e_1',e_2'),证明返回到情形 1 或情形 2.因此应用引理 21,$r=2$,我们可知 S 不是零和自由序列,矛盾.

引理 22 每个在 $C_n\oplus C_n$ 型群上的长度为 $3n-2$

的序列包含一个长度为 n 或 $2n$ 的零和子序列.

证明　参见文[29,定理 6.7].

定理 11 的证明　设 $k = 3p - 2 - |S|$,那么

$$k \leqslant \lfloor c\sqrt{p} \rfloor - 1 < p$$

设 $w = 0^k S$,那么 W 是 $C_p \oplus C_p$ 型群上的长度为 $|W| = 3p - 2$ 的序列. 由引理 22,W 包含长度为 p 或 $2p$ 的零和子序列. 因此 $T_1 = TO^{-v_0(T)}$ 是 S 的一个非空零和子序列. 因为 S 不包含短的零和子序列,我们推得 $|T_1| > p$,$|T| = 2p$,T_1 是最小的零和,有 $2p \geqslant |T_1| \geqslant 2p - k \geqslant 2p - \lfloor c\sqrt{p} \rfloor + 1$. 取一个任意的元素 $g | T_1$. 因此 $T_1 g^{-1}$ 是零和自由的,并且由定理 10,$h(T_1 g^{-1}) > p^{\frac{1}{4} - \varepsilon}$.

引理 23　设 G 是一个有限的 Abel 群,设 S 是 G 上的长度为 $|S| = |G| + k (k \geqslant 1)$ 的一个序列. 如果 S 不包含长度为 $|G|$ 的零和子序列,那么存在一个长度为 $|T| = k + 1$ 的子序列 $T | S$,和一个元素 $g \in G$,使得 $g + T$ 是零和自由的.

证明　参见文[24,定理 2].

定理 12 的证明　由引理 23,存在一个子序列 $T | S$ 和一个元素 $g \in C_p \oplus C_p$,使得 $g + T$ 是零和自由的,且

$$|g + T| = |T| = |S| - p^2 + 1 \geqslant 2p - c\sqrt{p}$$

由定理 10,有

$$h(S) \geqslant h(T) = h(g + T) > p^{\frac{1}{2} - \varepsilon}$$

参考文献

[1] ALON N, DUBINER M. Zero-sum sets of prescribed size,

in: Combinatorics, Paul Erdös is Eighty[J]. János Bolyai Math. Soc. ,1993,1:33-50.

[2] ALON N, DUBINER M. A Lattice point problem and additive number theory [J]. Combinatorica , 1995, 15: 301-309.

[3] ALON N, FRIEDLAND S, KALAI G. Regular subgraphs of almost regular graphs [J]. J. Combin. Theory Ser. , 1984,B37:79-91.

[4]BALISTER P, CARO Y, ROUSSEAU C, YUSTER R. Zero-sum square matrices[J]. European. J.Combin. ,2002, 23:489-497.

[5] BIALOSTOCKI A. Some problems in view of recent developmenis of the Erdös-Ginzburg-Ziv theorem[J]. Integers 7(2007) ♯A07,10pp(electronic).

[6] BIALOSTOCKI A, BIALOSTOCKI G, CARO Y, et al. Zero-sum ascending waves[J]. J. Combin. Math. Combin. Comput. ,2000,32:103-114.

[7] BIALOSTOCKI A, DIERKER P. Zero sum Ramsey theorems[J]. Congr. Numer. ,1990,70:119-130.

[8] BIALOSTOCKI A, DIERKER P. On the Erdös-Ginzburg-Ziv theorem and the Ramsey numbers for stars and matchings[J]. Discrete Math. ,1992,110:1-8.

[9] BIALOSTOCKI A, DIERKER P, GRYNKIEWICZ D, LOTSPEICH M. On some developments of the Erdös-Ginzburg-Ziv Theorem Ⅱ [J]. Acta Arith. , 2003, 110: 173-184.

[10] BOVEY J D, ERDÖS P, NIVEN I. Conditions for a zero sum module n[J]. Canad. Math. Bull. ,1975,18:27-29.

[11] BRÜDERN J, GODINHO H. On Artin's conjecture Ⅱ :

pairs of additive forms[J]. Proc. London Math. Soc. , 2002,84:513-538.

[12] CARO Y. Zero-sum problems-A survey[J]. Discrete Math. ,1996,152:93-113.

[13] DIAS DA SILVA J A，HAMIDOUNE Y O. Cyclic spaces for Grassmann derivatives and additive theory[J]. Bull. London Math. Soc. ,1994,26:140-146.

[14] EDEL Y. Sequences in abelian groups G of odd order without zero-sum subsequences of length $\exp(G)$ [J]. Des. Codes Crypotgr. ,2008,47:125-134.

[15] EDEL Y，ELSHOLTZ C，GEROLDINGER A，KUBERTIN S，RACKHAM L. Zero-sum problems in finite abelian groups and affine caps[J]. Q. J. Math. , 2007,58:159-186.

[16] EDEL Y，FERRET S，LANDJEV I，STORME L. The calssification of the largest caps in AG（5,3）[J]. J. Combin. Theory Ser. ,2002,A99:95-110.

[17] ELSHOLTZ C. Lower bounds for multidimensional zero sums[J]. Combinatorica，2004,24:351-358.

[18] VAN EMDE BOAS P，KRUYSWIJK D. A combinatorial problem on finite abelian groups[J]. Reports ZW－1967－009，Math. Centrum Amsterdam Afd. Zuivere Wisk,1967.

[19] VAN EMDE BOAS P，KRUYSWIJK D. A combinatorial problem on finite abelian groups Ⅱ [J]. ZW 1969-008，Math. Centrum，Amsterdam.

[20] ERDÖS P，GINZBURG A，ZIV A. Theorem in the additive number theory[J]. Bull. Res. Council Israel，1961,10:41-43.

[21] FAN Y, GAO W, WANG L, ZHONG Q. Two zero-sum invariants on finite abelian groups [J]. European. J. Combin. , to appear.

[22] FRANKL P, GRAHAM R L, RÖDL V. On subsets of abelian groups with no three term arithmetic progression [J]. J. Comb. Theory Ser. ,1987,A45:157-161.

[23] FREEZE M, SCHMID W A. Remarks on a generalizetion of the Davenport constant[J]. Discrete Math. ,2010,310: 3373-3389.

[24] GAO W. A combinatorial problem on finite abelian groups[J]. J. Number Theory,1996,58:100-103.

[25] GAO W. Two zero sum problems and multiple properties [J]. J. Number Theory ,2000,81:254-265.

[26] GAO W. On zero-sum subsequences of restricted size Ⅱ [J]. Discrete Math. ,2003,271:51-59.

[27] GAO W, GEROLDINGER A. On the structure of zero free sequences[J]. Combinatorica,1998,18:519-527.

[28] GAO W, GEROLDINGER A. On long minimal zero sequences in finite abelian groups [J]. Period. Math. Hungar. ,1999,38:179-211.

[29] GAO W, GEROLDINGER A. Zero-sum problems in finite abelian groups : a survey[J]. Expo. Math. ,2006, 24:337-369.

[30] GAO W, GEROLDINGER A, GRYNKIEWICZ D J. Inverse Zero-sum ProblemsⅢ[J]. Acta Arith. ,2010,141: 103-152.

[31] GAO W, GEROLDINGER A, SCHMID W A. Inverse zero-sum problems[J]. Acta Arith. ,2007,128:245-279.

[32] GAO W, HOU Q H, SCHMID W A, THANGADURAI

R. On short zero-sum subsequences Ⅱ [J]. Integers，2007,7: 21-22.

[33] GAO W，LI Y，PENG J，SUN F. Subsums of a Zero-sum Free Subset of an Abelian Group[J]. Electron. J. Combin. ,2008,15:RI16.

[34] GAO W，THANGADURAI R. A variant of Kemnitz conjecture [J]. J. Combin. Theory Ser. ，2004，A107: 69-86.

[35] GAO W，YANG Y X. Note on a combinatorial constant [J]. J. Math. Res. Exposition,1997,17:139-140.

[36] GEROLDINGER A. Additive group theory and non-unique factorizations，in ：A. Geroldinger, I. Ruzsa (Eds.)，Combinatorial Number Theory and Additive Group Theory，in ：Adv. Course Math. CRM Barcelona，Birkhäuser,2009, pp. 1-86.

[37] GEROLDINGER A，GRYNKIEWICZ D J，SCHMID W A. Zero-sum problems with congruence conditions[J]. Acta Math. Hungar. ,2011,131:323-345.

[38] GEROLDINGER A，HALTER-KOCH F. Non-unique Factorizations. Algebraic，Combinatorial and Analytic Theory[J]. Pure Appl. math. ，vol. 278，Chapman & Hal/CRC,2006.

[39] GEROLDINGER A，RUZSA L Z. Combinatorial Number Theory and Additive Group Theory [M]. Birkhäuser Basel ,2009.

[40] GRYNKIEWICZ D J. On four colored sets with non-decreasing diameter and the Erdös-Ginzburg-Ziv theorem [J]. J. Combin. Theory Ser. ,2002,A100:44-60.

[41] GRYNKIEWICZ D J. On an extension of the Erdös-

Ginzburg-Ziv theorem to hypergraphs[J]. European J. Combin. ,2005,26:1154-1176.

[42] HARBORTH H. Ein Extremalproblem für Gitterpunkte [J]. J. Reine Angew. Math. ,1973,262:356-360.

[43] HILL R. On the largest size of cap in $S_{5,3}$, Atti Accad. Naz. Lincei Rend. ,1973,54:378-384.

[44] HILL R. Caps and groups, Colloquio Internazionale sulle Teorie Combinatorie (Rome, 1973), Tomo II. pp. 389-394. Atti dei Convegni Lincei, No. 17, Accad. Naz. Lincei, Rome,1976.

[45] HURLBERT G H. Recent progress in graph pebbling [J]. Graph Theory Notes of New York, 2005,49:25-37.

[46] KEMNITZ A. On a lattice point problem [J]. Ars Combin. ,1983,16:151-160.

[47] LUNGO A D. Reconstructing permutation matrices from diagonal sums [J]. Theoret. Comput. Sci. , 2002, 281: 235-249.

[48] MANN H B, OLSON J E. Sums of sets in the elementary abelian group of type (pp)[J]. J. Combin. Theory Ser. ,1967,A2:275-284.

[49] MESHULAM R. On subsets of finite abelian groups with no 3-term arithmetic progressions[J]. J. Combin. Theory Ser. ,1995,A71:168-172.

[50] NARKIEWICZ W. Finite abelian groups and factorization problems[J]. Colloq. Math. ,1979,42:319-330.

[51] NATHANSON M B. Additive number theory : inverse problems and the geometry of sumsets [M]. Berlin: Springer,1996.

[52] OLSON J E. A combinatorial problem on finite abelian

group I [J]. J. Number Theory,1969,1:8-10.

[53] PLAGNE A,SCHMID W A. An application of coding theory to estimating Davenport constants[J]. Des. Codes Cryptogr. ,2011,61:105-118.

[54] POTECHIN A. Maximal caps in AG（6,3）[J]. Des. Codes Cryptogr,2008,46:243-259.

[55] REIHER C. On Kemnitz' conjecture concerning lattice points in the plane[J]. Ramanujan J,2007,13:333-337.

[56] REIHER C. A proof of the theorem according to which every prime number possesses property B [J]. preprint,2010.

[57] RONYAI L. On a conjecture of Kemnitz [J]. Combinatorica, 2000,20:569-573.

[58] SAVCHEV S, CHEN F. Long zero-free sequences in finite cyclic groups [J]. Discrete Math. , 2007, 307: 2671-2679.

[59] SCHMID W A. Restricted inverse zero-sum problems in groups of rank two[J]. Q. J. Math,2012,63:477-487.

[60] SCHMID W A, ZHUANG J J. On short zero-sum subsequences over p-groups [J]. Ars Combin. , 2010, 95: 343-352.

[61] YUAN P. On the index of minimal zero-sum sequences over finite cyclic groups[J]. J. Combin. Theory Ser. , 2007,A114:1545-1551.